浮嚣与宁静

人生哲言录（二）

张学广 著

中国社会科学出版社

图书在版编目(CIP)数据

人生哲言录．二，浮嚣与宁静／张学广著．—北京：中国社会科学出版社，2018.9

ISBN 978-7-5203-2731-2

Ⅰ.①人… Ⅱ.①张… Ⅲ.①人生哲学—通俗读物
Ⅳ.①B821-49

中国版本图书馆 CIP 数据核字(2018)第 146476 号

出 版 人　赵剑英
责任编辑　冯春凤
责任校对　张爱华
责任印制　张雪娇

出　　版　中国社会科学出版社
社　　址　北京鼓楼西大街甲 158 号
邮　　编　100720
网　　址　http：//www.csspw.cn
发 行 部　010-84083685
门 市 部　010-84029450
经　　销　新华书店及其他书店

印　　刷　北京君升印刷有限公司
装　　订　廊坊市广阳区广增装订厂
版　　次　2018 年 9 月第 1 版
印　　次　2018 年 9 月第 1 次印刷

开　　本　880×1230　1/32
印　　张　9.625
插　　页　2
字　　数　249 千字
定　　价　48.00 元

凡购买中国社会科学出版社图书，如有质量问题请与本社营销中心联系调换
电话：010-84083683

目　录

前　言

跟3年前出版的《迷雾与澄明——人生哲言录（一）》一样，这里奉献给读者的也是一本短论集，点点滴滴记录了笔者2014—2017年的心路历程和所思所想。不同的地方在于，它以500字的说说空间对某一论题略有展开，少了一些凝练，却多了几分润滋。总体上可以说，它向笔者所渴望的人生工笔画迈进了一步。

除了刻板的学术研究和正规的理论教学之外，生命中总会有一些搅和着情感的念想需要排解。这些念想触发于身边的人和事，过往的情和境，心头的愿和景。很难把它们升华为学术术语和长篇大论，倒不是因为其中没有蕴含某些硬件，而是因为一旦被如此升华也就失去体验的鲜嫩。

在生命的长河中，时间的流逝实际上是不均衡的，在小溪的潺湲和下游的平阔之间，难免有跌宕汹涌的一长段。对处于这一生命阶段或有过类似经历的人而言，瞬间的意义变得如此突出，以至于不加以语言化便无法得到安抚。所以真正说来，本书是献给他们的。某种共鸣或触动，无疑是对一本书的作者的最大鼓励。

想理解这个世界是人生最顶级的渴望之一，而这个世界最难理解的又莫过于自己的内心。向内窥测的人，无不面临极大的风险，因为他所遇到的可能是一本总也算不清的糊涂账，一个简直深不可测的潜渊。经历中难以消化的东西会留置那里发霉，环境之外远近无边的事端会遣送不息的动能。所以，任何时候我们都只能抓住其中的一小片，深感无力而绝望。

偏偏我们又遇上一个用王小波的词说“浮嚣”的时代，浮躁而喧嚣。生命中真正重要的东西被阉割、裂解、蒙蔽、沉远，我们拼命抓住的东西因为短暂而飘忽，因为无根而幻灭。生命表面上丰盈，深处却瘠贫。这可能是因为我们的文化和生活缺乏精神养给这样一个维度，内心让役于外物，形上屈从于形下。是否能够转向内心，从形上找到宁静，成为走到人生中游的人们不得不考量的重大问题。

笔者深感，写作是可以通向性灵宁静的一项神圣事业。虽说阅读可以让人博览，促动思考，而思考可以走向贯通，避免碎片化，但若是不通过写作加以咬合、串连、固化、整合，阅读不免流于清淡，思考不免放任联想，终于达不到所期盼的厚实。对于依赖智性生活的人来说，写作是他（她）们能将自己的性灵和生活、情感和智识、过往与筹谋真正弥合起来的修炼行为。

如本书一般的片段思考暂告一段。能否在未来的路上有关人生的思考描摹出一幅大景，还不敢作出更大的承诺。老天能给多大的才华和抱负，就去成就多大的事功和善业。

第一章　历　　练

第一节　快乐与痛苦

生命的主旋律是快乐，忘记快乐的人便远离了生命。一个充满快乐的人，世界都属于他。一个充满悲伤的人，连自己也不属于自己。世界上没有什么应该属于自己，每一份遭遇都弥足珍贵。当一个人失去的时候，他同时也在获得，只要看看硬币的另一面。如果你把快乐装在心中，恶神厉鬼也会敬你三分。如果你只想着过去的倒霉事，好的运气也会绕着你走。我们可能失去很多，但唯一不能失去的是快乐的心情。我们可能得到很多，但是没有快乐的心情，世界于我何干？

只要往生命深处想，其实没有什么难处过不去。可以得到的自然会来，还没有得到的也许正在路上。冬雪的季节，何必为春天的花落和秋日的叶黄而忧烦？在浮躁的利己主义时代，我们在收获物质却在丧失快乐，丧失那种恬静的、发自内心的精神快乐。在时间快速翻动的节点，问问自己：快乐是否还守在家园？

很大程度上，我们的快乐并不由我们自己作主。让自己有一个快乐的心情，起初是一个生命本能，最终应该是一种生命了悟。但是，在中间的漫漫人生中，我们只能靠默默地提醒自己。那种快乐多少带些黑色幽默，多少带些无奈和忍耐。我们离大部分人都发出灿烂笑容的时代还很远，如果没有低下头来努力，一百年后的人们又怎么能比我们更快乐呢？

快乐是人生索解的重要目的，尽管不是唯一目的。快乐是生命质量的重要标尺，尽管不是唯一标尺。一个人如果连自己都快乐不起来，又有什么资格让他人快乐？如果连自己快乐都做不到，还能有什么大的用处？

快乐应该是人生的起点和终点。在起点和终点之间，不同的人往往有不同的经历，一方面是资源和动力；另一方面是弯路和障碍。活着需要有前行的动力，也应该克服难料的障碍，从而形成或愉快或痛苦的体验。这些体验，若是不能消化、吸收，会是陷阱，若是化解、超越，会是阶梯。

一个人经历多了，心上会长满老茧。不时查看它们痊愈的程度，既是在关心伤口，其实也是在哀怜自己。伤口真正痊愈了，就不会再去关心。人的注意力只在有问题的地方，你越是在意，就说明问题越大。但是，你不可能做到一开始就不在意，因为疼痛就在那里，它们要求得到尊重和安慰。所以，对于自己的经历要有恰当的态度，既不有意加重，也不无谓减轻。

我们跟一件事情的距离，影响我们的判断角度和控制能力。对于那些不带情感的事情，我们可以尽量靠近，以便看得清楚，像科学研究一样。但是，对于带有情感的事情，我们最好不要用显微镜观察，不可执着于细节，最好学会从远处观察，从一定距离去把握。

人生好多事情，不痛记不住。痛了，想忘未必忘得掉。不管个人还是社会，最终的积淀中，痛苦多于快乐。所以，人的一生中痛苦无法避免，而且都在生命最重要的部位。无关紧要的地方，不会留下痛苦。人都容易在生命中最紧要的地方用力过猛，不是被人伤，就是自伤。

然而，上苍给予的一切都是馈赠。一切无法挑选的，也许比能够选择的更有价值。痛苦在生命中的价值，即使不比快乐高，也肯定不比快乐低。说痛苦是生命的目的，大概没人同意。但是，说有不经历痛苦的快乐，同样无法想象。痛苦不仅是快乐的背景，而且是走向快乐的环节。痛苦给快乐提供能量，积蓄资源，把快乐拉长靠实。

为什么痛苦令人难熬？因为它在给生命烙印，在给生命争取机会，在把世间最重要的东西装进心里。纤夫掮客每个沉重的脚印，都在给大地书写生命的艰辛。思者哲人每条沟壑般的皱纹，都在刻印天地万物的沧桑纹理。所以，一切重要的收获，都在一番煎熬之后。

如果没有忍受痛苦的能力，一个人也没有相遇快乐的机会。所有文化尤其其中的宗教，所遗留的最重要遗产，都是教人学会忍苦。通达极乐世界的路也许万千条，但内容大抵相同，那就是经受多少痛苦，就离极乐世界有多近。承担了该承担的，然后才有真正想得到的。

在世俗生活中，没有谁不愿意幸福地活着：和气的一家子，没有贫困的骚扰，都有职业和归属，受到适当的教育，安静而平和，相信而有爱。只是鉴于命运的捉弄，有些人不可能再过平静的小日子。他们仿佛被命运石头砸开的水花，不是冲向这端，便是扑向那端，要么创造性地蒸发，要么破坏性地浊淀。

走向神圣的路是一个忍受憋屈并最终消化憋屈的过程。顺利的人生就是平凡的人生，想从平凡的世界中显现神圣，只能是作家编出来的童话。孙少平只是一种精神和希望，在现实世界是不可能的。比《平凡的世界》更具现实性的，是路遥的人生历程。顶尖的人文作品不过是不幸的人给幸运的人制造的生活调味品。

痛苦会累积，等待着暴风雨的来临，要么毁灭，要么疯长。

问题在于，是该憋回去，让自己缓慢成长，还是来个爆炸，在毁灭中制造巨响。人们赞同路灯，也能照耀，也能持久，但有人选择烟火，那种爆裂，那种绚烂。伟大的作品往往首先旨在拯救作者自己，把生命的意义问题提到观众面前的，与其是作品，倒不如说是作者。

折磨自己，并向死亡冲刺，算得上勇敢，但并非特别神圣。死亡是对生命的最终考验，但平静地拯救他人要比剧烈地燃烧自己更加神圣。爱是平和的，因而才伟大，爱是向生的，因而才永恒。

当我们失去本能的快乐时，必须学会有意识的快乐。儿童最容易快乐，简单的生活和玩具就可以满足，上一分钟的伤心并不妨碍下一分钟绽笑。只要不是过分的挫折性经历，童年都会留下很多美好的回忆。青春期以后，人会有很多烦恼和焦虑，但是由于身体的活力和积压量的浅轻，大多数青年人通常容易处于兴奋状态，他们的笑容灿烂而自然。

但是，中年以后，我们的快乐就不再那么自然，需要不断地提醒自己高兴，让好心情经常处于主导地位。浮起的心念，遥远的目标，错过的机会，冷暖的人情，生活的压力，渐少的岁月……都足以成为心理沮丧、产生幻灭的诱因。长期抑郁的心态会烙印在僵固的面容上，会沉积在退化的活力中，会反应在萎顿的热情里。

的确，在这个喧嚣转型的时代，每个人都有足够的理由抱怨、悔恨、愤怒。但是，不是所有的心思都能说清，不是所有的委屈都需要说出。宝贵的生命不应浪费在那些不利生命的方面，而要用来增长有益生命的因素。最主要的是，必须有爱好，必须向前看，必须将自己提升至阳光状态。在与天地共享的宁静中，让美好的感觉从心底升起。飘来的旋律，慧心的阅读，热情的招呼……都是美好心态的最好馈赠。所以，幸福不幸福是自己的事儿，何必用哭丧脸去告诉别人。

生命可能只是一番扑腾。起点本不由自己，而终点又无法预知。眼前看来有意义的事情，过一阵子看毫无价值。以为在跳出一个泥坑，其实却可能陷入另一个泥坑。雄心勃勃的打算，大多数都无疾而终。通向快乐生存的路，可能同时也通向死亡。以为在做清醒的选择，不过是社会趋向和自身本能的工具而已。

总是要在受伤之后，才对人生有更多的理解。一个人也许无法让所有人满意，但对于你所在乎的人，最好还是别故意制造伤心。不只死需要勇气，其实活着更需要勇气。人必须有自己的生活中心，将根深深地扎下去，以便在风雨中站稳脚跟。配角当久了，不仅失去当主角的能力，而且还以为自己才是主角。

生活也许没有对错，选择一条路，就有属于自己的风景。流下肚子的泪，除了发酵为仇恨，也还可以酿造为诗意甚至智慧。幸福不过是附着在生命表面的一层感觉，把这一表层撕去之后，一个人才能在惨淡中看到生命的深度。一个很早就将心撕碎的人，也许不再有享受这种表层幸福的能力，但也许对于超越自我又是一次难得的机会。

如果你还在痛苦中挣扎，不是还未认定自己的路子，就是格局还不够大。人的尊严来自自己一颗完整的心，并不需要苛求任何他人。对于任何人或事，你若过分在意，你就已经输了三分。

生死之外，一生难免有几个阶段需要一个人苦苦地坚持。也许为了生存，也许为了心中的目标，也许只为争一口气。比较外围的辎重别人或可帮忙，比较本心的担子只能自己扛起。这种默默的肩负其实并不算人生的惨事，而是走向某种阔境的必由之路。人生中最悲惨的是，生命还没有真正展开，已经失去了这种肩负的机会或能力。

吃苦本身其实就是机会，而且可能是难得的机会。那些吃苦坚持的人，大多都是已经在半山攀爬的人。他们的坚持，既因为已经走过的路，也因为可以看到的山顶。当然，在继续前行还是返回山下的选择中，不是所有人都会选择后者。但是，人生真正后悔的事情，不是命运悲惨，而是在还有时间和精力的时候，并没有去拼搏一把。

如果认识到生命只有一次，就不会费力地逃避苦难。一定要认识到，在别人的光鲜背后，所吃的苦并不比自己少。虚幻的羡慕、琐屑的关注、不实的苦恼、斤两的计较……不知损耗了多少原本可以更有价值的生命。让生命更有价值，使潜力得到最大发挥，无疑该是人生永不言弃的追求。

如果有机会和能力，不管多苦多累，都别成为他人悲悯的对象。也许在一个文明的社会中，这种悲悯不会损伤尊严，但是只要人们还把不平等当作一种追求，尊严的基础就不会多么牢固。

还是奋斗的年龄，一个人就不该选择安逸。如果不幸生存于恶劣环境，一个人甚至还必须自己制造氧气。跟优秀的人在一起，一个人会变得优秀，而能忍受孤独地生活，他才能变得更加优秀。有益的环境当然是重要的，它会形成适当的焦虑，这恰好是通常情况下一个人克服惰性所必须的。

随着时光的流逝，我们的假设便多了起来，做事也开始变得犹豫不决。我们害怕选择，但又不得不选择，而且不选择本身也是一种选择。我们的期望一旦远远高过现实，就会因过度焦虑而变得空落。逝去的岁月会抽空很多，将来的日子又飘忽不定，幻灭感会从每一个不曾落地的脚步中腾起。

和平是生活中难得的状况，需要有不同的技巧去灵活地维持。平和是人生难得的境界，应该花很大的力气修炼。让心宁静下来，不在于增加需要，而在于减少欲望。简单可以幸福，复杂也可以幸福，但简单的幸福承受较少的苦痛，而复杂的幸福需要承受更多的苦痛，因为你需要把自己升华地更为简单。

权力、地位、金钱、美色……无不昭示世俗生活的巨大诱惑。如果这些诱惑能在需要和满足、期望和现实、愿景和机遇、目标和能力、追求和底线之间达致一定的平衡，其实我们也无需抗拒它们。真正的解脱，不是来自深层的痛苦，便是来自高层的追求。

研究或创作绝不是一件轻松快乐的事情，要不然大家都成科学家或大作家了。如果有什么快乐的话，也主要不在过程，而在结果。那些认为自己研究或创作过程充满乐趣的人，如果不是在说谎，就是天才。

其实，有很多因素促使人们持续地做研究或搞创作，人们可能误把它们当成了快乐。比如，一吐为快的发泄感，追求真理的抱负，坚持做事情的韧性，长期养成的习惯，等等。我相信，这些因素本身都是经过艰苦磨炼而得来的。如果没有这些篱笆似的因素进行阻隔，一个人要把自己的精力和心思收拢起来，集中于相对固定的方向，完成相当复杂的架构，是几乎不可能的。这些篱笆似的因素，既是研究或创作人员自己的能力和素质，也是某种环境条件的作用。毕竟，能给自己制造氧气的人是少数，大多数人还是需要环境提供氧气。

坚持一个目标本就不是人类懒散的天性所愿意承受的，不断地修改和重复更是跟人见异思迁的本能相悖。不管实验室的反复试验，还是田野的艰辛调查，抑或是苦心孤诣的创作，都在承受常人难以承受的煎熬、耐心、毅力、焦虑……松散随意的阅读绝不等同于有目标的研究，凌乱的思考书写也跟真正的创作相去甚远。喜欢阅读和悠思是人的天性，但是它们离真正的研究或创作还相差十万八千里。

虽说快乐是生命的主旋律，可是凡人又怎能解脱世间的诸多烦忧。我们得相信，没有几个人能不受时代风气、文化背景、生存环境、自身经历、教育程度的约束。这是物欲横行而容易让人心浮气躁的年代，我们的文化某种程度上会加强许多比较，无奈的生存现实偏偏让我们觉得很多不稳定，哪一年龄段都有各自的危机感，强调技能而不是自识的教育又无法使我们获得足够的判断力。

学业中的多方位探索，生命中的大起大落，如果还不算浪费时光的话，那也主要因为两点，一是进行思考的水准没有降低，二是充满抱负的初心并未改变。作为俗人，我们受环境的影响超乎寻常，一个人的理想倘不坚定，会在现实生活中逐渐淡化、变形、转弯。即便你还有再度建构自己的机会，那也必须以你没有完全被环境改变为前提。如果你丧失了水准，你就不再有完成初心的机会。

若是大家都只在一个狭窄的空间中争夺资源，没有谁会真正舒心。如果我们彼此都能开拓一个广阔的生存环境，在各自的环境中发展自己，又何必去争夺那点可怜的资源。尽管人们说：一个人的格局有多大，世界就有多大，但我们更要看到：一个人的世界有多大，心胸就有多大。人得给自己的生命找到归宿，给自己的事业建构平台，去做自己真正喜欢做的事情。

生活充满各种残缺和遗憾，只是当你的注意力更多移向已经拥有的半块时，残遗的半块就不再是不堪承受的阴影。尽可能关注已经拥有的部分，感激上苍给予生命的报答，快乐就会慢慢覆盖那曾经残遗的部分。人的注意力在哪里，哪里就会逐渐成长，占据生命的重要地位。

提醒自己快乐意味着一个人要主导自己的生命质量，在命运中把握主动权，让自己的理性始终是意识的主人。主动权意味着要在强烈控制和放任自流之间找到平衡点，做符合自己身份和位置的事情。人不必坚执自己的意见，但也不能没有自己的主见。学会判断轻重缓急，不管外界多么有诱惑，都能控制自己去做生命中真正重要的事情。

把握主动权是提高自己实力的重要路径。总是跟在他人屁股后面，慢慢便失去把握生活、回归自己的机会，没有哪种实力是通过随波逐流而获得的。当一个人成熟到一定时候，就会有随时可以起身就走的断然之力，就会有发出先声、控制局面的审时之势。要想左右环境，首先得能左右自己。

人是通过说“不”界分你我他的，总说“不”当然难以建立人际合作，但从不或从不首先说“不”却势必一直处于下风。一旦无条件的同意成为一种习惯，就没有哪个人会把你当回事。要做一个好人，但是那种能否定的、有力量的好人。

连那些在别人看来已经很成功的人都可能走不下去，就知道活在这个世界有多艰难。以为自己进入哪一行都行，以为自己在哪儿都可以赚钱，以为别人成功的路也可轻易走……所有这些幼稚的念头曾经充斥人生多少年。但是最后才发现，自己真正能做的、能养活自己的，只有很窄的某个领域，而且还是多年屈身打拼的结果。

人生的好多悲哀在于，欲望总是比能力跑得快。欲望有一种本事，可以在人的想象中幻化出海市蜃楼，看上去要达到也就一步之遥。但是，当你真正前行的时候，这幅美景便消失得无影无踪，你自己还可能跌入深坑。因此不管到了什么年龄，脚踏实地地行走，都是一件无比重要的事情。

对于年轻人来说，早点知道生活的艰难，就是对亲人感恩的开始。但是，在这个什么物质条件都不缺而唯独缺少吃苦机会的时代，在恨不得将一切都准备好却没有准备让他们了解生活艰难的家庭，孩子们未必能够真正感受生活的艰难、生命的艰辛。网传的一篇“全民进入富二代”的批判性文章真的令人惊醒。

生活是美好的，这是就乐观的希望和人生的态度而言。其实，就生活的实际内容和具体过程而言，没有哪一件或哪一段是纯粹美好的。即便甜味成为生活中最能诱人的味道，为了这点甜味你也必须先尝到很多酸苦辣。

第二节　身体与心理

人生有两样东西最为重要，不能放弃，很大程度上也可以自己操控。一是身心健康，一是个人发展。有健康的身心，可以享受生活，无论物质还是精神。坚持发展自己，不仅可以维系生命，而且可以减少许多不可避免的遗憾和孤独。

生活常有突然的变故，难保谁能陪谁到底。爱护自己，保全自己，能独立地抗起自己的世界，毫无疑问是一个人的天职。搭个援手，尽一份责任，献一丝爱心，都远远无法运转一个自我依赖的生命轴心。没有谁能永远扶着一个不会自己走路的人。说实话，这跟道德无关，而且不管什么事，最好少往道德那里扯。

年轻时候可以创，可以犯错误，但最好不要混。生命应该是一个增长过程，而不是原地打转。一个停滞在半道的生命，总感觉是人生最遗憾的事儿。在传统社会，将血脉延续看作自己最神圣的自我发展。现代人已远不满足这一点，而将自己的能力提高和全面发展看得更为重要。自由、独立、全面发展……在个人价值中日益重要，这当然应该算作进步。

二氧化人性，是硬脊，也是软肋。生命一旦赋有人性，会集中更多的力量，因为人性不是来自个人，而是来自群体、文化和历史。但是，生命中若是渗入人性，也可能变得柔弱，因为人性软化了某些坚硬的力量，将个体的本能削去一部分。

即便如此，人性也不可能是一片光明，因为它需要负载和背景。一片光明等于虚无，满分纯净便是空洞。凡是有所在乎，就会存在负面。你在追求目标，就不可能放弃竞争。你在争取一份爱，就不可能排除醋意。你若养护自己，就难以彻底放下。你若关涉世界，就会投下一片阴影。人性难以独立地自存，它必须有所依托。

人性来自一种驯化。它软化了动物的某些方面，以便于人能游走世间，容纳万物。但是，驯化需要恪守一定的限度，过度的驯化会削弱生命力，驯化的不足又影响社会融入。保持野性和人性的平衡，身体和心理的协调，外在和内在的张力，不仅对于个人的教育和成长，而且对于社会文化的建构和评判，都是重大的课题。

不竭的创造力来自强大的生命力。强大的生命力来自身心积蓄的能量，有先天的基础，有后天的教化，形成材质、教育、经历、文化、环境……的复合体。野性提供生命能量，人性把握生命方向。该硬的别软，该软的别硬，有底气，善吐纳，才可能有一番作为。

失眠，如果成了习惯，成了痼疾，当然是一大危害。但是，如果善加理解，引以为戒，它又有不可多得的好处。

失眠，一旦习惯化，的确是身体的大敌。它不仅耗竭内脏，而且弱化神经。它让皮毛暗淡，感官老化。长期失眠的人，自主神经会紊乱，内分泌容易失调，大脑陷于迟钝，免疫功能下降。失眠的危害，远过于饥饿，更胜于懒散。

失眠，一旦成为负担，果真是心理的罪过。它不仅用清醒对付夜晚，而且用昏沉应付白天。它把浊气扬上脑壳，却把清心踩在脚下。一个失眠的人，可能在哈欠中丧失斗志，在懒腰中失去效率，注意力涣散，美感顿减。

但是，凡事都有两面。失眠，何尝不是生命的警示？它告诉你，身体已有些不适，生活存在坏习惯，心理藏着杂念，六根还没清净。除了偶然的天灾人祸，人生是生与死的漫长搏斗过程。衰败和死亡在渐进过程中，不断释放破坏性能量，失眠便是生命护卫自己的警告之一。

因而，失眠，又何尝不是新生的机会？及时发现躯体的病患，改正糟糕的生活习惯，减少心理不必要的杂念，放弃对世界和自己的执着。说到底，人生需要坚持，更需要放弃；需要进步，更需要退守；需要奋斗不息，更需要量力而为；需要坚守原则，更需要变得宽容；难免一些功利，但需要更多清虚。

人的一生，身体的出生只有一次，但精神的再生却需要多次。精神上能再生一次，肉体生命才能再延长一段。除了偶然的天灾人祸，凡是能持续生存的人，都是精神上得到再生的人。如果不能在相应的阶段获得精神再生，肉体也可能终止于那个阶段。

三十岁之前，需要经受社会化的重生。接受民族、国家、社会、时代的驯化，成为有生活能力、可担当责任的人。其中，情感尤其爱情的考验最为剧烈。巴尔扎克曾说，爱情是一个人的再生。因为在这一剧烈的情感面前，人性中的光辉和低劣都会暴露无遗，因而成为走向天堂还是地狱的十字路口。

中间三十年，需要经受名利权色的考验。到达一定社会层面，拥有相当的社会资源后，人的欲望容易膨胀。显著的成就容易冲昏人的头脑。收敛的思维可能使人变得自以为是。青春的尾巴会让人不顾一切。周围的逢迎使人难于自我省思。保持清醒、理性、谦和、自省……反倒是一件难事。

六十岁之后，需要经受自身衰老的折磨。没有心理的相应调整作为补偿，身体的衰退便是一件无法容忍的事。一方面与功利保持距离，平和看淡；另一方面对生活充满信心，保持童心野趣。放下攀比，减少后悔，以天性生活，与苍生一体。不管曾经如何，都准备淡然地回到文化的母体和自然的家园。

这个世界留给我们的，以及我们跟别人关联的，大多只是一些表皮。它们如同费力保护的各种面子，慢慢都会随风吹走。时间长了，表皮磨出各种老茧，若要轻松地活着，就不得不剪掉几块或褪去一层。当你的里子足够坚硬时，即便面子被捅破，其实也未必有想象的那么疼痛。

说到底，人最后活得还是自己，即使最亲最近的人也无法始终相陪。身体是自己的，主要靠自己感觉和料理，心灵更是自己的，别人甚至都无法看见和靠近。有些开始是欢快的，结局却是悲惨的；有些开始是苦涩的，结局却是圆满的。人生没有回头路，与其后悔，还不如勇敢地往前走。

如果你已经是一截陈旧残破的笔，便已经没有在干净的白纸上书写的权利。善良有时也是一种罪过，因为会让自己变成牺牲品。匆匆流过的时光中，我们无法立刻区分善良和软弱的真正分界线。道德主要是用来保护群体和弱者的，因而被道德缠绕得久紧了，我们的生命力会在习惯中衰退。

过去并不只是已经逝去的一段时光，而很有可能是鲜活的当下的一部分。所以，对于世间事物，尤其对于生命来说，过去其实并没过去，还能够知道、还能够想起的过去其实并没有过去。人生在不同的时候都可能遭遇瓶颈，过去了，视界就会大增，过不去，也许难免某种悲惨的结局。

人生最有意义的事情是，一生从不停止成长。以身体成长和心理成长为基础，人生要以智慧成长作为结果。就像秋天的叶落一样，理智果实的成熟甚至要以身体的衰老为代价，以便为灵性留下精力、腾出空间。

时光并不在我们身上简单地流过，它会通过四季往复对生命进行淘洗。那些重实的进得越来越熟稔，而那些轻虚的退得越来越陌生。生命的累积不只来自增加，更或来自舍弃。一同走过的人，完成了各自的使命后，相忘于江湖便是生命的一种淘洗。落叶的清秋，刺天的寒枝，在删繁中自得一份恬静，更为那新的万紫千红尽一番蓄积。

生活越是难熬，生命的收获可能越大。每个落寞孤痛的日子，最终都可能开出一朵鲜花。一生便是一场煎熬，急着长大，愁着职位，忧着衰老，但一生更是一番熬制，那些粗糙拙劣的蒸发掉，而那些精到优雅的会渐长。世间万物皆有其定数，一切美好事物的到来，都在我们自己成长成熟之后。

生命的累积起伏不定，那些默默无闻的日子自有它们的重要性。人们都渴望辉煌的时刻，但其实真实的生活是平淡。人们都渴望被人注视，但其实生命的真谛是内静。如果你尚未看透穿过那些浮嚣，你的生命就还只在枝叶，而没到根须。每一缕阳光都深藏天机，让我们在明暗中透视万象，衍播灵性。

孤独可以使一个人的灵魂得到超拔，但是过分孤独难免缩短一个人的寿命。人的生命是一个粗糙的现实体，他需要超拔高玄的内核，也需要鄙俗野性的外质。前者使人们变得灵气、内秀、光辉、卓绝，而后者使人们充满活力，过得踏实，变得平和。一个将这两面充分平衡起来的生命，才算真正善待着自己。

人的心灵有一种防御机制，善于在宏大的概念下掩藏一些不愿示人的东西。而且制造出来的光环有多明亮，所掩盖的阴影就可能有多深远。因为不愿将自己认为负面的东西示人，我们就会将所谓负面的东西用宏大的原则深深地掩藏和包裹起来，但这种掩藏和包裹恰好是在施压和强化冲突。

一个人与自己较劲是人生最痛苦的事情之一。如果从起作用的长短和灾难性的后果来看，自我冲突应该是人生悲剧的最深刻根源。只要一个心灵是健全完整的，它就会容纳和消解任何来自外部的冲击，恢复它的弹性和快意只是时间问题。但是，自我排斥会使一个人丧失修复能力，因为它几乎与环境无关。

生命中真正深刻和影响长远的东西来自遗传和家庭。童年所缺失的爱、安全、信念、温情也许一生都无法弥补。后天当然不是无所作为，但必须经受磨难，打开自己，让自己足够强壮。平凡而正常的情感生活是维护身心健康的一剂良药。

如果不能走出一己之地，一个人就无法获得真正的宁静。眼有多开阔，事有多长远，心就有多明澈。人间大多苦恼，都是考虑自己太多。一己之身不过一堆欲望，人离欲望越近，心就越容易受到役使。有时，一个人看上去在鲜活地扑腾，其实不过被欲望操纵着，被低层次的欲望操纵着。

即便说鲜活的生命就是一堆欲望，欲望也有高低之分。爱、信仰、审美、求真也可以看作欲望，但它们一定与肉体的欲望想去甚远。而且就这些语词的通常所指来说，我们并不把它们看作欲望，而是看作人类高层次的精神需求。它们没有哪种能脱离欲望的支撑，能离开身体的支持，但毕竟不能还原为欲望本身。

总体来说，心灵和肉体、文化和自然、群体和个体的紧张，是一个人乃至一个社会的主要问题。我们遭遇挫折，产生痛苦，最终根源也在这里。我们越想往高处飞升，我们所面临的紧张就可能越严重。不管童年的成长，青春期的挣扎，社会中的奋斗，还是为了获得地位、尊严、名声，我们无不在这种紧张中。

适度的紧张是我们超越自己的必要动力，但过度的紧张就会造成时间的浪费甚至身心的疾患。当一个人还没能力把握自己的时候，家庭和经历最好别把他深深地置入这种紧张。人跟自己的斗争，归根结底不过人性不同方面的斗争。

谁能沉住气，谁才能真正走向强大。很多时候，我们的气运不是被对手夺走，而是自己先行泄掉。你给自己的暗示是失败，你就不可能拼搏到成功。从暂时的失利中更能稳住阵脚和看到希望的人，才有可能走向最终的胜利。你要想让周围的人充满信心，你自己就不能首先松劲。

暗示具有无比强大的力量，它会把我们的注意力和精力引向所指的方向。你心中想着一定糟糕，行为就不可能全力扑向优胜。问题在于，我们的心理似乎具有一种向下滑的自然趋向，遇事更容易往坏处想。对未知结果的担心，对相关人员的关切，对事件把握的无力感，对过往失利的回忆……都会把我们的想象力引向与我们的愿望相反的方向。

悲观的人都是心理期待太多的人。但是，无论多么悲观，人都要尽可能保持良善的一面，别把自己的屈辱变成恶毒。即便你的花被踩，你也没有理由去踩不相关的花。每咽下一次苦水，你的心便往大器扩充一分。相反，每发泄一次恶毒，你的心就向窄路挪动一步。牛角就在那里，就看我们往哪一端走。

咬着牙，一分一分去拼，赢局不在直线之处，也会在拐弯一方。有技术差别，赢在技术。无技术差别，赢在格局、战略和精神。使技术擅长需要时间并不长，但要养成格局、战略和精神，则需要相当长时间的修炼。

人总是要在经过很多碰壁、嫌弃、排挤、怨怼之后，才能对人世间有一定的领悟。内心的刚直、原则、硬度需要保留，但跟人相遇的表层要尽可能变得柔和、虔敬、宽厚。在这个浮躁、俗气、物化和攀比的时代，坚守自己的使命和心境已越来越困难，尽管我们相信，物质与精神平衡的时代总会归来。

人应该自信，但不能盲目自信，尤其不能自以为是。盲目自信要遭埋怨、吃苦头，自以为是更可能犯错误、惹麻烦。真正的自信必须建立在理解自己和了解世界的基础上。一定要记住，自信不是固执己见，不是刚愎自用，不是鲁莽冲动。自信的内核饱含着怀疑和批判精神，渗透着宽容和乐观态度。

书本学多了，有可能变成书呆子，总想着用一套僵化的框架绑架世界。但是，这个世界变化太快，已经不允许我们从中心到边缘只有一个坚硬的框架。思想的中心地带必须充满原则和理性，但边缘地带必须保持足够的灵活性和调适度。所以，读书人一定要经常出去走走，与生活世界建立紧密联系，相遇不同的观点，感受多样的人。

有健康的身心承担自己的幸福和事业，培育一种刚柔相济的理解框架，应该足以使我们保有一颗丰富而平和的内心。如果一个人的使命之根扎得足够深，即便有劲风刮过，摇动的也只是枝叶，而不该是树干。

一个人如果不再被感动，就真的老了。让我们不再感动的，不是身体的衰老，而是心灵的枯竭。人只要有一份稚嫩、一丝童心、一抹情趣，就容易发现世界的真诚、善良、美好。让自己心灵始终有一片后花园，是一个人维持自己的一种使命。不管外在得到多少或失去多少，这一片内在都应保持肥美。

让心灵枯竭的灰暗力量，主要来自两个方向。一个方向是跟怯懦有关的心灵退缩，人失去了向外打通的勇气和信心，失去了批判和抗争。另一个方向是跟自大关联的心灵膨胀，人会变得不可一世，过分强调自己的重要性和优越感。不管退缩还是膨胀，结果都导致空心，心灵失去了自己的主宰，世界会变得枯黄、凋零、落寞。

面对心灵退缩，人需要鼓足勇气走向世界，唤醒自己的批判精神、独立尊严和使命感。面对心灵膨胀，人要学会谦卑、虔诚、感恩和换位思考，感受世界的广大和他人的不易。人与自己和解了，世界才会变得广大。人与世界和解了，自己才会变得牢靠。心灵需要适时地提醒自己，既不怯懦，也不狂妄。

始终保持一个稳定的自己，是人生最困难的事情之一。在生命的航程中，人都免不了颠簸、挫折、阻力、灰心，只有始终不忘初心，才能不负一生的使命。人维持好自己的心灵，世界才会平顺光明、充满生机。

自信是处于自卑和自负之间的中道状态，是生命自然健康的一个重要标志，也是人取得成功的秘诀所在。自信状态一旦受到扰动，很容易滑到自卑或自负两个极端，甚至可能长时间摇摆于两个极端。自信是生命舒坦的、开放的、平和的、健康的状态，可以用大器、积极、平静、宽容、光彩……等一系列概念描述。自卑和自负虽处于两个极端，但有很多相通之处，都表现为偏激、急躁、过分敏感、气量狭窄、波动、敌意……等状态。

追求自信是生命的自然趋向，因为自卑或自负皆非生命的自在自为，处于欠缺、渴望、挣扎状态。自卑或自负可以成为生命的动力，有时是遏制不住的强烈动力，但毕竟不是生命所处的自然状态，因而生命不得不忍受煎熬、承载重负。生命在享受自信时，往往毋需多言，而吵吵嚷嚷和喧嚣宣传正是不自信的表现。只有不自信的时候才强烈呼唤自信，当然通过呼唤自信也许能真地向自信的方向奋斗。

不是说失败一定使人变得不可救药，但面对失败的态度却至关重要。没有哪种成就不经一定程度的挫折就可以取得，所以决定成功与否的不是挫折本身而是面对挫折的态度。面对挫折、失败和不利处境，急于摆脱是生命的自然反应，但是有时这种急迫会使人丧失理性、慌不择路，从而陷入更深的泥潭。

跟其他物种一样，通过他的肉体和自然官能，人与现实原本是自然统一的。但是，人在扩大自己的现实范围时，逐渐开发了肉体和自然官能以外的能力。增加的这些能力主要来自理智和语言，一方面或许有助于把握更大范围的现实；另一方面却可能失去与现实的亲密接触以及对现实的整体把握。

与现实的自然联系，意味着所有官能通道的自然通畅。这种情况下，人的五官会联合作用，并形成第六感官——直觉。但是，随着理智的发展和语言的运用，人会关闭其中一部分乃至全部感官。理智无法对现实事物的所有联系以及所有事物所组成的复杂网络进行整体把握，它只在一个时期关注其中一个（些）方面，而且主要依赖对自己的利害。这样，对事物本身及其整体的理解难免片面、表层、功利。一个人所处的生活方式越贴近世俗和外物，他就越从于己利害的角度看待事物、现实乃至整个世界。

没有哪一种文化不包含这样充满偏见、富于功利的层面。只从自己（不管个体还是族群）出发的念想不可能不偏狭和功利。矫正这种偏狭和功利的唯一办法是尽可能增加看待事物及其联系的不同视角，乃至于理解事物的整体联系。这要求人有近乎超验的洞察力，放下自己的傲慢、固执、偏狭、功利，艺术性地重建人与现实之间的有机联系。

基本生活满足以后，我们的精神需求高涨起来，苦恼也就相应地增多。精神需求的解决，既不能靠累加物质条件，也不能靠单纯苦思冥想。精神必须寄托在某种无限或近乎无限的事物上，它们可以是真、善、美、信的各种事物，只要不是单纯的物质需求。它们可以是业余爱好，也可以是职业延伸，但一定要能寄托一个人的无限追求。

人只能在有限的处境中思考自己的定位，舒坦或者委屈只是相对自己的阅历或诉求而言。当你为自己的不得志而耿耿于怀时，还有那么多人在起早贪黑为自己的生存而拼搏。面对那些连生存或许都是问题的人，面对那些乐观地干着普通职业的人，我们这些可以占有更多资源的人应该有一种负罪感。

一定要避免向处境不同的人讲述自己，因为你随时都面临着被误解的危险。想一吐为快的冲动最终可能害了一个人，所以控制自己的言行成为人生修养的核心。一个人一事无成的一个标志是，总是夸下海口却很少兑现，甚至难以抑制地跑冒滴漏最终贻误了自己的机会。成熟的人都是默默行事而不留痕迹的人。

想让别人理解的愿望也许本身就是一种过分的要求。一个人凭什么对别人有要求，没有任何一个他人真正欠自己的。我们如果还清了曾经所欠的债务，为什么就不可以轻松选择自己所愿意的生活？

只有一个健康的身体和一颗强大的心灵，才能应对人生的种种缺憾、命运的不可把控、难以避免的衰老。哪怕再亲密的人也不可能始终陪在身边，一直奉在眼前。让我们能够忍受生命中很多不堪的，仅在于自己变成一个近乎雌雄同体的人，像一棵大树，稳稳地屹立在风吹日晒的荒滩。

这个世界只有真正强大的人能一直走下去，因为他不依赖于别人。你活着，你就能享受这个世界的所有。你倒下，别人在鞠完躬之后，依然在前行。这个世界缺了任何一个人都依然在运行，所以只有自己才是自己的世界唯一不可缺少的人。所有的责任归根到底都首先是自己对自己的责任。

身体和心理是相互反馈的循环系统，一方的状态立即会引起另一方的反馈。快乐平和是健康身体的自然状态，如果一个人闷闷不乐，首先需要查找是否自己的身体出现问题。反过来，心事重重、长期郁结也会严重影响身体健康，甚至导致神经和内脏的损伤。不管发生什么事，需要及时调整自己，使身心重新进入良性循环。

用一颗感恩的心面对自己的拥有，而不是盯着自己的缺憾。用深度的阅读丰富自己的灵魂，让人文情怀充满内心世界。减少对他人态度的过分关切，努力给他人制造快乐。人生就几十年，我们哪有时间彼此怨怼，又哪有时间滋长自己的不快。

第三节 天真与成熟

从春到秋，时光在流逝，生命却在成熟。从故里到他乡，距离在放远，心底却在变宽。岁月在心中刻上的不只年轮，还有境界。环境给身心存留的不只磨难，还有收益。生命有很多无奈，包容它们，天地便多份阳光。活着往往是一种使命，忍了孤苦，目标便接近一步。人生总在寻觅，那是心性在释放潜能。生活经常转弯，那是命运在巧妙安排。不放弃自己的人，才是命运的主人。不断超越自己的人，才是幸福的人。

如果真是心中的深望，即使艰难，也要好好坚持一阵子。人生的机遇并不很多，错过一个，未必还有下一个。很多时候，转机就在自己多坚持的那一刻出现，这正是很多成功和幸福在常人看来不可思议的原因之一。能让我们后悔的事情，不是那些不属于自己的，而是那些自己没有尽力的。真正尽力了，一是实现愿望，二是没有实现但不后悔。我们可以参照过去，可以借鉴别人，但最重要的是问问自己。

谁也无法把握未来，但未来可以从心开始，心中的夙愿便指引着未来。造成我们怨悔的，往往是过多受到他人、流俗、环境、过去的影响，较少倾听内心的声音。只有那些较好认识了自己的人，才容易过一个无怨无悔的人生。美好的人生，无非是经历起落的无怨无悔，实现潜能的自由自在，面对天地的心灵宁静。

一颗受伤心灵的胆怯屈辱，可能瞬间变成不顾一切的死硬冰冷，这正是相反相成的人类本性。相反，一个健康有力的心灵总是热情的、开放的、阳光的、富于弹性的，它不会走向极端和边缘，因为它就行走在生命大道。

没有人愿意生存在胆怯屈辱的阴影里，但人们的自尊心为了掩饰这种屈辱，会营造一堵冷漠的墙。这堵墙以尊严为框架，但以仇视做材料，与胆怯的内心形成极不稳定的平衡。挤压扭曲的心灵会不断发霉而增加爆发的内压，从内部又促进冷漠外墙的坚硬厚实。这颗心毫无疑问是一枚炸弹，只等待一个人或一件事来拉动导火索。

强大的心灵是自然的，有着张弛有度的开放幅度。他（她）不会唠叨不已，也不会沉默寡言；不会低三下四，也不会傲慢不羁；没有发酵的地下室，也不用炫耀的阁楼……凡是刻意掩饰的东西，都将销蚀自然的力量。凡是过于压抑的东西，都会磨损人性的光辉。这当然不是称赞原始的粗野，而是坚信有一种健康的文化和社会所塑造的自然。

大自然不会那么公平，但人间应替自然换回这个公道。个人出生也许不幸，但社会应提供健康生活的平等机会。一层坚硬冰冷的心灵外壳不是一朝一夕形成，它来自缺少社会温馨的家庭，来自缺少浸透阳光的环境，甚至来自个人的一次次屈辱经历。

耐力是人生的重要素养。一个人若连起码的煎熬都不忍受，他既不能指望有什么成就，也无法企求想要的幸福。不管面对人生什么事，如果选对目标，校正了方法，然后最需要的便是十分的耐力。日复一日的重复，一些枯燥，一些单调，激情退却后的乏味，开始考验一个人的耐力。

人们常说，冲动是魔鬼。其实，连冲动都没有，就更是魔鬼。持续的最低限度的热情，是保持耐力的基本能量。这一能量，既来自身体，也来自心理。除了先天的基质外，良好的习惯，坚持的锻炼，才能让身体保持活力。而心理能量，不仅来自材质，而且来自教育、环境、经历、态度、自我期望。

耐力不是无所作为的等待，而是积极争取的累积。有些事情无法改变，那就放弃，那就绕着走。而更多的事情走向如何，依赖于当事人怎么做，甚至怎么看。事情究竟什么性质，不尝试永远不知道。所以，勇敢的人总是有更多机会，积极的态度常常发现更多路子。往往只是多坚持一会儿，原本可能无望的事情，竟变得那么顺理成章。

不管成功还是幸福，耐力都是一个重要的保障因素。耐力可以弥补一些短板，可以改正某些失误。人生的结果，某种程度上依赖于自己的判断和行动。消极的人更多在命运面前匆忙放弃，而积极的人更多在坚持中重塑未来。

对任何事情，人都只能尽心，而不可强求。苍天有它的安排，人的用力不与它合拍，就会事倍功半，甚至适得其反。一个人成熟到懂得这一点，便不会为难自己，也不会为难别人。能够掌握这一分寸的人，会让人舒服，会令人尊敬，会善结人缘。

上苍不会把所有美好的东西都给一个人。它在给你阳光时，也会给你阴影，给你白昼时，也会给你暗夜。人与人的区别，不在于是否拥有、是否看到这两面，而在于向别人展示哪一面。常向人展示光明一面，多让人生活白昼之中，一个人会逐渐强大起来。你的注意力不在那些阴暗消极的界面，它们便不会成为喷发灰尘的活火山，还可能成为支撑你前进的矿物燃料。那些充满光环的人，不是没有积压的暗影，而是善于将其转化为正能量。

一个人必须早点吃苦受累，懂得人生的艰辛，做好负重的准备，因为人生是一场煎熬，须有足够的能量和容量。只要在一定范围，吃苦受累会使人有强健的筋骨，坚韧的神经，耐压的心理。一路顺着过来，当然求之不得，但苍天未必那么慷慨。在这个世界表面行走，不会步步平坦节节笔直，只有调整好自己的平衡感，才能面对那些坑洼和弯道。顺畅也罢，坎坷也罢，都是人生的风景。你若不失欣赏的眼光，这个世界不会吝啬它的真纯、善意和美感。

在充满竞争而又短暂的人生，男人一定要强大。强大，不是一定要有钱有权有名，主要是心要宽阔，心地善良，关注别人优点，能从光明面看世界，让他人快乐，善于承受，充满自信，有责任心，富于正义感，可以担当，心境平和，愿意付出，最终靠得住……

爱是检验一个男人是否强大的试金石。一个男人没有获得爱，首先是因为自己还不够强大。正如一个女人没有获得爱，首先是因为自己还不够可爱一样。经过爱的考验的人，会在大事和原则面前时刻保持清醒，会承受一些通常难以承受的东西，会把对方的幸福和快乐看作行为的最高目标。

强大也是教养的一种表现。他不会轻易动气，因为他有容纳戾气的空间。他不会斤斤计较，因为他有着长远的人生目标。他不会十分沮丧，因为他有能力感受生命的美好。他不会放弃追求，因为他知道怎样度过无悔的人生。强大是健康体魄的展示，更是心灵阳光的折射，是生命意志的质感，更是天地活力的激荡。

男人得经过反复的历练，才能真正强大起来。心还没有强大，不可能干出大事。心能容纳多少人，他才能干出多大事。古今成大事者，除了时运相济之外，自身无不经历一种脱胎换骨。比较曾国藩前后半生的变化，能提供最典型的启示。强大的人要求自己多，而苛责他人少。

生活还没有足够的报偿，如果不是你太贪心，就是你还不够优秀。不管是否决定降低心中的预期，都不应放弃继续成长的步伐。我相信，单个生命也像一块土地，如果不是过分垦殖，那么有规律的耕种倒会保持它的肥力。对生命提出要求，其实是延续生命的最好方式，也许因为这种要求会把自己与其他生命、与最后的超越者联系起来。

生命看上去有它秘而不宣的结局，但一大部分却在自己思想和作为的累积中。面向未来，它会展开各种可能性，但哪种可能性终究成为现实，既依赖于你的选择，更依赖于你的坚持。点下一粒种子，不用焦急地等待结果，所需要的只是施肥浇水，除草松土。享受这一耕作的过程，做好该做的活计，相信苍天会分配秋天的报偿。

生命有时很顽强，会承受很重很久，这种承受反倒增加它的生命力。所以，在能吃苦的时候，不要让生命悠闲过去。但是，生命有时又很脆弱，根本不知道在什么地方碰到灾星死神。所以，要学会涵养自己，更不要让心中的愿望变成别人的憾恨。

我们总是为没有展开的生命而遗憾，也为未及实施的愿望而叹息。生存是一次冒险，能够充分地展开，其实就是一种成功。一种相信会唤起希望，一些希望会召唤能量，各种能量会全面激发活力，最终把生命推向卓越。

兴趣也许是幸福和成功的必要条件，但它绝不是后者的唯一保障。兴趣可以是开端，但只有兴趣却难有结局。如果不用目标和毅力作为两条轨道去牵引、去稳固，兴趣就会在漫无边际的荒野中乱窜。既可能撞上绝壁，也可能跌下悬崖。顺其自然，既不是消极等待，也不是随心所欲。

动物的兴趣被本能和环境稳固着，它们一般不会越界。人类却已大大不同，本能所占的空间越来越小，因而解放了的兴趣会在无边无际的世间徘徊。兴趣的基础是激情，而激情的维持时间很短，据说连最深刻的爱情也只能维持30个月左右的狂热，更别说对其他事物的激情了。所以，从兴趣的开端到生命的结局将是一段漫长的历程，期间会有兴趣的起伏燃灭，要经受命运的种种考验。只有一直在兴趣所引发的路上坚持着，生命才能最终达到所期望的境界。

活着就会产生兴趣，有兴趣便会作出选择。然而选择之后不再轻易放弃，却不是兴趣本身所能决定的。尽管适时的放弃也许是一种明智，但轻易的放弃则是对生命的亵渎。活着就得熬着，熬出一个更好的自己，等待转弯时命运的另一番景致。一时的兴趣或许来自感觉，而一生的索解必须依靠志向。感觉是水面的帆船，它会随风游弋。心必须变成厚重的锚，将自己稳固在深深的水下。

童心可以与年龄无关，但经不住社会的侵蚀。单纯、真实、快乐、兴味、良善、美感……这些性命之根美好而稚嫩，然而若不能在童年加以呵护，在青壮年加以蓄积，便会曲意，乃至萎谢。留得一颗童心，需要懂得它的父母，关怀它的学校，安顿它的社会。对童心的追念，往往饱含成人的辛酸和时代的悲戚。世间很多事物，只在远去的惋惜中，其珍贵才被深知。

在一个转型社会中，书本与现实、普世价值与生存环境、人生追求与现实条件……难免痛苦地撕裂。越是表面上灌输某些高大上，心中越可能长出功利和浮嚣。文明不过是一种贵气，在眼前之外能看到无限，在物质之上可透出虚灵。从旧的高贵到新的高贵，中间也许难免一段全面的平庸化。当然，功利和浮嚣尽管不是生命的最佳状态，但它们相比麻木和狂热，总还是一种进步。

人年轻时便需修炼自己的感官，使它们能敏锐地感受整体，积极地营造结构。但是，通过阅读、劳动、交往、旅行……增加自己心灵的感受力却更加重要。随着年龄的增加，感官的感受功能在退化，但心灵的感受力必须更加强劲。保持人的审美感受力和健全理解力，对于一个健康生命来说，不管什么时候都至关重要。我们无法完全摆脱世俗生活的魔力，但必须保有适当远离它的趣味和追求。

除了苍天的故意造化，顽强的生命力是我们必须学会的重要能力。在巨大的困难、压力和心痛面前，即使等待发芽，也不能先行自灭。人生可以有不同活法，每一种都有自己的意义，但首先得顽强地活着，意义只有在坚毅之后才能完整地显现。

人生的决定都是艰难的，因为我们没有机会重新验证它们的对错。在做出最终决定之前，有必要保持适当的自我怀疑。过分的自我怀疑让一个人原地踏步，但不经思考的迈步同样会招致后悔。成熟的人格是激情和理性的相对平衡，既有成长和改变的动力源，又有选择方向和坚持步伐的调控器。

念头都带着能量，像冲击海岸的浪花，多次的冲刷会累积为最终的改变。人的一生都在寻找适合自己生存的空间，尽管有时不得不暂时屈居。要么被憋屈的环境压灭，要么撑破憋屈的环境，人有时没有别的选择。人生的机会其实挺少，一不小心就被一种生活耽误了几十年，甚至一辈子。

个体生命既是前伸的，也是退缩的。奠定自己人生潜力的前几十年如果耽误了，就别想后几十年还有什么作为。往前推进的时光会凝固起来，变得习惯和保守，所谓衰老不过是一种守成的心态。知足也许可以带来快乐，而不知足才真正对抗衰老。把自己与时空中更远的生命连结起来，是生命避免枯竭的唯一办法。

人的成熟程度应与年龄段相匹配，并在适当的年龄做适当的事情。身心不能成熟到一定程度，或者无法维持一定的成熟度，人即便具有一定的权利，也无法担当一定的责任。当然，成熟得太早，可能阻碍某些重要的成长，而成熟得太晚，又可能耽误某些难得的机会。

“成熟”无疑是一个文化历史概念。不同的文化甚至亚文化对成熟有不同的要求，东西方文化，性别文化，阶层文化，甚至地域文化，都对成熟的理解有很大的偏差。同时，传统社会与现代社会对人（包括男人和女人）的成熟会提出不同的要求，要么所包含的方面有别，要么各方面的着重点不同。

成熟是一定的环境对人的知识、能力、素质的要求。环境可能简单或复杂，透明或隐晦，安全或风险，文明或野蛮……这些因素的复杂交织使人类有很长的学习期，了解自然环境，熟悉社会氛围，明白文化习俗。不管身处的小生境，还是心系的大生态，都会刺激人发展和保持某些特定的知识、能力、素质。

除了身体的自然生长，走向成熟需要两种力量的平衡：生活和读书。生活耽误了读书，会使人过早地钝化。读书挤占了生活，也容易让人变得呆板。两者互不相干地发展，又会造成心理的割裂。只有生活和读书的有机结合，才是人生成长、成熟乃至成功的必由之路。

人生起初的简单不言而喻，但一生始终保持简单却不大可能。从青年到中年的大片时光，正是供人生丰富成长的关键时段，就不该无所事事地一直简单着。良好的记忆，无累的身躯，不羁的意志……都昭示着放射状打开的机会。不然，到老年时候，一生即便不是一片空白，也可能在后悔和怨怼中反而变得复杂，难得安度。

春光中的几株小苗，可以清新而简单。若要长成一片森林，就必须生根蔓枝，利用好夏天的灼灼骄阳。成长是一种复杂化，是一种内外的曲折延伸，时而需要迅速地向外扩张，时而需要绵密地独自构织。向无机的世界奋力地殖民，向生命的高处尽心地攀爬，去拓展一大片属于自己的生命领地。

尽管这种丰富可能还纷繁芜杂，还充满断裂，但也绝对胜过撂荒中的稀疏萧瑟，让大地的营养白白地流逝。只有在这种丰富之后，才有可能在落叶里梳理，在风雨中联通。当整个一片森林都真正成长起来后，它们自会形成一种有机结构，在丰富中再度变得简单。那是充满果实的秋色，那是傲然挺立的冬景。

生命与无生命的区别在于，生命是用来成长的。没有中间阶段的吃苦忍痛、坚毅超拔，生命便无法获得丰富的安静和卓然的淡泊。真正的自由，离不开那曾经的苦苦挣扎；最终的宁静，又怎能缺那半生的艰难搏击。

一个人简单还是复杂，跟他深还是浅不是一回事。简单还是复杂是一个纯度问题，深浅则是阅历、能力、性灵问题。由此排列组合起来，人可以被分成四种类型：浅轻而简单，浅轻而复杂，深蕴而复杂，深蕴而简单。

我们借“纯度”一词指一个人拥有和接近人性中美好品质的程度。可以是灵敏知性，也可以是美丽、天真、活力四射，更可以是善良、宽容、温暖、担当。人性的美好品质可以在生命的一个、几个或全部维度中显现出来，会随着生命而增长到一定的高度。维度越多，增长越高，人便越达到高的纯度。

生命的深浅则不只是一种时间累积，而且是随着时间所经历的外在事件，所叠加的内心体验。它们促使我们在不同程度上与世界（历史）对接，并激活和发掘内心的不同层面。一个有深度的人，穿透谎言看世界，多几个维度思考环境，保持生命的稳定性，起心动念含有力量，理解世界的深层机理。

人出生时都轻浅而天真，在生命历程中有可能受到污染而变得复杂，最终却应该和希望达到深深的纯真。还没有走到深处就被过渡污染，的确是生命的不幸。虽到深处却已污秽重重，也不是生命的最终归宿。童年教育对于人保持纯度具有决定性的影响，但不管曾经多么不幸，我们一生都不能放弃净化自己的不竭努力。

不是说有年龄，你就成熟了。不是说经事多，你就强大了。年龄也会把我们变得更不成熟，因为我们可能更俗。经事也会把我们变得更弱，因为我们可能渐渐忘了自己。倚老卖老很可能失去人们尊重，好为人师也容易留下背后白眼。

活在这个世上，我们不能没有看法，但是让自己的视界变得狭窄却很悲哀。凡事如果我们能从多个角度去想，其实很多误会都会消除，不少气恼都可很快消失。然而，阅历可以给我们的内心带来完全相反的结果，或者变得多样而宽阔，或者变得单一而狭隘。我们得时时反省自己，是否已经变得固执而僵化，使生命在走向枯竭。

体谅别人，让自己变得平和，未必一定来自美德，很多情况下来自宽阔和多样。随着年龄的增加和地位的抬升，人很容易变得病态敏感，过于自尊，其结果可能远离真话，亲近小人。在传统社会或近乎传统社会，处位高权重之地，一个人还能平等对待位低权小之人，的确需要非凡的心胸和美德。

炫富和仇富，自傲和自卑，都是一样的病态。真正的成熟是不卑不亢，位高位低都能尊重和自尊，任何时候都能以平等、宽容、安静、柔和的心态看待他人。口中带刺的人，不可能是强大的人。行为得体，语言令人舒服，能分清场合，知道原则非原则的界限，其实需要很高的修为。

一场自然灾难袭来，总有某些地方不再是从前。一次社会事件过后，总有些关系得做出调整。即便是万能的时间，也只能抚平某些方面，而无法做到完全复原。成长成熟是一个不断随变化做出调整的过程，承认已经发生的变化，也许不失为一种明智。

谁也没有天赋权利和后天权力，把自己放在可以随意审判他人的道德高地。在我们连他人十分之一都不了解的现代社会，收敛自己的道德判断是善良的基本表现。一个人可以不喜欢他人，他人也可以不喜欢你，但只要他们都是有教养的人，并不影响和谐相处，因为他们都知道彼此的尊严边界。

尽管人的尊严边界会随着亲密或陌生、年长或年少、位高或位低、男性或女性而有所调整，但只要是一个人就没有不需要尊严的，区别只在于层面不同而防御机制有别。在人际关系中，审慎毫无疑问是人的一种美德，它让人敏感地意识到自己言行的后果，以便在伤人伤己的重大事情发生之前及时刹住车。

人都年轻冒失过，都在彼此的碰撞中成长，但愚蠢、粗野、狭隘、极端、情绪化不能完全归结为冒失。一个人的冒失甚至过失都可以原谅，但如果出于人格缺陷或深处恶意就跟原谅不再沾边。不要为自己的愚蠢找借口，更不要为自己的粗野留空间，这是一个人走向教养、获得成长的前提。

人生是不断的自我更新过程，总有一些人会停下来或走得慢，于是只有步伐相近的人才会相携共度。如果不给生活之炉续加柴火，不管曾经多么美好也有燃尽的时候。对人生充满热情的人，才能不断突破自己，走向新的高度。但是，只有让注意力密切地贴近自己，这种热情才能被焕发出来并保持下去。

年龄并不代表成熟，而成熟也并非走向俗气。在年轻的时候，对生命中根本的东西还不够理解，因而会犯下需要人生一大半时间去修正的错误。但是没有一些波折经历，我们又怎么能更深地理解生命、建构自己？只要还没有把自己彻底毁掉，一个人总还有补偿自己生命的机会，变得更清纯、更雅致就不是没有希望。远离自己的需要、能力和心性，让欲望的风筝在扭曲的俗世中飘荡，毁灭自己的路不过如此。

如果我们的教育过早地离开自己，那么回到内心将是一条艰难的路。教育中概念的抽象度与内心的丰富度应该成正比，才不至于使我们失去理解能力和信任依据。越是在生命的早年，越需要通过形象思维、鲜活例子、身边事情去理解和建构基本的素养。抽象内容和宏伟叙事只有随着年龄而逐渐增加，才能产生教育的实际效果。教育过程要始终注意词与物的谐振，没有什么比不切实际地灌输大概念更伤害一个人的言行一致。

岁月的流逝让一个人成熟，因为他将根扎得越来越深，体植得越来越茂。风可以吹动他的枝叶，却无法撼动他的躯干。沙可以老皱他的表皮，却不能浊污他的素心。

岁月的流逝让一个人成熟，因为他学会保持自己的水土，了明自己的容量。挡不住泥沙的存在，但可以把它们沉在水底。变不成大海的汹涌，但可以保持湖面的清澈。

岁月的流逝让一个人成熟，因为他已经习惯了杂处于不同的生态。大象有大象的烦恼，蚂蚁有蚂蚁的乐趣。可以仰望大树，也会留惜小草，直到做个快乐的灌木丛。

岁月的流逝让一个人成熟，因为他懂得海拔的意义，接受涨落的价值。哪怕攀到山巅，他并不认为自己就可以登天。如果不幸落入泥沼，他也能给自己制造氧气。

岁月的流逝让一个人成熟，因为他不再只忙于汲取，而是更在乎散播。接收春天的雨露固然是一种快慰，捧出秋天的果实更是一种感恩。只有剪掉枝叶，躯干才能壮大。

岁月的流逝让一个人成熟，因为他知道大道无言，生生有序。默对鸟语虫鸣，可免掉很多是非。果实的香臭酸甜，且由他人评说。活在世上，只为寻找气味相投的品种。

岁月的流逝让一个人成熟，因为他把死亡当作追求目的的生命归宿。想做安闲的秋云，要先经历夏日的风暴。即便淹于荒屯，也要长出一片绿色。

真正的男人应是一棵大树。要立足坚定，风吹过，只微动枝叶，主干不会动摇，更不会触及根须。要向上成长，既接受阳光和雨露，也悦纳暴风苦寒，吸收尽可能多的营养，去触摸属于自己的星空。要融入森林，让营养在世间循环，只有在彼此营造的生态系统中，一棵树才能成为富于生命力的大树。

真正的男人应是一座大山。专注于自己的事情，成就属于自己的高度，而不是整天望着他山的高度，伤怀自身的沙丘。有足够的稳定性，以不可撼动的力量，让绿水绕着自己走，才能把自己变成一座青山。要能享受独处，即便没有一个生命物的造访，也能静对长夜星空，默听四处风嚎。

真正的男人应是一条大河。不断地积蓄，不嫌弃每一处涓涓细水，不放弃每一条支流，才能汇成奔腾之涌。学会曲折前行，不能克服的阻碍，绕着也要过去，知道蜿蜒正是前行的必由之路。要有足够的落差，在一条水平线上不可能进步，开始于足够高的目标，才有奔泻到大海的动力。

毫无疑问，容才能大，容才能易；大了才能平静，易了才可久远。一个男人需要不断提醒自己，充满自信和力量，平静地做自己的事情。可以吸收他人的意见和建议，但不受他人评价的干扰。一想到我们都是有死的存在物，也只在自己身上活着，谁又能牛到哪里去?

平心而论，人生的每段时光、每种机遇，都有它的收获。有些躲之唯恐不及的时光，未必真的那么不堪。有些趋之若鹜的机会，也一定隐藏着不期的艰难。有过一些反反复复的经历之后，我们可能欠了年轻时候的激动不已，却也看清诸多事情的本来面目。心中不由觉得，得与失从来没有简单的归属，你若没有前一程的准备，也很难有后一程的起色。

当辩证法不再是书本的道理，而是一件又一件活生生的体验后，人就开始从每件事情中抽出一半心思，关注它的前因或者后果。这个世界在不停地拐弯和分叉，若是不能同时分心别的可能性，你也许马上就会面临尴尬甚至危险。所以，我们露出的笑容还未必来得及灿烂，世界就会把一波考验泼在你的脸上。

然而，这种分心有时也是一种损失，在该快乐的事情上我们总是不能沉浸。我们的天真烂漫会被过往的不踏实和未来的不确定消磨掉，成熟似乎总是以牺牲天真为代价。为什么我们的幸福感并没有随着我们的收获一同提高？失去天真的心不能不是一个重要原因。外在的躁动和内心的焦灼，让我们不再那么安心。

活着有多艰难，依赖于你有多高的承受能力。当你不再虚弱到看着别人脸色，当你不再单薄到一个人去承担时，就该暂时忘掉生活的不确定，恢复自己天真灿烂的笑容。

改善自己命运的最好办法，莫过于让自己一直保值。让别人兑现承诺的最好办法，莫过于我们值得兑现。与其追究别人的承诺，不如努力提高自己的身价。在一个迅速变化的世界，连上一瞬间拍板的事情都可能下一瞬间翻盘，还不要说别人的一个承诺。在很多情况下，也未必是人们寡信轻诺，而是这个世界变化太快，不可掌控的事情太多。

现代社会是一个高风险、不确定的社会，我们每个人都处于无法言明的复杂关系网中。经的事多了，我们才真正知道什么叫作身不由己。见的面广了，我们才真正学会在漫长的忍耐中等待。年轻时候看到一个目标，会不顾一切地直线奔去，到了一定年龄才知道，绕着走可能是最短的距离。

所谓成熟，不过是知道哪些方面是自己可以努力改变的，哪些方面是只能等待老天眷顾的。一旦洞悉这个世界的复杂艰疑，我们就会静下心来做好自己的事情，学会理解别人的难处，把希冀和愿望转化为能力和耐性。在一个无法确定未来的世界中，我们要渐渐学会保有谨慎的乐观，不管对事还是对人。

漫长的等待，的确是世间最锻炼人的事情之一。尽管世间没有哪一样事情不需要漫长的等待，但是，我们与其翘首焦灼地等待，不如低头静心地做事。增加未来确定性的唯一出路，是我们永不停歇的行动。

第四节　眼前与长远

我们难免置身于是非纷扬的环境，生活在他人的眼里和口中。在人际的漩涡，一个人可能被放大，也可能被缩小，可能被看扁，也可能被吹圆。挡不住别人的眼光和口水，就只能练就自己的厚皮和硬毛。有时活着，既不甘心沉默，又不屑于浮嚣，就只能痛苦。

日常生活的边缘是深不可测的幻灭感。当我们遭遇不幸、面临绝境、面对死亡时，自我便被挤到日常生活的边缘。幻灭感，来自于无能为力，来自于世界的隔膜，于是一种有限的生活突然失去了意义。然而，边缘处境是生命的难得契机，幻灭感是走向永恒的短暂休整。正是经过这种黑暗的引渡，灵魂才能走向无边的光明。

生命的意义，不在于不死，而在于曾经活过。生命接受阳光的洗礼，体验世界的丰厚，延续神圣的轨迹。所以，相信阳光，充满爱心，一个人才配拥有世间最美好的东西。爱的本质是宽容地对待世间所有值得的人、物、事。上苍给予的一切都是馈赠，努力之后坦然接受。不必苛求命运，当处处想做得尽善尽美时，人们却可能耽搁最重要的东西。

当一个人不易感动，没有童心时，才是真正老朽。身体难免衰去，心灵应该一直年轻。走出自己有多远，心灵世界就有多大。心中的世界有多大，灵魂就有多年轻。一颗心若能装下世界，它就与世界一样永恒。

要相信，实力是长期积累的结果。人可以凭借运气，获得一时的优势，但无法总是那么好运。那些急于出名的人，有很大的风险，他未必有能力承载那些名气。所有的名气都伴随着压力，因为他人的眼光不全是抬举，同时也是挑剔。

年轻时候，与其急于出名，倒不如静心修炼基础。但是，这个时代，这个国度，好像并不鼓励这种厚基础的做法。一夜暴富，一日成名，一赛全胜，似乎成为一种风尚。一旦回报不是根据积累，投机取巧就会成为一种风气。一个社会的成熟程度，一个国家有没有后劲，从年轻人追求什么便一目了然。

我们的自信不是来自于他人的比较，而是来自每日的默默积累。当你充实地度过一日，当你每年都向前推进一步，当过去的岁月不曾虚度，总有一天会汇聚为丰硕的收获。当你感觉他人已经走在前头，不是望着他们叹气，而是沉下心来鼓劲。不到生命结束，我们都不能轻易认输。活着，就有机会。

不用从别人的眼光中寻找成功，更不用从他人的在乎中感受自信。生命是一场阅历，很多东西不是书本所能学到的。没过那个坎，没度那个劫，你还不能说已经超越。我们无法用 10 年的功夫酿出 50 年的老酒，所以，不管个人还是群体，最终都依赖于一种积淀，一种无法重复的生命积淀。

一生很短，有人追求虚的，有人把玩实的；有人考虑永恒，有人为眼前奔忙。只要不妨碍他人生活，也不妨碍自己演进，其实很多时候未必要分个对错高下。社会已经进步到这样的地步：人们可以选择自己的生活和追求各自的目标。别人怎么生活，可以不赞成，但应该做到宽容。

心，不能堵得太实，也不能放得太空。眼前的事忙得不可开交，可能忘了生命中长远的东西。但是对远处设想得太清，又可能乱了脚下的步子。需要让自己眼前一亮的美景，需要让自己长吸一口的感动，把灵魂跟世界更深地连接起来。需要让自己忙碌起来，需要为眼前的琐碎操心，把身体与周遭黏合在一起。

人需要虚灵的部分，以便于给灵魂一个交代。人也需要放实的部分，以致于让时间有所着落。那些幸福的人，希望他们在世界的表面好好幸福。那些不幸的人，让他们有机会深入世界的底部。有机会清理自己的伤口，有能力痊愈自己的病痛，其实还不算不幸。世间最为不幸的，莫过于那些放空了自己，却没有能力和机会让自己再充实的人。

如果能在湖泊的浅层自在地游动，又何必到大洋的深处去冒险？如果能在塔尖快乐地嬉戏，又何必到高山之巅去瞭望？一生就是一次成长，在生命的大花园中，人只能萌芽自己的种子，长成自己的草木。

我们不知一生的成就，甚至不知生命的长短。但我们知道努力向前，因为生命原本就在于展开。让我们对未来充满信心的，也许不只未来的目标，可能还有放不下的过去。生命的展开是一种释放，但是释放的前提是我们曾有一定的储存。

大体说来，人的前半生主要在储存，后半生主要在释放。我们能释放多少，要看曾经储存多少。家庭出身、所受教育、个人阅历、情感交谊、所读所思……都无不在储存。某种意义上说，苦难给生命的储存胜于快慰，坎坷对人生的贡献大于平顺。正因为趋乐避苦是人的本能，那些违反本能的事才更使人成为人。

因为不能既往地生存，动物才变成人。因为不能平顺地活着，人才不断追求进步。当然，必要的限度在于，灾不至于毁灭，苦不至于丧身。被融化的灾祸痛伤，是人生的最好营养。但是，你当然得有空间容纳，得有能力转化。是否有转化副能量的器量，要看你曾经储存多少正能量。

生命有储存能量的关键时候，错过了再难弥补。过了强记年龄，别指望大幅度扩充记忆。没有及时锤炼思维，难以建立必要的架构。错过搭建知识结构的节点，很难再使它合理化。对大多数人来说，人生的高度由前半生的几个关键时期决定。可以成为大树的时节在模仿小草，就别怪以后不再成为栋梁。

不管从哪个角度看，人都应该对自己的一生有所要求。这并不意味着，你必须成为大家、显贵、高官、名角。但你得对生命有所寄托，对过往不曾辜负，对当下有所把握，对未来持有期待。每天哪怕向前移动一寸，也是对晨曦日落的一种回报。你没有登上珠峰的气力，但你总该翻过目光可及的那座小山。

人生面对可能的生活，不知结局正是它的魅力所在。你尝试了，会有各种猜不到的结局；但是，你不尝试，则只有一眼望穿的路子。世界上只有一种真正的后悔，就是你不曾尝试，对生命没有过要求。蛮干要尽力避免，错误能少犯甚好，但是对人生没有要求却最不能原谅。

说到底，人生是生命力的一次展示。你得用力地抓住，用手、用脑、用心，以便于与天地相通。物质交换、衣食住行、人事交流、欲望满足……是生命的基础，健康的保障，而文字作品、思想成果、科学知识、文化精神……更是生命史的精华，天地间的灵迹。涵养生命，既要克服使身体坍缩的不时惰性，与万物酣畅地吐纳，又要去除让心灵萎顿的种种偏见，同古今自由地沟通。

你有所要求，生命就会上坡，就不再沉睡，就走向丰满。你有所要求，就不会睡到中午，或游戏通宵，或四处闲荡。每件事上有一个小的要求，一生累积起来就可能是了得的提升。

体谅别人，其实是在放过自己。总有某个时刻，需要一个道理深深地击中自己，让心畅亮起来。生活中，常有石头使心往暗处沉，所以必须奋力呼吸，到达阳光的彼岸。把抱怨和焦灼摁下去，让感恩和宁静升起来。

计较多了，人就会沉重，难以走到高处，最后得到的反倒减少，就像依赖世界多了，自己就难以立直一样。要求他人之前，先检查自己是否足够好。只有足够好的自己，才配足够好的未来。人的很多烦恼都是一个不成熟的自己造成的。生命中的欠缺，不是要求别人的理由，而是提升自己的机会。

心能的自然流向是往外，将它兜住、回流、蓄积，起初并不快乐。一口气泄去容易，而涵住其实很难。可是，这正是人性改造的起点，修养造化的入口。不能控制自己情绪的人，修身不可能，修心更不可能。当生命难以自抑的时候，正是它对永恒的呼唤，解脱的路都需要在希望中坚持。

只看着脚下的人，很难迈过生命远处的大坎。不为将来做准备，就不会有期望的将来。眼下的每个步子，都是奠定未来的基石。这需要头上始终悬根棒，随时准备断喝。要求别人多，而要求自己少，这是人的本能。我们的抱怨、牢骚、郁闷……往往来自这种本能。逆着人的本能前行，会痛苦和煎熬，但却是走向幸福和成功的唯一途径。

某种意义上说，疯子和天才只是一枚硬币的两面，这枚硬币就是激情。人们说，上帝想毁灭一个人，就让他疯狂。其实，上帝想成就一个人，也会让他疯狂。区别只在于：疯子拿起刀时砍向人，不管别人还是自己，而天才拿起刀时砍向石头，不管发现金子还是找到牛顿定理。

一定的疯狂促进高度的专注，而只有高度的专注才能真正入迷，只有入迷才会获得一定的境界。目标和困难连在一起，目标越宏大，遇到的困难越多。没有困难的目标不算目标，正如没有跋涉的风景不是好风景一样。绕着困难走，永远只能在浅滩漫步。遇到困难不绕着走，进入它的内部，才能发现解决的办法。

注意力的涣散和目标的滑动，往往是我们人生虚耗的主要原因。专注长远的目标，需要建立兴趣，需要拒绝诱惑，需要回归自我。认准的目标，坚持做下去，用一个长远目标贯通自己的琐碎行为。控制自己的注意力在要做的事情上，一次次硬着头皮，持续地往下钻探。这样会提高熟练程度，逐渐感到事情的美味，并最终达到某种境界。

一想到困难这一魔鬼在身后藏着鲜花，我们就该充满越过它的勇气。用目标牵引自己的人生，用格局容纳所遇的事情。集中自己的时间做事，减少边缘性的消耗。一段时间专注做一件事情，并把它做彻底、做完美。

没有人喜欢纠结，可是没有纠结哪有进步，不纠结怎么挤出意义。说到底，纠结的根源都是想自己太多，既不能完全拾起，也无法彻底放下。我们所获得的一切，我们所仰赖的一切，同时也是套上我们灵魂的枷锁。跟自己的懒散狭小做斗争，放大自己的人生格局，的确最苦最累，但对生命成长却最有价值。

人的视力通常很近，4 公里以外已相当模糊。即使直线所指的也是模糊远景，我们无法知道拐弯之处将会发生什么。同样，人的心眼也往往很窄，容易受眼前境况的左右。即便想到的也只呈放射状态，我们无法预知命运之神在下一分叉又换什么风景。有限性，既是我们纠结的本体论根源，也是我们总有盼头的人生观依托。

看见的眼泪，那不叫痛苦；举起的两手，还不算绝望。活下去全靠一片希望，哪怕只有一点星火也能驱散一片黑暗，哪怕望着一颗星星也能走向黎明。由于无法预知的命运安排，总有人会受到过分的压抑，从而点燃灵魂的最深层。人能获得多深的宁静，在于曾经有过多深的骚动。从根本上说，人类的智慧和最高成就都是压抑和苦难的产物。

有过深度纠结的人，才懂得孤独的价值，也才会爱上孤独。当我们变成真正独立而宁静的个人时，会与世界完全合为一体。只有伟大的孤独，才能化为真正纯净的爱。

既要亲近现实，又想追求永恒，对平凡的生命来说是一个难以调和的真正鸿沟。对于现实，既不能卷入太深，也不能毫不在意。对于永恒，既要留着一扇窗，又只能耐心去等。于是，生命最终所需要的是一个小心翼翼的平衡。

一方面，两脚踩在地上，身子是个俗物，欲望是一台被裹挟的机器。不要说我们的肉身，即便我们的精神能离现实多远？在一个偏重世俗生活，人际关系又很稠密的文化国度，政治、伦理、人情会把你的精神追求和生命可能紧紧地牵向现实。一个社会把什么看作成功，凭什么去度量价值，是衡量这个社会成熟程度的重要标志。

另一方面，精神的本质在于超越，必须战胜空虚这一人类独有的疾病。当物质条件满足而精神生活缺位时，人会落寞无着。人生历程的跌宕不平，岁月本身的颠簸摩擦，也会把生命深处的不堪挤到表层。当我们看到有限生命的荒谬和幻灭时，永恒便成为孜孜不倦的渴望。的确，我们的自然生命是有限的，只有精神生命可以延续很久，甚至可以接近永恒。

自我是个蓄水池，它可以宁静得像一座湖泊，也可以翻腾得似一倾漩涡。做湖泊的宁静，还是成漩涡的翻腾，关键在于有没结实的底部。你得撑住，不为自己，也为对手。你不能让嘲笑你的人笑出声，更不能让在意你的人哭出泪。

人在成长过程中，应该对世界有一个综合的理解，奠定全面的人性根基。如果他想走得更远更高，或者过得自在顺畅，就不宜过早陷于某一狭隘的技能，或迷于某一偏执的理论。狭隘的技能使生活变得过分功利，偏执的理论造成心灵的极度狂热。功利和狂热看上去是两个极端，其实往往是一枚硬币的两面，都缺乏宽厚的爱和深刻的理解。

为什么综合而全面的理解才能奠定人性的根基？生命的维度很多，足够平衡和协调的生活才是合宜的。人的发展有各种可能性，过早的特化会妨碍其他可能性。世界那么多样和可变，限于很小的一个侧面会贬低我们所看不到的其他面相。如果把人生的展开看作培植一个生态系统，那么我们就不该只种植一种植物，只成长一株小草。即便最后只有一棵大树真正成才，那肯定也是一个完整的生态系统的结果。

通过合理的知识建构，全面的文化理解，培养一种独立、开阔、自由、诚实、批判性思考的素质，对人生来说会是更富回报的投资。不管脑力劳动还是体力劳动，保持身心的良好感觉都是它们恰当性的共同依据。家庭、学校、社会给我们所构筑的生命基础是否足够丰厚，决定了我们一生将构建怎样的生态系统。所以，人生很短，别太亏欠自己；生命很宝贵，别让那么多的算计叨扰明天。

点点滴滴是进步的主要方式。不要贪图速度，因为未经缓慢积累的速度，往往靠不住。实践证明，速生常常也意味着速灭。那些大跨度的进步，无不以扎实的积累为前提。打基础所需要的时间绝不是浪费，而是进步的必要条件。

身体锻炼、学业进步、才艺发展……无不以缓慢积累为前提。凡是走向巅峰的事业，无不是长期缓慢打磨的结果。没有良好的功底，既不会走得很稳，也不会走得很远。任何一件事情，在基础阶段不要偷懒，更不要追求速度。所谓功夫，不过是简单的事情重复地做，重复的事情耐心细致地做。

许多哲学家和科学家都曾指出，他们总是围绕同一事物反复地进行思考和研究，然后才既能深入细节，又能把握整体。其实，我们很容易错过生命中真正重要的东西，因为我们太急于追求速度。根还没有扎下去，我们已经迫不及待地想要成材。季节远还没有熬到，我们已经心急火燎地收获果实。

关于“坚毅”（Grit）的一场教育理念更新正在席卷美国，值得我们大力关注。专家认为，坚毅是对长期目标的持续激情及持久耐力，是不忘初衷、专注投入、坚持不懈，是一种包涵了自我激励、自我约束和自我调整的性格特征。没有耐力熬过命运的考验，没有心性坚持最初的目标，不管成功还是幸福都不过是一句空话。

在人世待久了，身累，心更累。熙来攘往的人群，理不清头绪的杂事，还有那些人情冷暖、欲望薄稠。更伴着，深夜袭来的一浪噩梦，白昼压过的几番寒燠。

有心情，才能看到风景。而且，有心情，哪儿都是风景。但人的心情不可能只保持一种状态，难免转换，也需要休整。影响心情的因素既有人格、态度、信念等长期因素，也有事项、情绪、人际等情景性因素。

怎样的一生才能无愧无悔？回到自己，不是回到一个没有秩序的自己，而是回到一个经过整理、超越本能的自己。人的一生最终成就大小的根源在哪里？一在起点，二在每一关键选择，三在良好的人际关系，四在自己的专心和坚持，五在足够的兴趣和梦想。

前半生浪费太多时间，后半生再不抓紧，怎对得起只有一次的生命。一方面哀叹自己的成绩不尽如意；另一方面又在大把地浪费时间，没有什么比这更悖谬的事情。时光在种种状况中被无端浪费：一是缺乏长远目标；二是自我管理不善；三是拖延症严重；四是不会养护身心。

专注于真实，不只一个人独处时，而且面对名利可图时。唤醒自己的使命感，始终是一件急迫的事情。生命的点点滴滴，只有指向并汇集到一个长远目标，才变得有意义。沉下心来，保持探索真理的热情，专注于事实和真理，而不是名利。

年轻时渴望早点成名，总有种迫不及待的心情。这本是人之常情，但是一定的时代、文化和环境会催化，将这种常情喧嚣到不同寻常。于是，出现几种不堪的后果：第一，为了早点出名，不择手段；第二，终于出名以后，发现自己的实力难以为继；第三，为了维持自己的名气，将整个社会都裹挟到宣传的漩涡。

通常情况下，积累的时间越长，越能结出丰硕的果实。积累得越厚实，越能到达较高的境界，越能在某一行当作出较大贡献。不能忍耐长期的孤寂，不能坚持痛苦的蓄积，一个人怎敢奢望鼎鼎的大名？不能从心底去除浮嚣、功利和虚名，没有练就一颗真诚而谦逊的心，一个人便无望走到神圣的祭坛。

在一个健康的社会中，从社会下层到社会上层是一个灵魂的净化过程。正如在健康的人生中，从青少年到中老年是一个性灵的提升过程一样。净化和提升都是一个缓慢的过程，急没有用，而且可能适得其反。缓慢的进化是维持和增量的最好办法，跳跃和折腾往往造成不必要的破坏和减损。

有些行业可以甚至需要趁早突破，但更多的行业应该鼓励默默坚守。社会下层难免浮躁一些，但社会上层应该厚实沉稳。从事经济政治行当，人们需要求新随变、审时度势，但在科学文化艺术领域，人们最好还是坚稳、持静、晚成一些。

早出名未尝不可，但浅出名不可鼓励。所谓浅出名，就是以出名为手段，谋求某些眼前利益的出名。这种名气没有深入到世界的内部，也没有建立在自己生命支持的基础上，因而一定难以持久。由于这种名不副实，由于这种浅近功利，最终会害了进路，断了前程。

所以，少年成名并非值得到处宣扬的事儿，要充分看到它可能带来的坏处。少年出名往往基于某种单一方向的极端发展，其结果是对人性的某种扭曲，因为这种名气可能误了他们对生命多种可能性的自由扩展，最终失去走向长远的不竭动力。一个人的积蓄有多大，他的延伸才会有多远；人性的多样性有多丰富，生命的活力才有多持久。

很少有人不在乎自己的名气威望，因为它们负载着一个人的地位、成就、尊严、阅历、资格。但是，一个人的成熟也正在于一定要看到名气的负面，因为名气也会让一个人浮在生活的高处、生命的虚处。一个真正理解生命的人，会经常不断地从那些虚名中解脱出来，站在踏实的普通大地上。

凡是追求虚名的人，都会有一颗趋炎附势的心。适当而客观地介绍自己无可厚非，但一般情况下着力宣传自己的人都不会有多好的群众信度。名气像口碑一样，默默传开的、背后传播的、他人诚服的、缓慢积累的、经久考验的，才是真正可信的。

人每天都走在时光的桥上，不管风雨，不管晨昏。过去已被留在身后的一岸，未来属于将要跨上的另一岸，而现在只是连接两岸的短暂一桥。如果只是动物，我们基本上只有现在，然而我们有意识，过去和未来便有了不同寻常的意义。我们走过的每一瞬间都是过去、现在和未来的统一体，回忆和展望对每一当下都不可或缺。

看上去我们身踩的只是桥上一步，但让这一步真正有意义的却是一幅连接两岸的大景。过去的每一步都是我们欣赏人生大景的阶梯，未来的每一步都被作为期望纳入大景的构想。我们的当下过得好不好，很大程度上在于过去和未来如何进入我们的现在。回忆可以成为动力，也可能成为重负；未来可以成为希望，也可能成为恐惧。

一旦过去和未来不能被积极地连接起来，现在的时光就不是人生的安桥，而是生命的鸿沟。幸福生活的标志是一个人全身心地只在当下，但前提是他能够良好地安顿过去，并积极地筹划未来。过去之谜其实也就是未来之谜，让未来充满恐惧的往往是人们放不下的过去。没有哪一种包袱比放不下的过去更加沉重。

一切把过去和未来积极地连接起来的信念，都值得人们去追寻和坚守。有能力和品性去面对各种急流旋涡、劲风冷雨，人才能在过去和未来的峡谷中安步当下的生命之桥。

同样的时光，我们可以唤醒怨气，也可以增进理解。每个事件都是一座城堡，从不同的门进去便看到不同的风景，有些通向光明的穹顶，有些通向阴暗的地下室。选择打开那些促进未来的光明之门，即便眼前不是一番胜景，也不会给心底留下阴影。毕竟，不管哪种梦想，都在我们目光的高处。

学会理解是一个走出自己的艰难过程。一吐为快并不是成熟的表现，让他人快乐需要隐忍的功夫。在多种线条复杂交错的世界中，我们往往只注意到为数很少的几个线条，因而所形成的判断也往往偏颇。你所看到的未必是事情的全部，你的感受中可能增加了自己的诸多想象。对于你看不到的那些线条，最好用善良、信任、教养和德性去填补。

从道德上谴责一个人的行为的确最容易，但也最肤浅。道德只是一般原则，将它们运用到每一具体情况都有差池。道德不是我们生活的全部，它只是其中一个维度。在很多情况下，道德甚至不是生命中最重要的层面，因为它可能隐藏着违反生命的教条。道德上的谴责似乎最过瘾，其实却是最无能的表现。

每人的生活都是一道复杂的数学公式，它没有一个标准答案。生命什么时候会拐弯，你甚至连预兆都未必看到。只有一点不能放弃，那就是坚持向善，坚持拼搏。只要不放弃自己，人生就是赢家。

在追求速成的时代，讲求方法很可能演化为寻找捷径。在名气带来利益的世上，广告会具备无所不能的穿透力。由于肉身和处境、人情和社会，我们不得不在浮嚣和污秽的世上活着，不得不在撕裂和枉费中前行。表面的繁华和深处的空虚，本身就包含着巨大的危险。但是如果可能，我们应该每天回归一下灵魂，以免变得俗不可耐。

若是不能把控自己，过多的世俗奢望有可能让生命陷入泥潭。如果连独立的自我都不曾有过，随波逐流便在所难免。发现自己并把根扎下去，在我们的文化中是相对艰难的事情。人要知道自己的特长和取向，然后默默地坚持和缓慢地积累。如果没有环境的刺激或自身的觉醒，人很容易忘掉自己所肩负的使命。

在科学文化的长河中，下游总是比上游获利更多，而我们这个时代尤甚。这种倒挂无疑是我们这个社会缺乏原创的一个重要原因，尤其当我们还没有足以抵抗这种倒挂的精神遗传和灵魂归宿时，危害便更重。对永恒的追求，对真知的寻找，不竭的好奇心……来自灵魂的深处。

屠呦呦对人类所作出的贡献是一千个明星所不及的，但她获得的经济回报还不及明星的千分之一，这就是现实的残酷所在。好在，人类能够记住明星名字的时间，也只有屠呦呦的千分之一，而这或许恰是历史的公正所在。

如果只看眼前，人就难免掩饰缺陷，争取表面的优越和暂时的好处。然而，不怕暴露缺陷，不去掩盖问题，我们才有机会打实基础，获取长远的优势。表层的问题，也许可以通过拖延和转嫁得以缓解，但深层的问题，一定要抓紧和直面才能解决。不管是个人、组织还是社会，对于长远发展来说，养成解决问题的诚实态度，要比弄虚作假得来的成倍的暂时收益重要得多。

是什么原因让一个社会变得作假比求真更有收益？政治权力的极度泛滥和盲目干预恐怕是一个主要原因。一方面，社会政治生活有它自己的生命周期和运行逻辑，在上升期和下降期会有不同的表征；另一方面，社会转型未完成时，市场的决定性作用在很多领域还没真正落地，政治权力在本可自治的领域仍起着决定性作用，由此催生的不只腐败和不作为，还有深度不同的作假。

社会和个人本来就具有一定的紧张关系，因而公共规则未必能与个人需求完全合拍，个人期望也未必能传至社会层面。这种紧张本就是社会资源欠缺和公共动力不足的重要根源，如果一个社会还缺乏缓解这种紧张的法律、制度、体制和习俗，甚至鼓励人们进行不经大脑的宣传，使用没有内容的大词，追求只顾眼前的功利，获取作假带来的收益，那么我们离真正文明的现代社会就还很远。

没有一番吃苦流汗，总不会有人生大景。不断仰望远处的风景，反倒容易使一个人焦躁不安，甚至减弱前行的动力。低下头咬着牙，走好脚下的每一步，大景就在不断靠近。那种一览众山小的高度，是人们一个一个台阶艰苦攀升的结果。不费周折就能看到的，总也不是美好的景致，这不仅因为大景总在奇处，而且因为我们总需要打开官能的一番折磨。

如果能够到达同样的高度，多一些弯路未必不是一件好事，因为每多迈一步就有不同的体验，也为欣赏人生的大景积蓄一份情怀。但是，在前行的过程中，一定不要忘了方向和目标，保持好自己的理性和方法，否则人就可能误入歧途。不愿下一番功夫，总想走捷径的人，有一部分就会坠入玄思臆想，终究会误了自己的才智。

尽管精神上的成长主要是一个人自己的事情，但是如果有一个人结伴而行，我们总会受到激励。当你累得气都喘不上来时，别人的一句鼓励、一只援手，都会是莫大的安慰。当你受到排挤而身无所依时，有人站出来为你说话，总是一件让人感动的事情。除了那些绝对的隐修者，我们都得在人群中活着，需要对手，也需要援手。

安心做事，不愁没人理解。实力所到，才会名气相随。真正的名望，不是自己在说，而是别人在传，不是活着在颂，而是死后在扬。

不管回忆过往，还是展望未来，人生的成效都在于确立一定的目标。可以长远，也可以浅近，但目标都会起到让心安宁的镇静作用。人生的目标并非固定不变，它会随着环境、自知、机遇而发生移变。但是，对于生命的结局来说，有目标总比没有目标更有成效。即便大多数情况下，目标并未完全实现，或者也非预期的方向，但这些都不妨碍目标发挥它的引领作用。

人生的未来是漆黑的，以往的经验也不十分可靠，如果没有信仰去兜底，这容易让我们产生悲观情绪和幻灭感。目标可以发挥某种类似信仰的功能，它在我们的未来建立一座灯塔，使我们在追赶的过程中忙碌起来，潜能的实现又可以建构自信的正循环，使生命整体得到优化。即便这座灯塔会移动，或者需要不断重置，它也总会起到燃起希望、充实当下、照耀前路的作用。

童年时代的某种故事性向往相对空幻，对绝大多数人生来说都不会将其再作为目标。但是，确立切近的目标却是人生成效和生活充实的必由之路。少数天才能够很早确立人生的目标，而对于大多数人来说，只是到了中年才真正识认一生的归路。所谓四十不惑，意味着要用十年左右的时间从半生迷茫中去认定自己的人生结局。心性、潜能、阅历……都会成为我们编织未来的动因，评价过往的标尺。

人生的道路是一条曲线，所以虽然年不多，却很漫长，虽然几个维度，却很丰富。想走捷径的人，最终发现走了弯路，因为事实上对于人生来说，曲线就是捷径。我们想到达一个目的地，看上去只有不远的距离，最终却绕了半天。我们与目的地之间，往往不是有坐大山，就是有个深坑。

其实，大自然早已告诉我们。没有哪一条河流是直线的，但它们却流向远方。如果保持直线，你即便蓄积得像湖泊一样深，你也走不到山外。河流并不知道，但它们向人类揭示了这一道理。解决不了的困难，那就暂时放一放，去找走得通的路子。若是与眼前的障碍死磕着，你就什么目的地也别想到达。

人生之所以也得因循这个道理，是因为人们彼此有意或无意在制造障碍。每个人都有需求和职守，他们碰到一起就可能冲突，就需要协商，就难免妥协。每个人的需要都多少需要他人的满足，每个人的职守都可能妨碍着他人的意愿。于是，我们每个人都得绕个弯子，以便形成一个彼此通达目的的公共同道。

因为人生之路充满弯曲，就放弃最终的目标，那是愚蠢的。人生需要一种不到达大海誓不罢休的河流精神，把大山当作励志的对象，仰视但不低头，环绕但不停歇。这种不竭的力量和坚韧的劲头，来自不断的源头活水，来自奔向大海的使命。

第二章　情　　感

第一节　情感与理性

一个人来到这个世界，是为了充满经历，充满不可替代且难以忘却的经历。因此，活着不是为了心跳，而是为了心跳加速。虽然平淡是生命的常规，但正是因为一些奇迹，平淡才被串联为一个整体。每个人都需要生活下去的支柱，不管它们在哪个层面，哪个方位。纯粹的世俗生活只是一堆事实，不会有什么奇迹，所以我们必须开掘自己的精神世界。只有某种程度上被历史、文化、真情、美感、善意、理解、爱、信仰……包围和渗透的世界，才是我们值得立足的世界。

人的一切苦恼都开始于情感和理性的萌动。一个还不知情知理的孩子，他（她）们可能贫乏和劳累，但不会忧虑和伤感。孩子是天生的浪漫派，就像老人是天生的智者一样。在理性还没有达到理解这个世界之前，情感先已把我们煎熬得晕头转向。人生最好的年龄，毫无疑问是情感和理性的平衡期。精力没有衰退，对一切充满了激情，而理性又可以让我们认知这个世界，并有原则地满足自己。当理性更多地占有我们时，尤其当激情和理性都衰弱时，我们便容易产生幻灭感。

所以，我们必须在年轻时多些经历，以便于给自己的老年积蓄更多的激情燃料。所以，我们需要在精力充沛时培养自己的理性，以便于最终能消化融合自己一生的繁复经历。

时间，生命中最宝贵的财富，若是被明智地使用，不仅可以促进成功和幸福，还可以延年益寿。如果有什么生命艺术，那么时间管理无疑是其中最重要的一种。无法想象，一个不会管理时间的人，能是一个有效率的人，能是一个成功和幸福的人。

维持正常的人性所需要的时间，不应看作浪费。它们可能是琐碎的日常生活，一定的情感交往，适量的休闲娱乐……。生活的多样性不仅有利于健康身心，而且可以为幸福和成功提供可持续的能量。任何一种可持续，都来自尽可能丰富的多样性。生命需要在多样性中保持活力，获得必要的有效刺激。

当然，这并不是为漫无目的的多样性辩护。多样性的合理之处在于促进生命的增长，而不在于消解某种目标的统一性。生存方式的多样性和生命目标的统一性相结合，才是生命所需要的真正合理性。目标使多样性不至于失控，而活力使统一性不至于僵滞。激情容易将我们带向多样性，而理性容易将我们缚于统一性。生命需要激情和理性的有机统一。

所以，任由激情泛滥对生命的伤害，不亚于理性压抑对生命的摧残。生命运行的列车，既需要激情的燃烧提供动力，也需要理性的铺轨保障安全。时间管理的艺术正在于为了目标而克制，为了持续而隐忍，为了效率而调节，为了捕获而静待。

作为生命的自然需要，欲望有它的合理性，但只有欲望还不是真正人的生活。欲望并不自足，所以需要限制和引导，以防止它泛滥。生命需要雨水，但不需要洪水；生命需要阳光，但不需要干旱。没有欲望，生命是枯萎的；任由欲望，生命是疯狂的。

当生命过分压抑时，欲望需要激活；当生命几近疯狂时，欲望需要约束。约束并不是打压，而是升华，是激活比自然需要更高的精神需要。友谊、爱情、信仰、真理、善良、美好……本质上属于精神范畴，不能把它们简化为吃喝、肉欲、拜物、赤裸、哀怜、声色……。科学上，还原论的确有它的用处，而人生上，还原论不该有它的地位。

市场经济激活中国人的欲望，但欲望的泛滥正在侵蚀中国社会。一个只有欲望的社会，是粗野的、盲目的、投机的、危险的。若是让心灵平静下来的微笑、尊重、规则、秩序淡远了，令人不安的攀比、轻蔑、浮躁、愤激就会汇集起来。然而，只有被拦蓄在理性的堤坝内，并得到合乎人道的利用，激情才是健康的。

平和、理性、秩序、规则、尊重是文明社会的标志。在文明社会中，欲望被合理疏解、理性包裹、自觉升华。从富到贵，从贵到雅，也许需要若干代人的累积。从炫富到低调，从低调到慈善，可能需要经过理性的反复冲刷。

理性可以把有限的事情看清楚，浅层的世界弄明白，眼前的处境望穿了，但深层的理解、谅解、相信则需要情感提供动力、把持方向、调控节律。所以语言，有时那么有力，当人的心打开时，但有时那么苍白，当人的心封闭时。

人生的目的在于理解这个世界，而不在于时间的长短，所谓“朝闻道，夕死可矣”。尽管职业多是一种命运的碰巧，但人生的结局却几乎相同：在敬畏中达到超越，在虔诚里取得理解。理解世界的方式，不仅有科学，而且有人文。科学旨在找出尽可能多的事实，但人文能提供安放事实的底座。

要理解这个世界，需要不断地消除偏见，拆掉藩篱，打通关节，最终达到一种澄明、透彻、无碍。无为而治、无疆大爱、纵浪大化、大慈大悲……都是对这种境界的不同描述。要达到这种境界，单靠理性是不够的，需要情感的滋润；单靠大脑是浅薄的，需要行为的磨砺。每一次误解，既可能导致停止理解的结局，也可能提供更深理解的机会。

缘浅还是缘深，隔断还是打通，取决于情感的存量和理性的约束。冲突、分歧、误解、痛感……来自阻隔，需要在撞击中打通。打通便上了层次，打不通可能陷于崩溃。坚持、忍耐、磨难、纠结、化解……皆是历练和修行，过得去会有更大的福报，过不去或是生命的劫难。

人们总爱喧闹，时不时地，"爱国"会被炒成热词。但要我说，爱国虽是一种美好的激情，却必须被理性严实地围绕。激情会轻易地流动和转移，理性才可以确保它的地基、框架和方向。爱国，既是心的修炼，也是事的磨砺；既是情的积蓄，也是理的把持。

一方面人会本能地爱国，这是环境给他打上的烙印；另一方面未经磨难、还没沉淀的激情，难以确定是否真正的爱国。正如不要轻易给人扣上"卖国"的帽子一样，"爱国"也不要变成一个廉价的大词和空泛的激情。真正的爱国所需要的，恰是小心地使用那些大词，谨慎地离开某些狂热，对流行的东西保持一点距离。

工作尽心尽职，对事诚实守信，对人平和友善，做合格的公民，即使没有高唱"爱国"一词，也是真正的爱国。是不是真正的爱国，既不能用离祖国的距离判定，也不能用批评还是赞扬衡量。事不能做细，人不能做真，理不能悟透，一堆大词最终换来的可能是完全相反的东西。

与其高唱爱国的调子，不如多去默默地练那爱国的本领。与其瞧着远方的事件空想，不如对周围人、眼下事尽些善心。与其动不动就用那些大词，不如切切实实地替老百姓着想。我们相信，一种基于自己感受、来自身边体验、具有平常心、经过理性磨练的爱国热情，才是真切可靠的。

凡是健康的社会，都应保持敬仰领袖和尊重个人的张力。一个只有领袖的时代是疯狂的，一个没有领袖的时代是庸俗的。它们处于两个极端，但用人性的尺度衡量，却一样荒唐。只有激情燃烧的岁月，一转眼就可能变成冷酷无情的日子，因为它们都缺乏健康的理性。

在那些伟大的人物面前，人们会本能地保持敬仰。他们的事迹令人感动，他们的人格散发光辉，他们的影响久久不衰。在立德、立言、立行的任一或所有方面，他们会达到时代所能允许的高度。他们的存在就像高山大海一样，叫人们仰止，令人们骋目。文化和文明自然而然会以他们为坐标、为尺度、为楷模。

但是，跟古代社会相比，现代社会之所以被看作进步，其中一个维度便是，在敬仰伟大人物的同时，必须保持对任何普通个人的尊重。一个社会一旦尊重普通个人，伟大人物也就不再被神化，因为对后者的敬仰不再以贬低前者为代价。这便是从臣民到公民的巨大转变，这一转变的基本前提是法律面前人人平等。

在现代社会的建构中，对伟大人物的敬仰不用过分渲染，但对普通个人的尊重却需要大力弘扬。实现人人平等是适当降低伟人和逐渐抬高常人的双向过程，是学会用理性去约束激情的过程。可以仰望伟人，但我们不应跪着，这才是健康优雅的人性。

面对复杂而被动的人生，人并不是任何时候都能保持清醒。真的不知道，究竟爱时更清醒，还是恨时更清醒。也许爱和恨都令人迷惑，因为它们都是激情。激情能把生命带向深处，但容易让人片面、狭窄、极端，甚至陷入困境、迷局、挫败。所以，面对激情的潮水，需要理性的堤岸和河道，以便于保持流向和流量。但是，理性也有僵化、执拗的可能性，过于接受社会的理性要求和内心的做人法则，对激情过分地压抑，可能窒息个体的生命。徒留一段干枯的堤岸，生命之水早已远去，既未护好源头，也没滋养两岸。

生命是激情和理性的平衡统一。激情和理性的平衡统一，确保生命的质量和人生的坦途。当激情胜于理性的时候，我们容易鲁莽行事，犯下错误，甚至不可饶恕的错误。当理性胜于激情的时候，我们又容易陷入固执，有想法而无力执行，有时甚至连想法都不再有。所以，人生的最好阶段就是，理性已经健全，而激情依旧丰满。

如果说人生有什么值得期盼的，那就是尽可能延长中间这一最好阶段，而稚嫩和衰老的两端又不至于陷得太低。从人生的悲惨由高到低看，第一是稚嫩阶段误入歧途，甚至结束了人生，第二是老年阶段沦为悲惨，甚至面临各种不得善终，第三是人生不曾有过水平较高和时限较长的精壮阶段。

只要活着，人总要深深地相信某些东西，甚至可能走向某些信仰。但是，是否需要或能否幸运地具有某种坚执的信仰，则依赖于个体的生命机缘。从相信到信仰可有若干台阶，是性灵觉解的缓慢过程，不可强求，也很难强求。

性灵觉解是内心积累和环境激发的互动结果。灌输也许可在某一低级阶段起作用，就像历史上对奴隶、农民和工人所曾经进行的灌输那样，与其说是通过讲道理，倒不如说只在于唤起某种激情。但是到达一定的人生积累和教育程度，一旦人的自我意识和理性能力被发动起来，灌输所起的作用就已经很低，甚至可能起反作用。

信仰绝不只是激情，真正的信仰需要支撑以宽阔厚实的理性。激情占据一切的信仰是盲目的，很容易走向偏执和极端，也容易被权势所利用，就像历史上曾经有过的宗教或非宗教的极端信仰一样。真正的信仰应该建立在理性基础上，讲求宽容、善良、人道、平和，而不是敌视、仇恨、恶意、争斗。

人可以不深信很多东西，但只要有人性中美好的基本因素，就足以成就人生和助益社会。相反，缺乏人性中一些基本的美好因素，即便具有坚执的信仰也无助于一己或世间，甚至可能成为危害分子。可以追求崇高伟大的事物，但普通的美好始终是人性的根基，人之常情是性灵健康的标尺。

从整个社会看，过着健康生活的中等收入阶层，一般不会有那么急切深邃的精神需求，而处于社会中极贫极富两端的人群，却往往急迫地需要精神慰藉。一个基本原因是，中等收入阶层的收益和付出基本形成比例，他们相信自己的奋斗超过相信超自然的力量，对自己的生活道路充满自信；相反，对于贫富两端的人群，收益和付出太不成比例，以至于他们把命运的力量看得太重。

从个人角度看，生命历程的跌宕不堪是走向宗教信仰的主要因由。一种情况是，人在最脆弱孤单的时候，最容易去向宗教寻求力量。另一种情况是，人生的累积得不到化解的时候，宗教可以起到缓释的作用。但是，除非生长于宗教环境，一个人若是充分发展了自己的理性，宗教就不再那么容易撞入他的心灵。从这个意义上说，科学普及和哲学反思有可能将宗教信仰柔化为宗教情怀。

马克思认为“宗教是人民的鸦片”，现在看来这一观点即便不是全错，也至少有些片面。对于当时群众的革命要求来说，宗教的确具有维护社会秩序的保守一面，马克思的观点当时并非无的放矢。但是，他并没有看到宗教和人性的深层联系，因而即便消灭宗教也不是外在的革命行为短期所能做到的。人性的净化，灵魂的拯救，自由全面的发展，将是极其漫长的历史过程。

如果一个人想干事，总会碰到倍受煎熬的瓶颈期。除了时间限制和客观条件，造成煎熬的一个主要原因是你的能力还不匹配你的目标。煎熬迫使人缩短能力和目标之间的距离，毫无疑问是人快速成长的时期。所成长的其实不只能力，而且有坚毅、信心、担当和境界。不是每个人都有经受煎熬的机会，也不是每个人都能经受了煎熬。

也许某项能力会在某一时段快速成长，但是要到达一定的目标其实需要人的综合成长。人的成长绝不限于理智能力、知识结构、理性水平，而且包括支撑它们的情感和意志。完成一项有难度的人生目标，当然需要前者的提高，但是如果把考察人生的时间拉长，我们就会发现后者的提高越来越重要。

智识方面的能力可以因专业、职业而有所不同，其中某些浅层的能力甚至可以很快地培养，迅速地转换，尽管某些深层的能力，比如理解力、抽象思维能力、语言表达能力、框架把握能力，也需要较长时间的锻炼，但从一生的重要性来看，它们无论如何也没有情感和意志更为重要。

不管成长所需要的哪方面要素，都不可能轻易获得。对于人生来说，轻易获得的东西都不会有太大价值。所以，一个人不要怕做事，不要嫌吃苦，不要精于计算，我们的行为所写下的每一张支票都会在后来的人生中兑换。

让自己变得宽阔和厚道，不要嘲笑任何一种自己所不认同的生活。每一种生活都有自己的趣味，只要人们在其中努力地生活、用心地表达，善良的你就不应该去嘲笑他们。坚定的信仰或许是一种优势，但任何一种信仰都有绑架人们自由思考的可能性，坚执地相信一类事情难免会排斥自己所不相信的其他事情，从而使人们走向偏狭。偏狭始终是妨碍我们看清这个世界的主要障碍之一，它比善恶本身更普遍也更难根治。

在跟一个人十分相熟、充分地了解一件事情、通透地阅读一部著作之前，不要抱过多的个人成见。人得抑制自己过早下结论的冲动，因为这种冲动会妨碍自己了解真相、进入深处。人有评价别人、评判事情、评论作品的强烈愿望，但是明智的人不会急于下结论，因为过早的结论很有可能把自己引入尴尬境地。偏见会激发人们强烈的对抗情绪，促使人们变得更加狭隘和极端。人们应该有主见，但不应该有过多的偏见。是否跟一个人的价值判断紧密相连，是把偏见和主见区别开来的主要标志。

充分地发展理性才是一个文明人最重要的事情，因为只有在宽阔的理性场域中，人才会给每一种生活都留下可理解的空间。每一种生命都有它自己基于环境条件的展开方式，我们如果无力施与援手，至少应该做到尊重和理解。

自我认知的困难，并不因年龄的增加而有所减少。我们的理解力会逐渐增加，但我们的复杂程度更会增加。而且我们所增加的理解力，主要是应对外部世界，而不是用来剖析自己。甚至相反，我们很有可能越来越不认识自己，因为我们的防卫机制越来越坚固，内心容纳的杂物越来越多，以致于我们不仅失去自我认知的能力，而且失去自我认知的意愿。随着外部阅历越来越宽广，内心孔道变得越来越狭窄。我们最终失去看到多样世界的可能性，我们把自己的角度当成唯一立场，把自信演变成自以为是，把吸入的东西建构为僵化的货架。

理性的实质是一种批判精神，不只批判他人，首先反省自己。不断建构批判精神就是不断激活自我认知。批判精神反对盲目相信和完全否定，但希望对一切进行合理的怀疑、论证、反复咀嚼，宽容并保护多样性，不轻易下结论，谨慎使用大词，对宏伟叙事保持警惕。批判精神也是一种温和气质，因为不走极端，而不会让激情只挤在一个狭窄的孔道里发酵。

在一个不知谦虚和自我批判为何物的时代，人们已经越来越失去自我认知能力。人们的相处由此表面化，因为人们只喜欢表扬和赞颂，自我认知能力失去了生长的机会。承受压力，不管来自外部还是内部，是自我认知生长和更新的必要途径。

不管熟人社会还是陌生人社会，都需要情感依托和理性规则，区别只在于，哪一者更多，哪一者更明显。的确，熟人社会难免更多情感依托，陌生人社会必然更多理性规则。但是，不管哪个社会，只要合乎人性和保障安全，都必须以情感依托为基础。只有理性规则的社会必然冷冰异常，而在冰冷的社会中理性规则本身甚至都会大打折扣，因为在人与人的紧密连接中情感是不可或缺的因素。

从熟人社会转向陌生人社会，是否必然经过一个较长的冷漠期，或者一定会冷漠到严重程度，不同的时代、社会和文化却难免有所区别。要避免长期而严重的冷漠，需要来自信仰、道德、文化、法律、社会的系统建构。不要与历史文化进行彻底的决裂，因为历史文化中储藏着根本的世道人心，应该在这种根本的人道主义基础上建构理性的运行规则和系统的社会架构。

个体化是社会走向现代的必然趋势，但是人人自危的个体化风险巨大，因为丛林规则会重新主导人际关系。只是在经受巨大的自然灾难和社会冲突之后，人类的大多数族群才逐渐提升文化、走向文明。然而，相对个体的脆弱生命而言，文化基础和文明积淀无论如何都还不够，都经受不起权力和野心的折腾。当个人得不到足够的社会关怀和道义支持时，丛林心态就很容易恢复。

年轻时候遭遇人生的种种不平，一个人难免抱怨。但是，随着年龄的增加，必须看淡外在的回报和际遇，有能力消化那些曾经的不平。不仅眼下的身体健康依赖于内心的平和，而且即便未来的人生结局也跟我们情绪的平复关系极大。毕竟，我们永远都是自然和社会的一个有机部分。

一个人内心平和了，神经会放松，内脏会得到补给，全身会向大自然敞开。现代医学和心理学已经反复证明，情绪和心态才是一个人健康的主要根由。你积极向上，心情愉悦，满怀他人，充满向往，各种有利于身体健康的因素就会越来越汇聚。身和心在较高层次上良性互动，阳光雨露都会赶着去滋润你。

让自己的理性强大，化解各种愤愤不平，也有利于一个人在社会中生存。社会是众多人形成的一个公共空间，有各种规则运行其中。你只有适当静下来，才能看清、尊重、遵守它们。在遵守社会规则的时候，一个人既是在尊重他人，也是在保护自己。减少跟他人冲突的几率，就是在为自己拓宽活路。

人的情绪来自环境的各种刺激，人的情感基于自己的种种阅历，必须用强大的理性及时化解和排遣，自己才能始终是自己的主人。人必须具备足够的自我更新能力，通过理性的强大，使自己从眼前、物质、名利中解脱出来，既静心做事，又益寿延年。

宗教未必是人生的必需品，但类似宗教的情怀却应是人生的必要因素。我们可以把这种类似宗教信仰的情怀称为宗教性情怀。这种情怀未必一定通过信仰某一宗教而建立，却在道德、审美、理性基础上实现很大的超越性。历史上不信仰宗教却具有伟大情怀的人物，哲学家、科学家、艺术家、政治家，大抵都具有这样的情怀。

罗素是一个著名的非宗教徒，为此而提出一整套辩护，但这不妨碍他“对人类苦难有不可遏制的同情心”。维特根斯坦终身过着宗教徒般的虔敬净化生活，但当他的一名学生要去加入罗马天主教会时，他的反应是这名学生要穿一件特别的衣服“去走钢索”。卡尔纳普先是去掉宗教教义的超自然色彩，然后抛弃人格化的上帝和灵魂不朽的观念，但他最终得出明确的自然主义观点，走向理性的、人道的道德价值观。

宗教的产生和影响是人性中超越性功能在起作用的表现。进入某一种历史悠久的宗教，接受它的教义体系和道德规范，对于普通民众来说的确是实现精神超越、保障生命安全的重要途径。但实现精神超越并不是必须通过信仰宗教这一条路，还可以通过理性的足够强大来实现。理性的足够强大可以通过哲学思考的通透畅达，或科学精神的彻底贯通，或艺术修炼的卓绝超拔，或政治实践的解放追求。

第二节　爱情与婚姻

没有哪个生命不渴望爱情，但不是每个生命都有能力给予爱情。恋爱是一门艺术，需要艺术地表达和维护。爱情也是让人成长的最好能量，使人在激情的折叠延展中唤醒生命。那是因为，爱情有更深层的东西：真心和责任，它们来自长期的养成，更是出于一种信仰。

若是真心爱你，他会敏感起来，围绕着你，想法理解你，给你时间。再老辣城府的人，在爱情面前都会显得幼稚和敏锐。没有化解伤害的容量，一个人便不配享有爱情。爱情中一半蜂蜜，一半毒药。你具有抵抗毒药的能力，才配享受蜂蜜的幸运。成熟的生命才能碰上成熟的爱情。

你在乎对方，就会小心翼翼地避免伤害对方。即使无意中伤害，也会迅速敏感到你的伤害。你会从自己的行为中吸取教训，尽可能少犯同样的错误。爱情可以唤醒人的深层能量，让一个人变得聪慧起来，培养他心中既柔弱又坚硬无比的东西。爱情由最原始的能量启动，终止于最人性的境界。那些不能达到这种人性化的爱情，其实还不算真正的爱情。

人生的很多东西，如爱情、幸福、运气、成功，是你悬挂在生命价值这棵大树上的果实。你不去追求生命价值，不去成长那棵大树，果实又怎么能挂在枝头？世间没有直接追求那些果实的捷径，你让自己有价值，它们会自然生长出来。

爱情是水，婚姻是器。不管毛毛细雨，还是大雨倾盆，只有蓄积起来，才能滋养一片生命。婚姻家庭便是将爱情蓄积起来的一座水库，一段沟渠，很大程度上确保爱情之水不至于泛滥成灾，然后迅速枯竭。容器既增加颠簸的承受力，也抵消冲撞的破坏力。激情淡下去，猜疑和计较便多了起来。颠簸和冲撞本身也是加深感情的过程，而容器确保颠簸和冲撞不致于覆水难收、一泻而去。美好的往往也是脆弱的，越是柔弱的内核，越是需要坚硬的外壳。

不是所有的爱情都能走向婚姻，也不是所有的婚姻都能白头偕老。但是，白头偕老的婚姻绝不只有爱情，甚至主要不是因为爱情。爱情需要别的因素来支撑、容纳、提升，爱情自己也会演化、转型、流变。一生中在彼此心中打上烙印的塑形时间是有限的。在大多数情况下，随着岁月的流逝，婚姻的堤岸都会加固。也许来自习惯，也许因为孩子，也许心有不甘，甚至也许只是懒得动。

身在城中，哪一方没有走出的冲动？走过泥泞，没有人能一身洁白。但是，在最有破坏力的时段如果坚持下来，两个人也许就累了，就认了。生命的衰退必然使爱情之水耗尽，但是只要它曾经在一座水库中蓄积，在一段沟渠里流过，就会有两棵树在干枯的对岸默默地相陪，用风传递黑夜里的一丝温暖。

这个世界没有固定的中心，爱在哪里，中心就在哪里。比那些身处低位的人更可怜的，是那些生活中没有中心的人。在城里人看来，偏远山村无法忍受，而住在山村的人却觉得，城市并没有他们爱的立足之地。没有爱的世界是一片荒漠，没有爱的人生是四处流浪。

爱是娇嫩的花朵，需要许多枝叶的支撑：熟悉的环境、安全的内心、积累的习惯，当然更需要来自根系的营养：一起的经历、通畅的交流、共同的追求。但爱也是逐渐成熟的坚硬种子，既带动旧生命的成长，也孕育新生命的机会；它把整个世界浓缩为果实，并准备着萌芽一个全新的世界。

生命的延续需要各种营养物，情感就是最重要的一种。情感是语言飘走、行为消散后，还能留下的东西。时间会风干充满生命的湖泊，空间同样会撂荒曾经葱茏的花园。如果责任是一种欲罢不能，那么爱就是一种执迷不悟。一觉醒来发现自己竟然还活着，有些人会欣慰，而有些人会沮丧。

爱不仅有种类之别，而且有格局之分。友情、亲情、爱情是爱的基本种类，各有其边界和偏重。当爱的格局还小时，恨始终是它的背面。小爱紧紧地连着欲望，可以歌颂它伟大，也可以唾弃它卑微。能把恨消化掉的爱，才是真正大格局的爱，但是肉身的我们何以承担得起和消受得了？

人应该有正能量，社会应该弘扬正能量。但是不要认为人只应有正能量，社会只能存在正能量。从时空范围和功能逻辑看，正能量的确应该占主导能量，但绝不要力图消灭负能量，因为它们是必要的辅助能量，甚至是根源更深的载体能量。只要处于合理范围和辅助地位，负能量可以更新和补给正能量。就像我们不应消灭黑暗一样，我们也无法彻底消灭罪恶。如果有人认为上帝是万能的，为什么不消灭魔鬼，那只能说明他还处于稚嫩的理解阶段。

比如，嫉恨就是一种典型的负能量。嫉恨是一场大火，会将爱的森林烧得精光。但是，嫉恨也有一个好处，在烧光爱的森林时，也烧光了自己的欲望。嫉恨虽起于欲望，甚至是一种本能反应，但嫉恨过程却脱离欲望，将自己升华为社会化的情感。而且嫉恨还可能去升华爱的结局，让爱的森林浴火重生。嫉恨的资源是已有的情感，它需要具备一定的资格才会产生，目的在于寻求身份的平等和人格的尊严。

比如，夫妻吵架是典型的负能量爆发。一次吵架像一场战争，最后彼此都伤痕累累。但是，吵架何尝不是恩爱之后的一种调节，并为下一次恩爱积蓄能量。通过使用语言，勾连事件，回忆过往，何尝不是一种思想交流。恨是爱的背面，而不是对立面，爱的真正对立面是冷漠和无言。

爱是高级生命界一个真正广谱的事件，从本能开始，一直延伸到神性。

本能是自发的，甚至部分是自私的，但它却是爱出发的地基，很多品种的爱都含有一定比例的本能。跟血缘跟异性密切相关的爱，不管多么伟大，都不可能消除这一本能的成分，而且还需要从这一成分汲取营养。社会责任不仅不反对这些爱的本能成分，而且甚至要以本能为基础建立责任的合理合法性。

很多爱离不开本能，这意味着凡是正常的高级生命都可以发出爱，意味着一个人产生爱并不难。但是，爱毕竟不只本能，它还需要进一步的指向和能力。如果不能指向神性的方向，并具备相应的持续能力，爱要么走向魔性的方向，要么逐渐变得枯竭。没有哪种缘分能够建立一劳永逸的爱，没有哪种行为能给爱提供永恒的营养。

爱需要整个生命去滋养，所以必须不断充实爱的内容，不断提高爱的能力。如果爱还处于世俗生活的范围，那么某种意义上说，以前的付出也许不足以支撑以后的爱，因为储蓄总有用尽的时候。在爱的延续中，平等的互动和同频的谐振显得尤为重要。

当然，如果完全到达神圣的领域，一个人对某种神圣事物的爱就可以不再受本能和世俗生活的束缚。当爱不需要回报，不需要被理解，也不需要平等互动时，人也就某种意义上变成了神。

一份感情，不投入难有收获，过分投入则容易受伤，甚至难以自拔。一个人年轻时候，在感情事情上总难拿捏得十分到位，也无法练就一种既投入又超脱的本领。生命的展开是一个漫长的学习过程，而感情始终处于生命的核心，学习起来总是最为艰难，一旦发作往往又至为揪心。

世间折磨人的事情，十有八九都在感情。只要活着，不管年轻还是年老，人就无法逃脱感情的折磨。经受不住折磨，一个人就无法享受感情上的一丝丝甜蜜，也难以让生命中柔软的更加柔软，坚硬的更加坚硬。一个聪明人在感情历程上也许无法少走弯路，最大的区别在于他可以在弯路上更有收获。

在我们无法掌握的命运中，感情占了绝大多数。一个人在感情上只知开始，却无法了知结局，甚至也无法控制节奏。那些缓慢发生的变化，一个人往往无法预知，而且即便能预知也无法控制。的确有是否善于经营的问题，但是经营不可能解决所有感情问题，成功的经营需要前提、基础、共识、合作。

感情的路上不是所有人都适合结伴前行，也不是所有的结伴前行都可以持久。某些外在的约束可能是必要的，但最重要的还是彼此的共同成长。在感情世界使自己活得有尊严的最重要一点是，一个人要竭尽全力让自己赶上对方，尤其别使自己成为对方的累赘。

爱情是人间最美好的事物之一。她是天地灵气之一脉，古今生机之一根。她既坚韧无比，又脆弱不堪。其坚韧，可摧石，可化铁，可撼山，可移海。然其脆弱，又一发可碎，一纸可破，蝼蚁可决堤，片瓦可倾厦。

爱情的发生是个自然过程，随心、随意、随性、随缘。但是，爱情的维系则往往艰难困苦，练性磨人。常常如临深渊，如履薄冰。需要用心栽培，常补营养，携手共同成长。彼此给予的时空，既不能大而无当，空洞无物，也不能狭小憋屈，难以转身。

爱情是彼此相爱的两人随时间随世界而共同成长的过程。成长才能扩大空间，容纳生命的更多内蕴。成长才能变得厚重，承载生活的种种负累。成长也是漫长的理解过程，因为理解而减少自私、狭隘，避免犯愚蠢的错误；因为理解而懂得克制，善于放弃；因为理解而守望距离，尊重自由。

爱情本是自由化身，天使在人间。可是，我们的文化、现实、历史，还有许多其他物化的和心设的条条框框，给她不适当的限制，不恰切的压力，不必要的束缚。其结果，原本鲜活的爱情，不是随生命成长，不是随家庭、社会的演进而历久弥新，而是往往逐渐枯萎。爱情的枯萎，只要缺少阳光、空气、营养、空间、温度、湿度、气压……任何一样就可能。但它在枯萎中缺少的岂止一种？

巴尔扎克说过，恋爱是人的第二次诞生。托尔斯泰说过，爱和信仰能使人复活。

恋爱是人的生命成长过程。成长，会有磨难和痛苦，但克服了痛苦，便享受更高层次的快乐。成长，需要一种割舍，但割掉了自私，便享受更大空间的自由。

如果你爱 TA，就别让 TA 陷入困境。如果你爱 TA，就别给

TA过多的压力。如果你爱TA，就别让TA为你担心。如果你爱TA，你就处处为TA着想。如果你爱TA，你就要有足够的耐力等待。

的确，快乐是爱情的一种营养剂。没有足够的快乐，爱情就会贫血。然而，过分的享乐，也会使爱情提前发福。健康的爱情，需要快乐，还需要足以成长的更多营养，均衡营养尤为重要。

优秀的人，不会降低自己去迎合爱情，那是内心的一种坚守。优秀的人，不会让爱情发疯失控，那是历练的一种品味。

爱情的高尚，在于把不可能变为留恋。爱情的美丽，在于结束以后还值得回味。爱情的伟大，在于超越了现实的任何有限回报。

没有让人变得自由洒脱的恋爱，没有让人获得成长成熟的爱情，不是真正的恋爱和爱情。

爱情本质上属于两颗成熟的心灵，往往在艰苦历练之后才有可能。然而在现实上，当人们有机会时，还不懂爱情；当人们懂得爱情时，可能却已没有机会。所以爱情之花总是人间的珍品、世上的奇葩。

人是无法完全掩盖自己的渴望的，人的每一个毛孔都透露着生命的秘密。只是世俗中太多的牵挂和压力阻碍爱的发生和长成。对很多人来说，一生不只发生一次爱，尽管未必有机会让它们都生长起来。但是，旧爱的灰烬何尝不是新爱的营养。爱的一个标志是你能为对方自觉地改变多少。

爱情生发于自然，但维系于社会。所以，不同的文化传统和族群给爱情提供的空间是不同的。相爱的人，给对方的不应只是一棵树，可以依靠，可以享用，可以庇荫，而应是一片长青的森林。当对方累的时候，可以靠着它休息。当对方渴的时候，可以汲取甘泉；当对方焦灼的时候，可以清心润肺；当对方厌倦时，可以欣赏那一片绿色。

每个人都有权利有机遇进入爱情，但又有几个人懂得它，有几个人有把握它的艺术，有几个人能有境界去艰苦但甜蜜地发展它？爱情是彼此的，不要计较几多付出，几多回报。彼此依存，相知相惜，才是爱情真正的永恒。

作为一个男人，不应受女人话的迷惑，而忘记了女人的真正意图。许多时候，不该过分看重她的话，而应始终看重她这个人。守护一个人需要太大的勇气，也许没有山盟海誓，但只要诚心正意，也可以生死相依。两人走到最后，往往就是一个靠，你依靠我，我依靠你，走过生命的晴天和雨季。

夫妻不同于朋友，但不是因为不需要相对独立的空间，而是独立的方位不同。有些可以在朋友之间坦荡的事情，未必可以在夫妻之间尽言。夫妻之间当然需要真诚，但有些地方和有些时候，无所顾忌正是危险所在。敏感、谨慎、善意的谎言，一定的距离，对于维系婚姻不无好处。爱情是脆弱、敏感、自私的家伙，是人世间最难应对的东西。使很多人遗憾的是，当真正理解了爱情时，已经没有了机会。

东方的家庭是高度社会化的社会细胞，结婚、维持家庭，很大程度上不是为自己，而是同时为亲人、朋友、同事、社会。而中国人的婚姻尤其耐用，因为它远不是两个人的事儿，而是最社会化的事件，是两个家族、双方的所有朋友、彼此全部社会关系中的事件。这一巨大的关系网像厚密的原始森林，让人们几乎看不清走出森林的路。

结婚可以让一个男人变成真正的男人，而生育才让一个女人变成真正的女人。使一个男人成熟，更多依赖于增强他的社会力量，而使一个女人成熟，则更多依赖于唤醒她的自然力量。懂一个人比爱一个人更难，但懂了以后可以更好地去爱，因为很多爱是由于理解不够、缺乏沟通而淡去。真正懂一个人需要一辈子，因为理解也是彼此建构的过程。你没有陪伴 TA 的青涩，你就不可能轻易拥有 TA 的成熟。

在多半情况下，对于爱情的存续来说，是否有婚姻的保护绝非无关紧要。婚姻相当于爱情的容器，只有保存起来，才能谈到保鲜和保温。如果爱情的主味是甜蜜，那么苦涩则是它的底味。两种味道只有在婚姻的容器中，才能长期并存，互为营养。

如果说爱情的发生就像春天的五彩斑斓，那么必须经过夏日的烧烤煎熬，秋风的阴冷摧残，才能结出甜蜜的累累硕果。能够走完这一漫长过程，首先就得扎根某处，适应一定的环境，形成营养的循环。像任何生命一样，对于爱情的成长，煎熬和辛劳都是必要的营养。而没有一定的容器，爱情的煎熬和辛劳便无处安顿，最后可能连甜蜜和芬芳一起流失。

如果在爱情中只想拥有甜蜜和浪漫，不想忍受煎熬和平淡，那它的存在便不会长久。只有与习惯和耐心为伍，以光景和人情为伴，平淡的日子才能一直流淌，将爱情推向人生的中下游。如果一个人对爱情真心，便有走向婚姻的冲动，并为此付出努力。爱情是两人共同的一番雕刻，所拥有的不只最初毛胚的混沌美感，不只最终雕塑的宏伟震撼，而且有漫长雕刻过程中大块卸除的痛苦，细细打磨的辛劳，甚至熔炼一起的煎熬。

爱情也躲不过时空这两把尺子，足够的时间长度会增加空间的容量，反过来足够的空间容量又会延续时间的长度。

第三节　福报与感恩

在这个越来越功利的竞争世界，不要指望所有人对你好。在人生的每个阶段，周围若总有几个懂你的人，其实已经足矣。这个世界的正常状态倒是，你帮助越多的人往往伤你越深，你对待越宽容的人常常对你越凶。

对自己行为的后果有所预期，也许物之通则，人之常情。做了恶事，总会担心上天的惩罚或者他人的报复。发了善心，可能指望得到上天的奖励或者他人的回报。正是这种预期心理加重行为后果对我们的反馈效能，我们要么觉得惩治邪恶是上天的自然功能，要么以为感恩戴德是他人的应然美德。其实，这里既没有大自然的当下报应，也没有人世间的必然感恩。我们所做的一切不过是积累内心的倾向和路径而已。

建设和破坏、救命和杀人、求生和赴死……同样是激情，之所以流向不同的方向，很多时候不只个人的一时冲动，而且有着复杂的家庭、社会、文化背景。每一个看似简单的行为，都可能是一个人长期积淀的结果。如果抱着一颗善心，原谅他人的心不由己，其实反倒给我们自己留下更广的生存空间。

不管他人对你友好还是敌意，都把注意力始终放在控制自己的心态上。没有必要在你无法控制的事情上浪费时间，并随着他人的喜好而波动。让注意力返回自己的身心，因为我们只能在自己的田地播种和收获。

关注未得而不是已有，这几乎是人性难免的贪欲。所以有一颗感恩之心，其实是人间最难的事情之一。除非从小埋下一粒种子，或者处于良好的生存环境，又或者接受一种宗教信仰。没有什么能保证一个人永远幸福，除非他拥有一颗感恩之心。

人的欲望不可避免，也并非总是坏事，在一定限度内是人的正常需要。但困难在于如何感知这些限度，并把它们控制在范围内。一个没有独立意识，也不清楚自己旨趣的人，一个倾向于攀比，而不是回归自身的生存环境，一个没有强烈的灵魂需求，而是渴望回到大众的精神状况，无疑不易看到自己需要的边界。

我们只有从小就懂得，获得就要付出代价，接受应该表达感谢，合作更利于成长，生命需要同等尊重……才能知道难处，懂得珍惜，理解他人，善待万物……在恰当的教育和生存环境中，我们的欲望会既得到尊重，也受到控制。自我其实是一种边界，有隐私、安全、自尊、自信，更有合作、友爱、善意、尊重。培养好自我，才能建立感恩之心。

人没有感恩之心，是很难知足的。感恩之心，让我们知道收手，懂得放弃，恪守必要的原则，保持良好的心态。感恩之心，让我们的心胸宽大，使蠢蠢欲动的魔鬼沉静下来。感恩之心，让我们能够忍耐和等待，始终盼着长夜之后的曙光。

如果一直感到轻松惬意，那你可能还没走上坡路。不管幸福还是成功，都不是轻易得来的。既然要面对辛劳甚至苦难，我们为什么还要力争幸福和（或）成功？可能由于行为的惯性、责任，也可能由于社会的群体力量，更可能基于生命的使命感。毕竟生命只有一次，不可轻言放弃。

找着吃的苦，那不是真苦。就像出于写作或报道的目的，而去体验的生活不是真正的生活一样。面对一种苦，生命的本能是想逃出来，而不是想追进去。对苦难的抵抗，才积蓄能量，才扩大生命力。没有思想准备的事件，才能引发拼命的抵抗。如果已经有一定预料，甚至有相当的把握，也看得到苦难的尽头，哪还需要什么奋力一搏？

生命的进化不是因为顺利，所以不要期望未经煎熬的成长。我们都说，幸福和成功依赖于很多机会。其实机会不是指捷径，不是指顺路，更大的意义上是指挑战。机会在刺激人的生命能量积蓄、成长、爆发和实现。总体上说，如果现代社会比传统社会、社会上层比社会下层、精神需求比物质需求有什么优势，那正在于这种刺激量和刺激频率的增加。

所以，人生能走多远，要看苍天给你多少苦难。所有外在的苦难最终都会化为内在的要求：你是懦弱地逃离，还是勇敢地面对。一个人能在今生受苦，其实是修来的福气。

没有感恩之心，既无法获得幸福，也将离成功很远。幸福不是获得多少，而是你以什么心态看待获得。成功不是身居什么位置，而是你能否真正地认清自己。没有什么注定该是自己的，我们所拥有的一切都是上苍的眷顾。抱着一颗虔敬的心去领受，即便数量不会增多，价值也一定会加大。

计较多了，心眼变窄，我们便会烦躁堵心。注意力滞于欠缺，世界摇摆不定，我们便生出不竭的抱怨。因此只有一颗感恩的心，才会使人远离浮嚣，趋于平静。将索求世界的欲望之手，变成抚慰他人的援手，人便在红尘之上飞越。美感和爱因而会环绕在他的周围，形成善良、美丽、温和的光环，滋润他人，更滋润自己。

感恩是每一种神圣宗教的灵魂，也是每一种纯正教育的核心。宗教的条规、理法、信诫或有不同，出于不同时期和地域文化，但讲求感恩、图报、觉解、知足……却是一致的。教育的真正目标从来不是生存技能的传授，而是理解生命、感悟人性、提高担当、促进福祉……感恩是粘合它们的起点，维系它们的平台。

通过一颗感恩的心，我们才能渐渐懂得世道的艰难、他人的付出、万事的不易、命运的安排。在感恩中，我们学会吃苦，知道付出，练就韧性，储备希望。得到而不恃傲，失去而不枯心。心平静了，世界便会安好！

看到世间的真相，往往不在上升期，而是在下沉期。人生的上升期伴随着人群的浮嚣，会带起过多的雾霭，让人既看不清远处，也看不透自己。只有在人生的下沉期，甚至落差中，人才易于看到生命的厚度，乃至于无奈。那种孤独无助、悔不当初、痛彻心扉，会把生命彻彻底底地交还自己。

上升是主体性、生命力的体现，而沉淀才可能开启人的真正自觉。当然，来自他人的降低无法拯救一个人，必须通过自降、自觉，人才可能臻于至善。只有足够强大的人，才甘于自降，乐于谦处。长出叶子是一种力量和生机，而落叶更是一种隐忍和蓄势。我们拥有的每一件物什，每一种福祉，乃至我们的生命，无不是上苍的馈赠。

所以，感恩也许是让人真正静下来的最佳途径，因为恩赐是我们与上苍、他人、万物之间的本真关系。索取往往停留在物质的、肉身的、外在的层面，只有放弃、奉献、感恩才上升到真正的精神层面。生命的历程就是攀登一座又一座高山，一方面是一定的满足，另一方面是不断的流逝，让我们越过海拔较低的山峰。

每一自我都是中心，但这只是认识论意义上，而不是存在论意义上。人生观必须建立在存在论基础上，没有对世界运行以及人在宇宙、世界、社会中方位的理解，一个人很难在人生观上自觉地定位。

没有什么比死亡、伤别、失败，更让一个人学会珍惜的了。在生命的旅程中，死亡看起来只是他人的事情，我们未必那么深地关切。只有当我们自己的亲人逝去时，死亡才真正触动生命中最柔软的东西。你越早在撕心裂肺中感受抱憾终身，你就对生命的脆弱和无奈有越深的体会。

但是，对生命脆弱的这种过早体会，会给幼小生命留下阴影，以至于一个人可能把自己深深地包裹起来。毕竟，我们内心有多大的力量，就有走多远的勇气。你一旦觉得这个世界不安全，你一旦发现生命时时刻刻面临危险，你就可能缩回伸向世界的手脚。你可能知道了珍惜，但你也可能失去了感恩。

所以，我们最好别从死亡、伤别、失败中学习珍惜，因为那还不是真正积极意义上的感恩。真正的感恩是爱的一种高级形式，是对得到的一种积极回馈，是将自己与世间万物连接起来的通道。当我们自己的生命情感完整、健康、安全时，我们的感恩之心才会正常有序地建立起来。

感恩是需要伴随我们生命始终的一种素养。感恩父母只是一个开端，在生命展开中，我们需要感恩所遭遇的一切，不管得还是失，不管成还是败。真正的感恩其实已经不依赖于外在世界的际遇，而是内心世界的一种神圣体验。感恩是个人对所属世界的一种虔敬感，与功利无关。

感恩之心稍一转身，各种叨扰人的邪念便立马挤了上来。它们纷纷叫嚷着，看似在为主人鸣不平，其实不过传递他人的、低俗的乃至过往的风声。当你为它们所左右时，心中不免涌起一股怒火、一丝妒意、一抹炎凉。生的乐趣迅即降温，感受世界的窗口变窄，身心都会变得僵硬。即便外面阳光明媚，一个被邪念叨扰的人也会感觉阴冷，因为所有的邪念都来自地下潮湿阴冷的地方。

没有哪种生活完全如意，不管命运多么不堪，总还有更为不堪的命运。如果只看生命的缺憾，每一种生命都充满不堪。我们羡慕动物那么逍遥自在，哪知道它们时刻面临饥饿、对手、天敌。我们羡慕植物的春花绿意，又怎能忘记它们忍受劲风、疾雨、寒冰、暴雪。能成为万物之灵，人该是自然多大的造化，上苍多高的眷顾。这些都是我们面对生命首先不得不感恩的理由。

面对我们所能够经历的，所已经拥有的，还将要享受的，我们都应该感恩。上苍总会把最好的安排给予一个生命，如果这个生命懂得珍惜、知道感恩的话。每当我们降低自己的欲求，放下自己的身段，捧出自己的爱心，世间一切美好的东西都会张开双臂。没有理由让蝇头名利掌握自己高贵的笑脸，使人际攀比笼罩自己广阔的心空。以一颗悲天悯人的感恩之心，默对悠悠苍生吧！

出生是一项无比神圣的权利，我们得感谢父母曾经保护了这项权利，当时的社会为这项权利留下了足够空间。所以，不管我们活得多么艰难，生得多么不堪，总比那些从来就没有获得过这项权利的潜生命要幸运无数倍。每当我们对人生充满抱怨时，就请想一想那些连抱怨的机会都不曾有过的生命形式。

尽管我们的确不怀疑，存在着比个体生命更高的价值。有些人愿意为这些更高的价值付出生命，也让我们无比崇敬，如果这些价值的确是正当的、神圣的话。但是，我们必须声明，除非个人清醒地理性地愿意，任何个人和组织都没有权利要求别人为了这些更高的价值而放弃自己的生命权。

所有物种中，数人活得最麻烦，麻烦到了几乎不堪忍受的程度。即便如此，我们还是得把生命权放到极高的位置，生命本身就是至高无上的权利之一。我们倒不是为“好死不如赖活着”加以辩护，但那些想轻易放弃自己的人，大概也是因为在他们清醒的时候，并没有真正意识到这项权利的神圣性。

死和生在人世间具有同样的神圣性。那些不是因为别人偶发的言行和自己一时的冲动而选择死亡的人，如果不是出于病患，倒也是值得人们尊敬的。既然能够活着，那就活出自己的价值，如果真的没有活着的价值，死也未尝不是一种尊严。

不管人生的际遇如何，还是要相信善良的人会有更多福报。

善良的人至少会有如下一些做法：在获取自己的利益时更多兼顾别人的利益，能设身处地从别人的角度考虑问题，不以自己狭隘的情感、利益和视角恶意地评价别人，在力所能及的范围内尽可能帮助别人，善意地化解自己所遭遇的种种不平……

善良的人之所以会有更多的福报，倒不是因为有神鬼的襄助，而是因为他会进入善的循环。世间的善在以各种方式循环，从内心到身体，从个人到社会，从社会到自然。凡是有助于生命的健康延长、利益的共存增长、世间的有序和谐……都是善的力量。这样的力量会在各个层面以不同方式循环，你若进入其中，它们就会给你福报，那是因为你在增益它们。

一个人的行为可能有利于世间的善或恶，由此使这个世界增益或减损。这个世界便反过来对该行为给予相同性质但有时效果放大的反馈。一个人的行为如果还是有意而为，本就是内心念头长期激活的产物，这类念头会向着有利或不利自己身心的方向发展。向善的念头就会促进一个人身心的平和、协调、健康，而向恶的念头则会促使一个人身心的躁动、紊乱、病患。

一个人若是不能消化自己的际遇，调理好自己的心态，长此以往，要么导致内在的病患，要么招致外在的事件。

第四节　偏执与宽容

年轻时候，可以有点傲气，因为无知。但到一定年龄，有了知识和阅历，就该内化为傲骨。有傲骨的人，反倒变得谦虚，因为他不靠外在的强势立足。也会增大肚量，因为阅历告诉他，人活着都不容易，爱护和鼓励对他人的帮助远胜于苛责和贬评。还学会了宽容，因为他做人行事的标准，从要求别人转为要求自己。

谦虚，表明还有改进的空间，表明看到自己的不足，因为他看到了无涯的学海。对任何有限的生命来说，很小的已知世界都被广大的未知世界包裹着。已知世界和未知世界相接的边缘，是一个人的知识边界。固步自封的人，只关注自己的已知世界，只看到知识边界的内缘。只有不断扩容自己的已知世界，一个人才能感到未知世界的广大，看到知识边界的外缘。所以，越学，越知道自己无知；越走，越领会境界的无限。

不论对个人还是社会，宽容都是难得的优良品质。宽容不是没有原则，而是增加原则的多样性和灵活性，将要求和意愿结合起来，学会平等和尊重。一个宽容的人，会心境平和，富有爱心，显示善良，为他人考虑，凡事尽力而不强求。一个宽容的社会，会扩大生活的自由空间，设置多样的评价标准，减少不必要的内耗，降低民众的戾气。但是，无论何时，急功近利、傲慢自矜，都是宽容的大敌。

助人，既是一种德性，也是一门艺术。古人言：恻隐之心，人皆有之。但是，发乎本能的恻隐之心，其实未必真正达到助人的效果。当你将他人当作帮助的对象时，很容易也将他人放在降低的位置。在不平等关系中，所谓帮助难免变味，变成一种同情、一种俯视、一种叫人不舒服的怜悯。

助人是需要学习和接受锻炼的文化过程。显示优越性是人的一种本能，对有些文化来说，甚至是根深蒂固的基因。我们只有经过磨难和克制、修炼和思考、阅历和行动，才能降低这种本能。绝大多数人都有助人能力，但其中很多人并没有助人资格，因为他们还没有获得同理心。

同理心是一个人设身处地、换位思考的平等素养。如果不能将所有人平等看待，一个社会就不具备同理心的文化土壤。如果等级意识在生活中不断受到强化，个人也很难建立彻底的平等素养。有缺陷的人群可以在这个社会中有尊严地自由生活，不仅依赖于社会提供的基础设施，更依赖于正常人是否有一颗尊重所有人的自然之心。

如果你是一个幸福的人，你的善良并没有得到考验。只有具备足够的空间和能力，将邪恶牢牢地圈在本能范围，你的善良才能在人性中茁壮成长。助人不只是给予物质，首先是交换一颗平等的心。说到底，任何真正的德性都同时是一门艺术。

人真是一种摇摆不定的动物，不仅随着环境和时间而起伏，而且各种念头会相互矛盾。也许上一瞬间在拥挤的人际中充满抱怨、嫉恨、失落，却可能在下一瞬间被一本名著带往平和、宽容、使命。所经历的事件，所阅读的材料，所面对的人物……无不给我们带来正反面的影响，并深深地储存心底。

能够深度影响我们心境的经历，首先来自童年。恰当的爱、适度的压力、一定的劳作、足够的乐趣……的确是健康身心的必要条件。然而，有谁能控制得那么得当，哪个家庭能调配得如此周全？纵观那些做出成就的人物，反倒成长于很高的压力和相当的欠缺。也许适当的条件只成就平均数，极端的条件才制造高度的分化。

成人生活中，只有情感遭遇足以达到童年经历的深度。爱情的波折、亲人的痛失、人际的折磨、时代的遭遇……远不是大脑所能平息。简单的人的确容易感受幸福，可人一旦复杂起来，要想简单也不容易。复杂是一种情感的积食，上苍往往把那些无力消化的事情过早地赐予脆弱的生命。

过高的道德感并不比缺乏道德感好多少。所以，不必为自己不时冒出的邪心恶念打上道德的烙印。人的行为由一些基本倾向来定位，在那些基本倾向的周围布满各种杂草一般的乱念，与其事倍功半地刈除，倒不如由它们自生自灭。

在一个人受伤的时候，之所以还选择继续做一个好人，是因为到这个世界，我们是为了寻找那些值得我们活着的人。跟我们无关无缘的人，不管他们多么有力量，不管他们手段多么阴辣，都不能使我们放弃为我们值得活着的人而保持的善良。选择做一个好人，不是处处都能得到好报，而是对得起值得我们活着的人。

制造谣言的人是卑鄙的，相信谣言的人是愚蠢的。这个世界没有那么多愚蠢，也就不会有造谣者的生存空间。一个人没有到达一定的高度，就不可能有辨别是非的能力，也不可能克制自己蠢蠢欲动的阴暗面。活在这个世间，谁没有几个准备看你笑话甚至准备落井下石的人。你要是自艾自怨，恰是称了他们的心。

如果这个世界是肮脏的，就会有两类人最适合生存，一是奸猾，一是阴损。前者易于变形，可以在夹缝中绕行，后者喜欢躲在阴影里，干些播弄的勾当。不是所有人都适合近距离接触，因为有些人还没有修养到把自己手中的刀变成鲜花。只有那些充满善意的人，我们才可以放心地靠近。

在世俗中生存的我们，可以选择善良，但不能同时选择软弱。我们可以不顾风浪地往前冲，但必须同时有能力保护自己的善良。在一个凶手招摇过市的环境中，旁观者的同情已是最大限度的善良，除了自我保护你还指靠谁？

一个人的心胸决定他人生的高度，甚至他生命的长度。你能容纳的异己越多，你人生的阻力就越少，你生命卓越的机会就越多，你的身心就会调用越多的天地能量。当你看惯那些原来看不惯的，当你能笑对那些小小的伎俩和歧辱，当你不再嫉妒着别人所获得的所谓名气，你就站在了成就自己的正确方向上。

在你人生的大花园中，不应该只是清一色像你自己的人，而是容纳不同品种、不同颜色、不同个头的生物。你允许那些像你一样的品种靠得近些，这并不意味着不像你的品种就不能在你的大花园中生存。他们也是你生命金字塔的一部分，尽管不在一个层面，但也支撑着你的人生多样性。

我们难免有自己的好恶，并用它们去判断是非。但是，怎么就能知道我们自己的好恶就是正当的是非标准呢？也许我们看不懂的事情、看不惯的人不是错的，只是没有跟我们站在一个角度而已。你无法放下自己的视角，但你得允许别人也有自己的视角。只要我们没有上帝一样的眼光，就不要下上帝一样的判断。

当你把心胸扩大到容纳多样的存在时，你自己要做的事情才会真正凸显出来。你不再关心那些浮嚣的比较，你也不再关注自己的知名度，你和要做的事情融为一体，你和时光一同前行，这才是你的生命潜力得到真正发挥的唯一途径。

维特根斯坦说："哲学病的一个主要原因——偏食：只用一类例子来滋养思想。"其实，思想上偏食不只是产生哲学病的一个主要原因，也是我们在生活中变得固执、偏狭、僵化的一个主要原因。我们倾向于只看我们所愿意看的，而且只看到我们所愿意看到的，我们让世界只有一种颜色，只有一个视角。

如果不有意识加以提醒，不管社会还是个人，都会逐渐倾向于偏食。对于个人来说，懒惰、习惯、思维定势、偏见……都会把人们逐渐固定在一个位置，人们会变得自以为是，不愿意接受变化，不认同与人们不同的东西。对于社会来说，意识形态控制、社会稳定需要、理性霸权、制度框架……都会把其中的国民束缚在一面镜子之前，让人们变得盲目而偏狭，固执而自大，偏信而狂热。

作为一个普通人，某种程度上变得固执、偏狭、僵化，可能还不会有太大问题。如果这些人是科学家、思想家、哲学家，他们就会给人们带来很大的误导。如果他们不幸成为政治家，就将是人类的一场灾难，因为他们一旦限于固执、偏狭、僵化，通常情况下不再能恰当地关心人，别人容易成为他们野心的手段。

如果文明演进有什么标尺，如果社会优劣有什么准绳，如果一个人的教育开化有什么好处，那就看能否在多样性中学会宽容、平和、慈爱。

拉伯雷在《巨人传》中说：人与人之间，最可痛心的事莫过于在你认为理应获得善意和友谊的地方，却遭受了烦扰和损害。人与人之间不管曾经多么亲近，不是你一味地善意付出，就能获得别人相应的善意理解和积极回报。对于某些社会和某些人来说，善良的回应很可能是一个过高的要求和非分的期望。

我相信，平衡是万物的运行法则。来往平衡是一种礼仪，利益平衡形成良好的交换关系，付出与回报的平衡让一份情感能顺畅地维系。世间没有不需要回报的事情，哪怕爱和友谊。即便号称不需要回报的母爱，也以期望满足和成龙成凤作为回报，要不然就无所谓希望，也无所谓失望。

相信老天爷会主持公道，不过是善良的甚至可怜的人们的希望药和安慰剂而已。人类有很多精神成分是弱者和苦难的人发明出来的，它们反过来让活着的人们更加脆弱不堪。这就是为什么相信强势的现代人越来越不大理会这些安慰剂的原因。老天爷也许会主持公道，但它总是来得太慢，以致于我们短暂的生命等不起。

奴隶做时间长了，就像拉磨的驴一样，不仅没有反抗精神，而且还自得其乐。道德即便不是由这些奴隶自己发明，也是别人为他们发明的。永远记住，善良在一定限度内才是德性，超过这个限度就是对别人的怂恿和对自己的伤害。

从严格意义上说，保密是某些职业的必备素质，但其实，能否保守秘密也是检验一个普通人素质的重要标准。活在这世上，每个人都有自己的秘密，也可能获得他人的秘密。当然，究竟哪些算得秘密，人与人的理解可能差别很大。但无论如何，选择严格保守还是某种程度公开，成为对一个人素质的严重考验。

素质当然包括道德素质，也包括心理素质。除了那些乐此不疲的长舌妇和心存恶意的告密者，作为一个善良的人，我们宁愿相信大多情况下那些有意无意传播秘密的行为并未到达道德层面。有些时候，那些所谓的关心也会成就秘密的泄露。有些时候，朋友之间的交流也无意中成为秘密的交换。

是否心存恶意，是区分道德和心理的分水岭。但是，道德和心理能区分得清楚吗？当我们憋不住要向他人诉说自己的遭遇时，当我们毫不设防地将他人的秘密传给第三者时，是心理承受不够，还是道德门槛不高？在一个人我界限相对模糊，人们普遍在家长里短中穿行的文化中，要将两者分清还真是不易。这种文化有时会如此流行，以致于变成政治和社会生活的一条法则。人们生活于其中，以获得秘密的先后来衡量成就感，以传播秘密的落差体现幸福感。终于黏在复杂的是非窝中不得自拔时，人人都是获益者，人人也都是受害者。

想抓住这个世界，除了善良，还需要实力。你善良了，上天会给你机会，但没有实力你还是照样抓不住，或者会得而复失。这个世界不会等你太久，它有自己的速度和路径，你除了超越自己、跟上速度，没有别的办法。未来是不确定的，唯一让它变得确定的办法就是让自己更加优秀。度量明天和今天的距离，只有一把尺子，那就是踏实的脚步。

一个人善良，并不是没有自己其他的权益诉求和价值皈依。一个人的善良，跟他的自由、尊严、权利并不相斥。相反，人不能保护后面这些生命要件，大抵也无法维护自己的善良。所以，我们不能空谈善良而不关注实力的建设，更不能要求别人为了善良而放弃自己生命中其他重要的东西。

善良只在于一个人可以最大限度地顾及他人，包括有限程度上牺牲自己。能设身处地替他人着想，去伸手帮助低于自己的人，努力向比自己强的人学习，做到这样的人就已经比较善良。但是要求一个人彻底牺牲自己的权益，除非某些迫不得已的极端情境，早已成为过时的价值标准。

如果你有实力，你不仅可以保护自己的善良，而且还可以更好地发出自己的善良。善良需要有一个边界，边界之内是那些能够支撑一个人善良的生命要件。如果他人或者环境超越这个界限，那就意味着在逼迫这个人做恶。

毫无疑问，跟其他许多美德一样，宽容是一种高贵的品质，但它的存在并非每一时代、每一环境中都是适合的。美德有它们适于存在的环境条件和人群基础，没有这些条件和基础，美德不仅不能存留下来，而且还会变成一种受人嘲笑的无力东西，慢慢飘散在邪恶粗暴的生存处境中。

在一个盛行粗暴也习惯粗暴的地方，人们不会相信世间有柔软的东西存在，更看不到后者的价值。所以，离开具体的生存环境去讨论善恶，其实没有多大意义，同样，急于在恶劣的环境条件下立即普及美德，也一定会流于失败。环境条件的改善，评价体系的改进，思维方式的转换……是一个缓慢的整合过程。

低劣情感的一种表现方式，就是偏狭和不宽容，容易泛起一股激情，并瞬间转化为恶言粗语、好斗激愤。人们往往在很多好名词下成长起来，但他们不知道这些名词的真正内涵，也缺乏实现这些好名词的现实途径，更不知道这些好名词可能包藏完全相反的内容。一些好名词已存在千万年，但它们的真正内涵才实现了很小一部分。

没有比较就没有鉴别，那些囿于一种生活环境的人，永远认为只有自己才绝对正确。世间没有最好，只有相对而言的好。当一个人从自认为最好的东西走出来，能够鉴别相对的好的时候，他才真正成熟，并走向宽容。

第三章　思　　想

第一节　阅读与思考

在这个快速运转的功利年代，不仅系统阅读已是奢侈，而且轻松阅读也非易事。快餐、碎片、检索、标题……占取主导地位，新闻、八卦、传说、谣言……招引大部眼球，片言只语、一知半解、材料堆积……充斥思想市场。

阅读本是一件宁静愉悦的人生幸事。但在注重形式而不是内容，赶着刷新而不是鉴赏，急于获利而不是修炼，着眼生存而不是求真的时代，阅读早已远离它的本来面目。我们所看到的更多是快节奏所荡起的泡沫，而不是泡沫下的清流。我们所钻探的也许只是一口浅井，而不是整个一片深矿。

凡是功利的，一定还不是最深刻的。当功利掀起眼前的一叠雾障时，谁又能看得很远？当脚下牵绊着一根根绳索时，谁又能轻松地放眼未来？功利的时代不需要文化也漠视深度，公共的热度重视兑换而不是个性。我们都是幸运的，不再挨饿受冻，检视着眼前的花花绿绿。我们也是不幸的，难以静心凝神，享受一份轻松系统的阅读。

阅读是增长见识和拓宽视界的重要途径。一部名作，不管学术著作还是文学艺术作品，沉浸其中，就会带来阅读的愉悦。不管知识还是审美，阅读都会把我们置入新颖独到的世界。阅读刺激我们思考，哪怕仅仅引起浮想联翩，也足以让我们暂时逃离现实，变换了生活样态，扩大了心灵空间，净化了生命趣味。

但是，若要使阅读系统地增长知识，向着专业化方向发展，就需要持续的甚至艰苦的思考。伴随着思考，在一定阶段，阅读的愉悦感也许下降，但带有方向性的阅读会形成积累。没有思考的固着和方向的坚守，阅读有可能在同一平面滑动，增加的只是杂多，而不是统一性和概念。所遭遇的那些见识和视界未必有必然的关联。

只是阅读和思考也还不够，写作才是知识连贯和思想深化的最终途径。没有思考的写作当然只是资料堆积，甚至连资料都堆积不起来。但是，没有写作的思考同样危险，因为那些看上去很有道理的思考未必经得住写作的推敲。思考至多只是漫画和素描，而写作才形成工笔画。思考往往踩着山头远望，而只有写作才能一步步迈向幽景。

子曰：学而不思则罔，思而不学则殆。但是最终，写作才将学（阅读）和思连接起来，以它细密、严谨、扎实的逻辑和内容，建造一座厚重、丰硕、宏伟的思想建筑物。

生活中，雾霾不只存于大气，还会在我们心中。人生难免一些本能的或迫入的副能量，将它们包裹起来，并加以熔炼转化，可能是一生的任务。所以，不管心中多苦，亮出自己的微笑。副能量只证明人的弱小，正能量才显示人的强大。满满的正能量是高贵的人生的必然品质。

高贵有两种来源，一是生来的纯洁，一是磨难后的净化。那些在历史上贡献思想文化的人，即便不是来自后者，也是两者的融合。幸福的人往往在默默地享受，而不幸的人也许会痛苦地思考。思想文化创造的动力很可能来自某些不幸，一帆风顺哪还需要思考表达?

化解苦难的途径很多，而阅读和写作无疑是最好的途径。阅读中见识的伟大灵魂会缩小人的痛苦，减少心的黝暗，而写作让破碎的灵魂重粘起来，恢复内心的统一。阅读和写作是给灵魂投入阳光，重新恢复生命的美感。本质上暗淡的、压抑的、萎缩的、发霉的负能量，在阳光的反复照耀下会发生转化。

尽力维持自己的美感，因为只要你还能感受世界的美好，就不至于堕落太深。心可能破碎，但只要还有一块碎片映射着美丽，人就还有救，因为它所映射的那株小苗也许会长成一棵大树。若是只看到碎片和失意，生活确是一种煎熬。但若把碎片拾掇起来，把失意翻到背面，生活会变成一场盛宴。

思考是人的本能、人的权利、人的自由，但是科学思考却并非随意就可做到。科学思考需要遵循共同体所认同的严格方法，对事实和断言间的逻辑关系进行论证，做到前提结论的融贯一致，保持足够的怀疑精神和谦虚态度。

自由意志并非不需锻炼就可达到科学的高度。未经科学训练的本能思考很大程度上还停留于玄思、臆断、联想，远不能锁定事实，合乎逻辑地推论，进行客观的重复检验。这种思考还只是追求统一性的愿望，形成框架的努力。精神统一性是健康的心智所必备的条件，但这种貌似统一的体系中有多少合理、融贯、合乎事实、经得起考究的内容，才是检验一个人受教育程度、受教养程度的标尺。

说实话，大部分中国人还远没有从迷信盲从、主观臆断、玄思曲解、八卦奇门中走出来，科学普及依然任重道远。走向现代化是一个文化的整体蜕变过程，在大部分国民中建构科学心智和培养理性精神是必不可少的部分。文化不能总体上走出传统的玄思盲从阶段，卓越的理论思维和严谨的求实风气就很难在大地上立足。

固然西方的现代科学并非完美无缺，也未必穷尽科学的通道，但是不能从传统的混沌思维走出来则永远与科学无缘。知识的分类、论证的逻辑性、表达的清晰、推导的细腻……是现代教化的必需环节。

一个人长期阅读什么，就会成为什么样的人。花费时间阅读经典，你的心智和情操就会逐渐得到提升，因为经典著作蕴含着经受历史考验的哲理、逻辑、情感、视界和方法。相反，将时间花费在浏览消息和追踪花边新闻上，你就只能培养自己庸俗的好奇心，因为这类消息只有更新的价值，而不可能有系统的积累和逐步的深化。

人的一生可用的有效时间很少，将近一半时间用在直接生存上，留下的时间又有一大半用在间接生存上。（物质、交往、情感的）日常生活和（作为谋生手段的）工作之外，真正用于发展自己的时间少而又少。只有善于抓住那么一小部分自由时间的人，才有机会将自己提升到相对较高的水准。

相比于古代社会，现代人的确享有更高的物质生活和更便捷的技术服务，但是在物质和技术面前，我们并非始终处于主人地位。物质享受也可以使物质占据我们价值世界的更大部分，从而将精神生活挤到边缘地带；技术便捷也会使我们更加依赖技术，并使技术成为人与自然、人与社会、人与人之间的障碍。

只有将物质用于增进自己的精神快乐，将技术用于增强自己与自然、社会、人沟通的人，才是当代社会中真正获得自由的人，其中一个重要表现就是，不断保持自己对自由时间的控制，将其用于真正提升自己。

没有踏踏实实、尽心竭力的行动，所谓信仰不过一句空话。

单靠读书、思考，不足以使心灵彻底落地。且不说读书容易习惯于舒适区，即便挑战性的阅读也离行动还有一定距离。读书可以启发思考，但如果没有延伸出一定的行动，思考容易流于玄想，对自己难以静心，对世界也无法谨严。

阅读当然也是一种行动，但这里所说的行动系指全身心参与的活动，四肢和躯干都应参与，社会和自然都该触及。譬如写作、体力活、艰苦工作、旅行等等就是单纯阅读和思考可以延伸的活动。因为有延伸的活动，阅读和思考能得到修正，也获得动力，能加以细化，也渐入深邃。

追求轻松达不到心灵修炼，信仰需要在做事中磨砺，担当中沉心，付出中升华。某种程度的苦修是所有信仰的必由之路，如果你在受苦，你就走在修行的路上。寻找信仰不是为了免苦，而是为了改变对苦难的理解。道行浅时，一个人只看到自己的苦，因而充满抱怨，难以忍受。一旦入深，一个人就会体会大众的苦。

是否皈依宗教并不重要，重要的在于具有悲天悯人的情怀。许多伟大人物并不相信宗教，但他们却具有比许多教徒更为悲悯的情怀，并为消除大众的苦难而奋斗终生。他们会情不自禁地从类似宗教的角度去看待世界，所以重要的在于层次，而不是路径。

不管我们是否同意别人的人生道路选择，还真不敢轻易使用道德字眼加以针砭。因为我们的每一道德针砭所暴露的，不仅是我们自己的无知，而且是我们自己的偏狭。我们很可能在不了解真相的情况下，恣意使用自己既不成熟也不高格的价值判断，把自己的无知和可怜活脱脱地暴露给世人。

很难说谁没有议论过别人，但若能避免对别人激烈而狭隘的断言，也算一种开通。让自己站上道德的制高点，不以自己的寡闻陋见为耻，是不少中国人最自以为是的立场。岂不知人们之间不仅有经济、社会的等级，更有精神灵性的等级。一个人若不努力开阔自己、多闻慎思、历经烦难，难免陷入孤陋寡闻或自以为是的境地。

读书学习，不仅要让我们深思明辨，而且要让我们宽容虔行。一个好辩之人，还只处于智慧追问的较低阶段，力图寻求唯一的真相，也以为只有自己才掌握这真相。其实，我们每个人都只看到真相的一小部分，都只看到自己所熟悉的角度，为什么一定要强求别人的同意或最终的统一？

对于那些凡事较真、不依不饶、敏感易怒的人，我们最好还是敬而远之。想要把生活当成处处明辨是非的学术场，以为人生什么时候都可以说得清楚，本身就是一种理性霸权主义的表现。比说出更深刻的是沉默，比辩白更智慧的是宽容。

第二节　语言与行为

我们的话语过程快要失去讲故事的能力，这无论如何是民族的悲哀。学术会议、领导讲话、新年贺词、年终总结、经验交流……如此文字场合，没有诗意，不见案例，没有激情，不见故事。充斥其中的是概念、套话、口号、官腔、大词，唯独欠缺经过身心的独特东西。

人类话语，不管书面还是口头，大抵包括感觉经验、抽象概念、诗情画意三个层面。感觉经验用以表达话语的感性内容，与事例、个案、情境、体验密切相关。抽象概念形成逻辑关联的思想体系，使话语前后一贯、严谨、固定、形成框架。诗情画意则可以修饰、渲染话语，注入情感、活力，增加声色、棱角。

三个层面的比例在书面语口头语上，在不同文体之间有一定偏重。但是，任何一篇好的话语都不可缺少任一层面。当下的正式话语中最大的问题是，一大堆概念堆积，本身的逻辑构造和思想脉络都未必清晰，更别说感觉经验和诗情画意，没有升起降落的厚度。显见其中个性的理解不多，事实的落地不够，情感的投入不足。

人际交流、思想传播、知识阅读、文化传承……若是能有效果，必须包含独特的故事，与别人的经验勾连，唤起他人的共鸣。每天的话语都应是一场创造性的文字历险，你若只是照搬、硬套、概念化……就别怪听众交头接耳、瞌睡走人。

纵观中外古今，但凡好的诗篇，皆需四个来源：激情、美感、意境、凝练，并体现四个特质：力量、韵味、情景、哲理。不管来源还是特质，虽可偏重其中一二，但实质上缺一不可。

激情出自七情六欲，舒畅喜乐，或可一歌，而悲愤痛伤，更成一鸣。美感是激情的舒缓提升，将本可直刺的匕首转为柔和的玫瑰，将一发而出的狂澜折叠为濛濛润物的细雨。意境可大可小，把看似无关的元素编织为稠密的因缘，中心和边缘，秩序和结构，被圈集为有机整体。凝练主要揭示诗的语言特质，体现跳跃和跨度，但是紧而不堵，凝而不僵，活而不乱，言而不尽。

力量显现语言不比寻常的张力和诡谲，将常规的语序搭配，撕裂重组，扯宽压窄，叠加拆解。韵味来自语言声音的谐和措置，抑扬顿挫而成的音律，本身足以提升心灵的谐振，容易朗朗上口，添加语言的味道。情景浓缩形象化的表达，物、事、人、时空形成框架，比喻、想象、拟人等手法构造鲜活的场景，突出叙事性。哲理是诗的骨头，不管较显还是较隐，支撑着诗的立体，镌刻天地的纹理，让人回味深思。

作诗者，未必善于言诗，而言诗者，未必擅长作诗。手法是事后分析的结果，始终只是外在东西。格式也仅只服务于跳出它的作者。所以表达的饥渴永远是诗的第一灵魂。

表达的饥渴永远是诗的第一灵魂。王国维说过："诗词者，物之不得其平而鸣者也"（《人间词话》下卷八）。虽未做过统计，但笔者可以断定，诗作中十有七八来自被压抑的情感。爱情渴望，官场失意，痛失亲人，遭人误伤……凡此种种的情感跌宕，都为诗意的表达提供不竭的动力。

不管怎样的文学艺术形式，它们的核心都是一股强有力的生命力，而且大多情况下都是久被压抑的情愫。好的诗作中，有些朴素，有些典雅，有些粗犷，有些精巧，但它们能体现生命的力感，则不仅是共同的，而且是第一位的。可以不区分下里巴人和阳春白雪，但不能不区分有力和无力，因为无力的诗词绝不会有意境、美感和哲理。

相比其他文学形式，诗更是语言的艺术。诗词创作的确需要一定的语言运用能力，但在此基础上，不是念书越多或学位越高，就越能做出诗词。往往相反，当一个人越来越理性的时候，他也许就失去形象化的宣泄能力。或者，即便他能够条分缕析地解读诗词，但自己未必有创作的内在冲动，而且可能把原本鲜活的作品肢解了，因为只有共鸣和同感才能理解和传达鲜活的诗意（海伦·凯勒《我生命的故事》第二十章）。

诗词是痛苦中抓住的慰藉，是黑暗里看到的光明，是绝望时呼唤的希望，是包裹着黄连的糖丸。

让自己适时闭嘴，也许是人生的最高修养之一。识字，学文化，长见识，增加我们的表达数量，提高我们的表达能力。阅读，思考，写作，更加深我们对生活的理解，增进我们对世界的把握。但是，比这些学习和修炼更高级的，是看到生命的有限和自己的不足。

开口只是一种本能，闭嘴才是一种教养。说出也许展现人的主体性，但倾听其实才蕴含人的真正能动性。言语不仅是人的一种行为，而且是人所有行为的标志。即使阿 Q 那样没有能力的人，嘴上的功夫也绝不亚于其他人。语言是人与人联系的最重要媒介，因而嘴功就成为人最主要的进攻武器和防御工具。

然而，多少是非，因口而惹；几许运道，因言而失。遗失的物件还有拾起再购的机会，一言既出则几乎难有挽回的可能。借用一种说法：成熟，不是学会表达，而是学会咽下，当你一点点学会克制住很多东西，才能驾驭好人生。说到底，只有忍住自己的汪汪声，才能变成一只猛犬。

学识和阅历如果只是演变为一种自以为是，其实还没有达到必要的高度。理解有限学业与无限知识、有限生命与无限世界之间的鸿沟，在少量的确信之外深感自己的无知，并且越来越对星空和性灵产生敬畏，才是学识和阅历的真正境界。你不以真理自居，他人才有获得平等和尊严的机会。

在那些具有积极价值的美丽大词下面，有可能附着跟其基本含义不同甚至完全相反的含义。那些美丽大词之所以能容纳诸多不同含义，既因为它们本身的巨大容量，也因为它们跟人性有某种契合。哪怕大奸大恶也愿意把自己的行为说成替天行道，这本身就说明人都愿意给自己贴金而不是抹黑。

但是，所言所行究竟是否契合，却有时代、社会和人心认定的一些基本标准。这些标准既不会一成不变，也不会一切全变，因为它们的变化本身也遵循一定的标准。不管组织还是个人，作为说话者不能为自己所用的美丽大词确立正确标准，正确标准应该来自历史的积淀、时代的要求、社会的公义和听众的大多数。

既然美丽大词能隐藏不同甚至完全相反的含义，所以我们既要谨慎使用那些大词，也要警惕别人使用那些大词。将那些积极价值最终葬送的，未必是公开反对积极价值的人，更可能是在美丽大词下隐藏自己不同甚至相反含义的人。那些美丽大词怎能被慢慢侵蚀掉？它们的内涵空间曾经被不实地喧嚣夸大，不能不是一个重要原因。

既然美丽大词跟人性有契合之处，因而丑恶大词就代表人性的反面。我们同样需要谨慎使用那些丑恶大词，因为不管对一个组织的攻伐还是对一个人的侮辱，套用那些丑恶大词可能是最不人道的方式。

学会说话，其实是一件挺难的事儿。起点较高，好好用功，也差不多得半辈子。如果起点较低，还不用功夫，也许一辈子学不会。学会说话，指的不是油嘴滑舌，人话鬼话，人前人后，而是得体，让人舒服，讲道理，有人情味儿，适应场合。

英国社会学家巴兹尔·伯恩斯坦（Basil Bernstein）曾做过详细研究，认为语言学习使用能力不只反映人们个体间的差异，而且反映阶级间的区别。那些教育良好的中上层人士可以灵活、开放、准确、抽象地使用语言，而教育不足的下层人士只能生硬、有限、含糊、形象地使用语言。这给我们的教育和人性认知带来重要启示。

只要开口，一个人的全部修养、素质、品位、层次无疑便暴露无遗。这些素养不仅反映自己的出身、职业、阶层，而且体现自己的教育程度、人生见识和人格品位。伯恩斯坦的研究还主要限于认知，没有更多涉及情感。其实作为交流媒介，语言在人际交往和公共社会中起着更重要的作用。

每个词都带有力量，每句话都会产生一些后果。因为这些话语来自长远的历史和某种生活环境，也会把这些伴随物重新抛回公共环境。把自己的想法准确表达出来已经不易，根据对象和场合而灵活地加以表达更难。在任何场合能够说得真诚、妥帖、得体、舒畅，则远非语言层面所能够做到。

人际沟通并非都需要语言，也并非只有语言才能走向心灵深处，但是超越私人关系的人际沟通一定少不了语言，而且越走向公共生活和理性世界，语言表达越显得重要。语言是人通向外部世界的一条主要通道，所以学会运用语言毫无疑问是我们生存于社会最重要的能力之一。

本质上说，我们的一切生命品质都从语言中展现出来。人一开口，自己的经历、职业、地位、能力……便暴露无遗。因而，我们不只在学习说话，更在学习生存。一方面，处在怎样的社会方位，你便需要怎样的语言；另一方面，要想生活于所渴望的社会方位，你便必须努力学习所需要的语言。

学会表达绝不是一件容易的事，不管口头还是书面。即便在日常生活中，糟糕的语言表达也会产生不少麻烦，常常因此而造成不同的误解。在复杂的人际关系和高级的职业要求中，语言表达就更是须臾不可或缺的技能和素养，尽管不同职场对口语和书面语的要求有所偏重。

清晰简洁的表达才容易让人理解。为此，一个人需要在不同层面长期修炼：第一，语言文字层面，吐字清楚，书写规范，词句恰当，富于变换等等；第二，思想逻辑层面，熟悉内容，前后连贯，详略得当，有独到看法等等；第三，交流环境层面，契合听众，营造氛围，控制节奏，调整内容等等。

凡一件事说不在乎的人，其实已经在乎了，不在乎又何必要说出？如果说过两遍，其实已经非常在乎，要不然何必念念不忘？生活中，凡我们愿意说出的东西，不仅是一些念头，而且都带着一定愿望。真正放下，就很少再起念头，即使偶起念头，也没有说出的情趣、愿望、动力、意思。

凡说出的话，除了直接含义，还可能有一系列间接含义。听懂直接含义并不难，难的是揣摩间接含义，因为在一些情况下，间接含义可能正是说话者的真正意图。由于需要揣摩，人与人之间的理解便增加了难度，误解也在所难免。提高领悟能力，逐渐形成默契，增进人性洞察……因而成为语言交流不可缺少的能力。

如果一句话只有说穿了才能理解，你的生活、情感就永远到达不了高层。人际关系越亲密或复杂，或者涉及事项越重大，语言越可能含糊不定，言外之意越显得重要。不是所有时候都能从别人那里获得直接的授意，或得到真实的要求。由于经历、欲求、情感、个性……差异，相对而坐的人有时也隔着千山万水，真所谓咫尺天涯。

话是开心的钥匙，但那得心性相近。如果驾驭得好，语言是我们最长的手脚，通过它走向世界的角落，历史的深处，他人的灵魂。但是，人也许一生都需要学习敏感地捕捉他人话语的直接含义和言外之意。

如果一个人在用语中比较喜欢使用最高级，我们最好还是离远点。就像一个人政治跟得太紧，我们还是离远点一样。因为这些人并没有多少独立性，他们可能随时为了利益而踩在你的身上。也因为他们流淌着狭隘的激情，有可能随时从一个极端走向另一个极端。历史上有过各种各样的狂热时代，其中语言上的典型特征，就是喜欢使用最高级。语言上的最高级往往能煽动起人们的激情，所以既喜欢为统治者所用，也容易为被统治者接受。这些时代的最终结果是，在很多人的心目中和习惯上，语言的最高级占据巨大空间。它们甚至被使用为广告词，受到标题党的青睐，往往以“史上最……”的方式出现。

跟这些最高级密切相伴的，是一些边界模糊的大词。它们看上去时髦，似乎满满的正能量，其实包含许多不可名状的东西。

大词的一个标志是，一百个人使用，可能有一百个某种程度上不同的含义。大词对事物和人进行庞大的归类，很可能在我们所想的事实和真正的事实之间拉开玄远的距离，或造成无尽的错位。

我们无法在语言中消除最高级和大词，但是受过良好教育的一个基本特征是，对人们习惯使用的最高级和大词保持相对清醒的批判态度。你如果想跟一个人好好交往，那就尽可能减少使用这些狂热而似是而非的词汇。

人都有表达自己的强烈渴望，但必须同时怀有一定的恐惧感。想表达是一种本能，但能表达则是一种能力和素质。从表达的冲动到说出口或写下来，需要借助一些过滤器、缓冲区和推进剂。说话也是一种行动，而且是人最重要最根本的行动之一。言语会在他人那里形成冲击波，引起不同的反应，从而编织不同的人际关系。在积极意义上，学会说话是人一生都需要学习的能力和素质。

写作更是深度表达的主要途径，有着口语无法替代的系统功能。作为真正的知识分子，写作是一项必需的职责。我们若要对这个世界有系统、连贯、深邃、缜密的认识，非得通过写作不可。只有足够的储蓄和酿造，才能写出具有一定味道的东西。糟糕的写作有两个特征，要么只是一堆散漫的感受，要么只是一串生硬的推导。不管多么理性的东西，如果缺乏一定的感受，都还没有达到真正的理解，这对人文学科和社会科学写作来说尤其如此。

一篇有深度的东西，必须包含从感性到理性的诸多层面；越是深刻的东西，包含的层面越多。这意味着，它必须一方面尽可能接近例子，另一方面尽可能接近公理。虽然作品是否深刻并不完全以篇幅大小定论，但毫无疑问只有足够的篇幅才能容纳诸多的层面。深刻的东西至少有一个特征：它能真正地触动人。

总有某些时间节点，人们的价值观冲突会异乎寻常的激烈。价值观的整个序列都瞬间暴露出来，从极左到极右、从极度乐观到十分悲观、从不可一世到自惭形秽……形成长长的链条。平时也许还是同学、老乡、战友、同事、师徒，在这些特殊时刻就到了几乎兵戎相见的程度。

也许没有谁能真正代表真理，也许真理本来就不那么客观存在。我们每个人都认定自己抓住的特别有限的那一部分，却固执地认为自己已经抓住了全体。不经过长期的深入观察和专门研究，我们对很多大问题都基本上停留在偏见、宣传、猜想和臆断的状态，它们很难经得起仔细推敲和认真分析。

说实话，那些未经慎思的大词会掩盖很多不同的诉求，没有经过科学训练的思维方式经常处于臆想状态，有限的个人经验很容易被权力的宣传所左右。所以，不管极左还是极右都带有相当大的狭隘性，情绪和臆想往往多于真知灼见。温和的中立并不意味着墙头草，也有可能是邓小平所说的实践派立场。

有限的篇幅是很难讨论清楚某些大问题，但是成人世界又偏爱在那些大问题上较劲。我们的确在某些大问题的格局中生活着，但一定要记住对待大概念的审慎态度，注意进行科学思维的训练，对某些宏大宣传保持适度的距离，使我们的价值观保持更新的开放状态。

第三节 学术与环境

思想家们站在自己的几十年人生中，总是更多看到自己的思想与前人的巨大区别，而从思想史长河看，他们延续前人的紧密程度要比他们自己蓄意划界的程度大得多。人总是更容易看到自己超越前人的地方，而不容易看到自己脚下前人的肩膀。大思想家的确更多超越前人，但我们若是完全按照他们自己的估价作为他们思想价值的衡量标准，往往难免抬高了他们的实际身价。

当然，西方思想与中国思想在以不同方式绵延。在西方思想史上，划界是思想创造的一种重要方式。思想家们总是容易喋喋不休地将自己与以前的思想分隔开来，以此作为自己独具一格的标志，而后人不得不重新弥合这一间隔。相反，在中国思想史上，注释却是推进思想的一种方式。思想家们总是小心翼翼地将自己与前人的思想连续起来，以此谦认自己的人微言轻，而后人又不得不进行大量的甄别剖判。

社会外在的政治经济事件有一些明显的区别标志，这的确是历史事实。但是，思想的绵延和柔韧却往往超出我们的想象。所以，当我们在欢呼社会变革，在热烈拥护一场革命或改革时，决不要过高估计它们所可能带来的思想突破或精神进步。文化和历史上真正顽固坚韧的东西，不是那些外在的权力或利益，而是那些无声绵续的思想精神。

学术依赖于资料，不管直接的感性资料（来自观察、实验、阅历），还是间接的文献资料（历史的和当代的，外国的和中国的）。不能占有和进入资料，肯定不能算作学术。某一方向和某种程度的资料积累便成为学术，但学术也容易被资料束缚，甚或陷入其中难以自拔。完全停留于资料的学术，的确也有自己的价值，比如编绘史料，整理典籍，编纂学库，甄别真伪。

但是，精神文化赖以存续的主要根源却是思想。思想也需要从一定的资料出发，一点资料都不依赖的思想的确难以想象。然而，资料对于思想，主要起着刺激原创和表达载体的作用。真正的思想，既非材料堆积而成，亦非材料推导可就，它必须入于资料、出于资料，必须穿透资料、超越资料。从根本上说，思想创造是一种穿透资料的综合理解，一种把握本质的精致综览。

思想是文化传递中黏合资料的灵魂。它的存在方式是系统架构，它的脚手架是概念。有时看上去只是一句话、一首诗、一幅画、一段音乐、一节雕塑细部……却可能是某个思想系统的一部分，是蕴涵和体现思想整体的资料片段。思想未必一定是口头或书面语言，但语言的确是思想的通用货币。由于资料载体的缘故，思想往往以领域的方式存在，可是真正的思想不在于领域，而在于高度和深度。

发现一个颇感困惑的现象：古今中外的哲人名作，很少源于原文引证和参考文献。在西方世界，从柏拉图、亚里士多德，经由奥古斯丁、阿奎那，到近代的洛克、休谟、康德、黑格尔，到20世纪的罗素、维特根斯坦……中国历史上，从老子、孔子，经由王充、韩愈，到张载、朱熹、王阳明、王夫之，到20世纪的金岳霖、冯友兰……情况无不如此。

可做两种解释：第一，这些大家生存的时代还没有现在所要求的原文引证和参考文献，他们的治学并不规范。著作权从20世纪起更为强调，注明引文出处和参考文献确实有利于防止抄袭和侵权。但是，20世纪后期的许多哲学名作（如《正义论》）也很少引文和参考文献，可见这么说似乎解释力不强。

第二，强调引证和参考文献只是规范普通学术，并不适于大家。大家的原创思想并不直接来源于其他文献，而是来源于自己的内心。从天地万物、从思想文献、从教育经历所接受的东西，已经被他们融会贯通，酿造为一坛醇美的老酒。真正的原创思想是感性和理性的高度融合，像生命一样自然而然生出，而不是引证堆砌可以塑成。

如果第二种解释可以接受，那么对我们当下的学术规范便有些汗颜。从学术到思想，看来距离并不短，而且现实环境未必总是有利于缩短这一距离。

学者是以知识的创造、传播和应用为职业，在学术上有一定成就的人。中国的学者大抵可分四种类型：书生型、才子型、商人型、官员型。这只是一种理论区分，一个具体学者可能多少兼有不同类型，从而很大程度上属于混合型。

书生型学者，不仅以学术为业，而且志趣严格限于专业。他们以专业领域的读书、思考、研究、应用为乐，心无旁骛，是纯粹意义上的专家。

才子型学者，除了专业领域外，还旁及其他情趣，将现代学术与传统文化结合起来，讲求文化教养和艺术品位，培养和显示自己文艺方面的才华。

商人型学者，不只具有某些学术成就，而且谙熟人际关系，有老道的现实操作能力，未必身在商海，但能以学术获得丰益，此谓“书中自有黄金屋”。

官员型学者，所谓“学而优则仕”，既拥有学术地位，又拥有行政官职，游刃于学圈和官场，一面以学术支撑官职，另一面以官位护养学术。

中国的学者群体中，书生型学者太少，才子型学者不多，而商人型和官员型学者太多。学者中理工科 40 岁以上和人文社科 50 岁以上仍扎实地专心学术，比例大抵不高。这很可能是中国科技、思想、文化缺乏原创后劲的一个重要原因。可以说，减少以官商名利诱惑学者的程度，是一个社会学术水准高低和文化发达程度的重要标尺。

梁启超曾说：学问实应离“致用”之意味而独立，只当问成为学不成为学，不必问有用或无用，断不以学问为学问以外的手段。显然，远离功利、保持独立，以自身为目的的学问，才是真学问。以这样的标准来衡量，就可以判断我们现在离真正的学问已经有多远。

政治和社会环境能给予学术研究的最大助益是让它们享受独立和自由，不给研究者分心的各种机会，不用强权和功利刺激他们好不容易安静下来的心。一旦成为晋升之阶和功利之源，学问便因失去其源头活水而迟早枯竭。用权力捧红的不是学问，而是钻谋。用金钱催肥的不是真知，而是虚名。

但是，在一种不恰当的体制下，真学问会成为一种屈辱。个人可以坚守，但他的力量微乎其微。社会中那些坚硬的东西应该由环境、体制和习惯来保障，由社会公共力量加以维护，而不是由个人固执地坚持，甚至冒死地维护。负有畅通原则、保持风气之职责的，应该是体制，而不是个人。个人有充分利用环境的本能，所以我们倒不必要过多谴责任何个人。

当人类最美好的东西仅成为个人坚守的时候，这个时代确是无比悲哀的。在做真学问吃亏的体制下，怎么指望能出大学问？学问需要静思，而不是热闹，需要沉下去，而不是吹起来，需要远离尘嚣，而不是贴近权势。

很多时候，政治对学术的破坏远胜于战争。虽说战争会打破往日的宁静，驱使学者四处奔波，但它没有渗透一切的力量。相反，战争还可能某种意义上促进学术，尽管我们宁要和平，而不要战争推动的学术。战争对学术的促进来自两方面：一方面战争需要某些科学技术的支撑，因而会有选择地加大投入；另一方面战争会打破思想的禁锢和理性的板结，让人们的思维活跃起来，看到自然、社会和人性的某些新颖之处。

纵观中国历史，春秋战国时期战争不断，反倒是中国思想最活跃最原创的时期。焚书坑儒和独尊儒术这两个破坏中华文化走向的重要事件，却都来自于政治干预。魏晋南北朝战争频繁，反而酝酿了唐宋文化学术繁荣的各种文脉。元明清相对粗野的政治统治，阻碍了唐宋以来的开化和西学的传入。中国近代百年外受凌辱内战频仍，却产生一波又一波的思想风潮和学术大师。新中国实现了政治崛起，然而强大的意识形态却窒息思想的原创和学术的繁荣。

对科学技术和学术文化过分干预的政治属于传统社会的遗产，因为在传统社会中，不仅政治高于一切，而且政治就是一切。现代政治的成熟意味着逐渐降低自己的身段，与经济、社会、科技、文化逐渐剥离，并尊重后者的相对独立性，为它们的健康发展保驾护航。

心灵的自由和宁静，是所有精神创造的最重要条件。真正的原创，不是来自外在的苛求，而是出于内心的流泻。你无法要求一个文学艺术家，两年之内创作一部名作。你也不能命令一个思想家，三年之内提出一种标志性理论。精神有它自己的规律，需要一个人情感、理性、趣味、思想、经历……的自然累积。水到则渠成，瓜熟而蒂落。

外在条件也许有用，只是在它们无伤于心灵的自由创造时。政治支持可以，但它不要成为重压。经济资助也行，但它不要变成诱惑。精神创造是心灵与世界的直接沟通。某种意义上说，“为艺术而艺术”、“为理论而理论”是正确的。只有在艺术的整体中才能抓住艺术的本性，只有在理论的综览中才能穿透理论的魔障。在趣味的引领下，知识分子会快乐地前行，这种自我要求的内压已经足够，而且是心灵和世界沟通的最直接通道。

政治和市场是容易功利的，因为它们都苛求立竿见影的效果。但是，如果政治和市场真的关心精神创造，不该急功近利地干预，而应不动声色地培育。它们可以创造条件，减少知识分子的生活扰动，隔离滚滚红尘的功利，抬升理解世界的平台。唯独不需要加大扰动，促进功利，并跳到台上挥舞。然而，营造环境，抬高平台，漫长而风险，政绩和利润又怎会愿意呢？

人生不缺想法，缺的是执行力。一件事情越是重大，持续时间越长，越可能产生惰性，越需要克服惰性的努力。迈出一步不难，走向千里却不易。下几滴小雨容易，汇成江河却很难。绝大多数人在绝大多数事情上，都是因为没有执行力而最终无成。执行力不只立即动手的能力，更是持之以恒的韧性。

将自己的心牢牢地摁在大地，专注做已经决定的事情，收获才会水到渠成。心随环境转换，念头层出不穷，目标游移不定，最终只能随波逐流，哪还有持续钻探的深度可言？从念头到完成，需要的不是一般时间，而是有效时间。完成一项事业，需要良好的注意力，高度的效率，持续的有效时间。

对于学术工作来说，不读不思固然是一种懒惰，但是仅仅读和思远还不够。如果不用有计划的写作去深化和推动，读和思最终也难以摆脱胡思乱想。心动而不行动，永远只能在原地仰望。台前的精彩表演，都是后台痛练的结果。只有一步步地扎实前行，才有希望到达某种高度。目标设计得越远，所需要牵动的因素越多，因而所能坚持的人便越少。

因此，必须保持自己的敏锐性和执行力，管理人生的有效时间。从抱怨、狐疑、厌烦、浮躁、幻灭中，抢救自己的有效生命。保护好自己的灵性，不被环境压灭，不被生活耗尽，不被幻想淹没。

作为教育工作者和学术研究人员，我们必须不断反思学科分类的意义和局限。学科分类对三类人无疑有重要意义，一是接受高等教育的人，二是初入研究领域的人，三是从事教育和学术管理的人。但是，对达到一定深度并进行创造性研究的人来说，过分强调学科区分的弊端会逐渐加大，直至阻碍真正的原创。

在古典学问中，亚里士多德对学科的初步划分，尤其将哲学同其他学科区分开来，对西方哲学的成熟发展有不可估量的影响。在西方近现代知识演进中，各种科学分门别类地相继从哲学中独立出来，对它们后来的巨大发展无疑大有裨益。学科分类先是分化的过程，以至于一个人可能一生只在狭窄的领域工作。尽管任何狭窄领域的探索都有意义，但这类探索有可能远离现实世界，并造成人们之间的隔阂。现实世界毕竟宏大复杂，人们之间也需要交融会通。于是，大约从20世纪中叶起，学科分类便有另一过程加以补充，即综合。

科学真正面对的是现实问题，而任何现实问题都需要通过不同学科来协调解决。适当地打破学科界限，立足共同的深层背景，才能真正解决重大的现实问题。即便排除人文化育的功能，以文史哲为代表的古典学问有助于打通学科、唤醒背景，对弥补现代学科细分所带来的缺陷也无疑具有重要意义。

一定的学术成果，也许糊弄当代人并不难，难的反倒是糊弄后代人。总的来看，后代人比当代人更聪明，站在更高的历史地平线上。但还有我们难以糊弄后代人的很多其他因素，这些因素程度不同地囚禁着当代人，使我们无法作出卓越的成就。

日常生活很大程度上是短视的，维持生存的当前需要会引起后代人看待我们时毋需考虑的很多利益、人情、权力、名声因素。人们为此而追逐和纷争，卷入耗费精力的比较、攀比、期待之中。只有一颗超脱当前需要的心灵，才能看到超越眼下的问题，并与后代人展开有效的对话。一件文化作品，能跨越多少时代，就有多大价值。

从为当代人甚至当权者服务，到超越每一具体时代的纯研究，存在着相当宽广的学术光谱。我们并不反对为当代人而鼓而呼，只要是以求实的态度面对研究对象，都是真正的学问。我们所担心的是为当代服务是否会变成仅仅为权力服务，为权力服务是否会变成仅仅唱赞歌，由此而形成严峻的局面：不再有批判权力的声音，以及为后代服务的学术。

为当世活着，还是为后世活着，对于学术工作者来说是一个不小的困惑。不管做出多高的学术创造，我们不在世的时候，它对于我们还有什么意义？如果不解决这一困惑，也许很多人都会受困于当前利益和眼下名声。

若在精力最旺的时候，才智达到最高，心志也同时趋于最强，毫无疑问是学术文化人最大的幸事。三者之中无论何者拖了后腿，都会给学术文化之路留下遗憾，因为单独一项或两项因素都很难使一个人达到创造性的真正巅峰。学术文化史上那些高度原创性的工作，除了环境条件之外，毫无例外都是创造者本人这三项因素同时达到最佳的结果。

当然不排除学科和文化领域之间的差异。从事自然科学尤其数学和逻辑需要一个人更年轻更充沛的精力，社会科学和人文学科有待一个人社会经验的积累和更综合的理解力，一般情况下需要更晚一些。成人之后到精力衰退大致有 30 年左右的时间，才智和心志在这期间越早跟进，对于学术文化的创造和持续越有利。

除了精力之外，才智和心志没有哪一项不需要积累。只有积累到一定程度，一个人才能达到创造力的喷发。除了一些文学创作和人文理解，教育和成长中少些弯路肯定是一件好事。如果一个人精力最好的时候被白白荒废，或者填充些后来需要费力扔掉的东西，对于个人、对于国家都是巨大的浪费。

学术文化人都会在巅峰时期产生最高的成就，被称为标志性成果。标志性成果就像山脉的主峰，尽管也需要周围（前后）其他山峰的铺垫和支撑，但它是学术文化人水平的真正标志。

我们都希望世间有大树，因为它们是顶级植物。但我们必须知道，大树既不可能生长在冷库，也不可能生长在温室。大树可以忍受高地气候的严寒，但不能没有流动的空气，更不能接受一个天花板。大树可以忍受热带土壤的贫瘠，但不能没有酣畅的雨水，更不能缺少营养的天然循环。

我们都希望世间有狮子、老虎，因为它们是顶级动物。但我们必须知道，狮子、老虎既不能产生于动物园，也不可能产生于马戏团。狮子、老虎可以忍受追逐猎物的辛苦，但不能忍受笼子给予它们的限制。狮子、老虎可以忍受饥饿的不时折磨，但不能忍受皮鞭加给它们的屈辱。

真正的成长是一个相对自然的过程。人类可以通过社会机制加给自然过程一些疏导、规范、助力，但不能超越更不能代替自然过程。良好的教育是对人的天性扰动最少的教育，良好的政府是对社会过程扰动最少的政府。任何时候，注意遏制人们想把控一切的霸权欲望，强权之下多生懦夫。

在学术文化领域，真正的尊重不是拔苗助长，而是培植土壤，真正的理解不是上台指挥，而是耐心助推。在一个限制、诱惑、干扰相对少的优良环境中，优秀的文化成果会从知识人的天性中自然生长出来。越是创造性的劳动，越需要自由的心灵、宽松的环境、独立的品格、随意的天性。

进行有关中国现实问题的哲学研究，需要注意处理好三种关系：第一，继承和发展的关系；第二，落地和提升的关系；第三，普遍与特殊的关系。

中国当前的经济社会发展是近现代世界变局的一部分，所以任何有关现实问题的研究必须放在500年全球化的背景中，20世纪以来的发展变迁中，中国应对全球化尤其改革开放的探索中，摸清问题的来龙去脉。然后，根据中国的现实探索和新鲜经验，丰富和发展包括马克思主义在内的世界发展理论。

有关现实问题的哲学研究要有所创新，必须上下延伸：向下真正触及方针政策、战略策略，接地气，用理论关照现实；向上突破现有思维限制，概括出新颖的学术话语，打开新的视界。没有受过科学方法和现代理性冲击的中国哲学研究，长期流于教科书的思辨理性，既不能提升为纯粹理性，也不能降落为实践理性。就像空中的一层乌云，既不能落地为雨，滋润万物，也不能远飘为朵，陪衬蓝天。

全球化是一个普遍过程，但各国又以特定的样式加以应对，因而形成自己的解决方案。让中国成为特殊案例的主要是两个因素：社会主义和中国传统。中国选择了不同于西方发达国家的社会主义路子，同时又立足于中国几千年的历史文化，势必形成现代化转型的不同变体，对此不能不加以深察。

除了机遇，做学术研究主要看两点：一是年轻时候奠定的基础，二是后来持之以恒的耐力。要广泛深入的阅读思考，跟古今中外名作的交流对话，提升自己的鉴赏品味，在吸收能力最强的时候建构自己的知识结构、思想框架、抽象能力和理论水平，是奠定学术远景的必由之路。

跟理工科不同，做人文社会科学研究的学者不能急着出名，要花更长时间去打基础。盛名之下，难免隐藏浮泛东西；表面之功，多是做给他人眼观。必须经过长期艰苦的积累，一方面进行持续的文献会通；另一方面进行练达的人生觉解，耐心地准备两者逐渐融合基础上的厚积薄发。

西学东渐以来，除了少数专业，外语成为中国人从事学术工作的必要工具。掌握好一门外语既为学术研究打开一扇大门，也为国际学术交流建起一座桥梁。我们不仅要阅读汉译名著，而且要能直接阅读外文原著；不仅要借鉴外国材料，而且要进行相互交流；不仅要国内研修，而且要出国体悟。

一百多年的中国学术史表明，翻译本身具有重要的学术文化价值，也是进一步学术研究的重要入口。从更宏大的角度看，尽管在全球化的时代，国外思想文化的引进仍为我国现代化建设的一项重要任务，但中国思想文化力量也急需主动地向外展示，因而外语使用能力更显得日益重要。

从事哲学研究并不是整理别人的资料，尽管这种整理也有重要的学术价值，但更为重要的在于提升自己的人生，并形成自己看待世界的独特的完整视角。某种意义上说，学术和思想不可分离，思想是学术的灵魂，可用于检验学术层次和创新程度，而学术是思想的载体，使思想以更为厚重的方式支撑起来。

即便只是史料的整理和原典的注解，也体现着研究者的选择角度、理解能力、鉴赏水平和研究功夫。从事哲学研究，不某种程度上穿越史料，无法建立思想的客观基础和持续逻辑；不大幅度净化自己的人生，难有明察世界的高度和深度；不提高自己的批判理解力，就不可能形成自己独特的哲学立场。

将感性的东西和理性的东西结合起来，将思考与体验结合起来，将书本和现实结合起来，也许这样的结合才是智慧。把对世界人生深入透彻的理解，既用厚重的理论加以论证和表达，又用文学的情调加以刻画，未必不是一种修炼。在传统文化中文史哲本是一家，现代的学科划分只是传承的需要，所以积累到一定程度便可能合流。

思想和学术的最终目的是，不同地方的钻探厚密地连在一起，形成洞察世界的大系统。做人做学问都是这样，追求一种深度、一种纯净、一种境界而已，而人生大境的一个标志是，活得平和，死得安宁。

知识是有寿命的，有些更为长寿，甚至接近永恒，有些比较短命，甚至只是消息。较为基础、相对源头、终身受益的知识肯定更加根本，而那些偏重应用、相对下游、更新很快的知识则要处于较浅层次。在这一点上，美国哲学家蒯因的经验整体论颇有启发。在他看来，我们的知识是一个边界不确定的系统，越靠近边缘越容易受到事实的挑战，越靠近中心越具有稳定性和可靠性。

从这个意义上说，真理和实用是两个相反的维度。不是说真理不包括实用的前途，也不是说实用没有真理的基础，而是说追求真理和追求实用是两个价值取向不同甚至相反的科学文化活动。它们在知识体系中的地位不同，对科学文化工作者的要求不同，跟社会环境的关系也很大程度上不同。一种文化、体制和评价体系重视两者的比重，大抵说明它的创造力和深度的差异。

原创大多来自研究（创作）者的某种较真，强调对文化知识源头的探究，要求相当高的问题意识和理论旨趣。根蒂之处的问题处于盘根错节的复杂关系中，往往显得宏大艰深，单是能够识别和发现它们就是一件极为困难的事情。值得注意的是，问题不是别人给的，亦非小时候虚幻地仰望的。一个人的学识在广度和深度上只有积累到一定程度，才能真正发现值得持久努力的宏大问题。

世上没有完美无缺的地方，凡有阅历的人对此无不清楚。但这并不等于说世间的所有地方都一样，我们不认为不完美的地方之间没有差异。虽然都不尽完美，总还有相对完美的地方。所以，只要有机会，我们还是愿意从较低不完美走向较高不完美。毕竟，不管什么地方，只要能增加一成完美，人性中良善的方面就会得到更多培育，我们的潜能就可能有更多的释放机会。

一个地方跟另一个地方的差异，往往表现在人们追求什么，人们看重的是物质因素还是精神因素。盖大楼修高速容易，但有文化会生活就不容易。架子搭起来容易，但把活儿做细就不容易。把钱挣到手容易，但过得高雅起来就不容易。建起基础设施容易，但搞好公共服务就不容易。花钱买来容易，但自己有思想有创意就不容易。把栅栏围起来容易，建立无栅栏的信任就不容易……

人在较低完美的地方待久了，会增加惰性，人性中不良善的东西会蠢蠢欲动，人与人之间会紧张起来。让人静心干事，还是敏觉于事外关系；位置和才能按正向配置，还是按反向配置；人们奋进的动力渐强，还是渐弱；鼓励人们做成事，还是抑制人们做事……是检验一个地方完美程度高低的重要标志。活在这个世上，所要奋斗的重要目标之一，便是找到跟自己心性更为契合的地方。

第四节 科技与人文

忽然之间，人文教育受到中国高等院校的极大关注。一时间增加课程，开办讲座，宣传更是不惜其力，仿佛一场运动就可以把旧人造成新人。但是，我要说，没有从机构到人的一些深入骨髓的改造，人文教育不可能有什么大的成效。

可以用一堆词来描述人文教育所要达到的目标：安全，宽容，自由，自尊，求真，善意，美感，快乐，教养，淡泊，高贵……有人文素养的人遵守秩序，充满激情，具有梦想，饱含精气神，保持童真，找得到自己。人文心态是礼貌的、宁静的、平和的、友善的、谦卑的，也是有深度的、勇敢的、有责任心的、充满力量的。人文行为是自然而然、情不自禁、发自内心的，是充满爱心、利他、真诚的。良好的人文环境鼓励多样性，处处体现平等，时时受到尊重，并开拓广阔的视野，使个人在自然和历史的关联中保持敬畏。

人文体现在从环境到行为到内心的每一细节，人文情怀是适当的环境刺激下经过长期的行动、阅读、思考而养成的。所以，人文教育需要缓慢营造，而不是从速干预；需要春风化雨，而不是暴风骤雨；需要环境的潜移默化，而不是课堂的耳提面命；需要基础性的投入，而不是一大堆口号；需要抓住人性的根本，而不是摸着物相的末节；需要从教育者着手，而不是只针对受教育者。

跟整个社会一样，人文也有一个从传统到现代的转型。传统社会是金字塔结构，人文也相应地等级化。政治生活强调忠恕，社会关系划分尊卑，私人生活重视主从。随着现代社会向扁平化发展，人文也必不可免地发生转型。政治生活强调民主，社会关系表现平等，私人生活讲求尊重。

在现代社会，人文首先在于彻底的理解和关爱，在于营造安全、尊重、爱、自我实现的环境。知识也许可以促进爱，但只有爱才能撑起更多的知识。所以，在我们的成长中，爱的教育比知识教育更深邃。爱一个学校，比知道学校更重要。凭什么去爱，凭借人性的待遇，受到的尊重和呵护，提供的自我实现机会。

相比古典人文，现代人文一方面抬升情感，另一方面提高理性。古典人文某些时候不理性，有些时候缺情感，都是因为它尚未达到对个体生命的普遍尊重。古典人文服从于权力，将更多关爱给权贵而不是弱势。现代人文不是对权力的补充，而是对权力的约束和超越。它既要求人们遵从普遍原则，又能对个别境遇区别对待。

“人是目的”，康德的这一绝对命令是古典人文与现代人文的分水岭。即使再刚性的法律，只有以尊重人的生命为旨归，才是良法。冰冷的法律规则，或者以维护法律规则为名的冰冷的人，都与现代人文格格不入。

从最高的教育理念看，科学和人文同等重要。古典社会，不论中西，人文教育基本上都占着主导地位。但是近现代以来，差不多每一大的文明国家又都曾有过于偏重科学的历史时期，因而不得不反过来强调人文。只有经过这种否定之否定的现代教育，才能达到真正的哲学高度。大多发达国家已经做了成功的调适，但中国的情况要差得多，一方面科学缺乏深厚的历史支持；另一方面人文又遭严重的现代破坏，因而它们的有益互动任重而道远。

人文不是一抹跌宕的情绪，而是人性的教化、历史的传承、生命的敬畏、心理和行为的再造，是对善良、美好、平等、尊重、宽容、自由、公正的追求。科学也不是一堆凌乱的事实，而是真相的追寻、偏见的克服、程序和方法的考究，是对理论、理性、客观、知识、思想、法则的探究。

人文和科学只是文明发展中一定程度的功能分化，它们都源于自然、生命和人性，并将最终在这一深度重新统一起来。恰当而精湛的理解、框架、创造是它们的共同基础，诚挚而雄浑的平和、容量、相信是它们的共同境界。由此，人文和科学真正说来互为内核。没有理性和思想，文学不过讲故事，历史不过编材料，科学不过码事实。没有情怀和气度，自然科学和社会科学就难免变得相当狭隘和过分功利。

现代转型是人文和科学都需强化的双向过程，没有哪一方面可以单独完成。当我们说传统文化被严重忽视而亟须加强人文教育的时候，不是说我们的科学教育已足够好。大家一定别忘，五四运动所请来的赛先生远还没有教会我们科学方法和科学精神。

良好的人文教育并不等于简单的传统复兴。的确，传统文化是一个原始的、自然的复合体，但如果没有信仰的提炼和科学的净化，它还不足以承担现代文明基础的作用。不经过信仰的提炼，传统文化中的人文因素会因为过于俗气而难以真正升华。不经过科学的净化，传统文化中的功利因素会阻碍我们对世界的持久探索。

将中世纪看作“黑暗的千年”也许是现代历史的最大误解之一，决不能低估中世纪对西方走向现代的提炼作用。很难想象没有中世纪的约束和教化，近代欧洲会是什么样子，现代社会又是何种情形。宗教让人们沉静，学会自我约束，知道敬畏，遵守契约精神，变得温和并充满爱，将理智立在宽厚的人性基础上。

以信仰的提炼为基础，科学的净化作用才能发挥得淋漓尽致。对高度共享的现代社会来说，宗教在一条轨道，科学在另一条轨道。科学增加社会的确定性，对事件和过程强调恰当的程序和精准的细节，使人们的思维和言行更加理性、客观、符合逻辑。

在科技占主导地位的时代，属于人文学科的哲学被挤到边缘。从事哲学的人甚至不得不面对学生自问：哲学教育究竟有何价值，能带给学生什么？联合国教科文组织设立“世界哲学日”表明，该问题不限中国，不限哲学领域，成为世界思想文化必须面对的难题。

一些坚持哲学价值的学人，强调哲学的“无用”之大用，以便将哲学与功利社会对立起来。哲学的确强调远离尘世生活的纯粹性，竭力想把支离破碎的世界贯通起来，鼓励人们透过表层去看世界的根底，甚至希望人们穿过偏见明白人生。但是，这些难道只有与功利社会对立才能做到吗？

说实话，哲学的边缘化不能只怪世界太俗，也要怪哲学本身太过玄虚。生命本身的根就在俗处，从肉身到物质，生命必须面对粗糙的人世。哲学如果具有生命力和原创性，又怎能脱离这种俗世？材料的堆积、学院化、学术对思想的淹没……造成哲学与生活的隔离。不能不说，哲学的某些发展禁锢了自己。

哲学曾经鲜活，每次哲学革命也想让哲学重新鲜活。但是，学院化、学术化也许更有力量。如何从哲学的象牙塔走向生命的荒野，成为文化教育的艰巨任务。哲学应该对世界问题的解决、政治策略的选择、人性的良好教化、自我的完型塑造发挥作用，但它的自我解放同样艰巨而迫切。

粗略地说，科学和人文是文化的两条根，是人类通达天地秘密的两条路径。要想深刻地理解文化，对思想文化有所贡献，至少得深深地体悟其中一条根。要想成为真正的思想大家，洞悉天地造化的秘密，则两条根缺一不可。

文化的原始母体更偏向于人文，因为它把人与人、人与自然、人与神灵紧密地编织为一体，其中所包含的整体性、跨界关联、情感交织、神秘意义、生命归属感，流传给了后来的人文思想和人文学科。科学也从这一母体发育而来，尽管它们的独立相对较晚，但实际效用和所占领地越来越大，并反过来对人文起着改造作用。

科学是理性逐渐成熟和不断分化的结果，它一方面起源于逻辑和数学，另一方面起源于手工作业和实用技艺。几乎在所有文明中，后者都有不同程度的发达，但只在西方文明中前者达到真正的成熟，并与后者紧密结合起来，发展出现代科学技术。所以，科学不仅要有相对独立的研究对象，合适的方法和程序，而且依赖于发达的理性思维，尤其量化思维。

受到科学技术冲击的现代人文，某种意义上也与古代人文有所不同。现代科学技术通过对社会和人性的影响，在不断推动现代人文去改变表现方式，增加与时代相适应的理性和程序，已经使科学与人文形成了大大不同于古代的新型整合。

审美愉悦是我们愿意存活在这个世界的重要理由之一。什么时候一个人还能感受这个世界的美，他的生命力就还没有枯竭。什么时候一个人心中还留有美，他就会对周围的人、物、事充满善意和关怀。

美是这个世界真正稀缺的资源，不管言还是行，不管外貌还是心灵，不管天然的还是人工的。给这个世界制造美、增加美，让更多的人有鉴赏美的机会和能力，是我们能对这个世界作出的真正贡献。美是这个生命世界中对抗欲望的有力武器，因为它并不去消灭欲望，而是将欲望牢牢地把住，稳稳地升华。

美首先存在于我们的感官与世界的交接处。我们的每一种感官都会以特定的方式感受世界特定的美，而且它们也互通起来联合感受这个世界。但是，让我们感受美的，不是感官，而是心灵，一颗充满好奇却又沉静的心灵。人的心一旦沉静了，感官就会向外开放，世界甚至世界的一小部分都会呈现为整体。

审美是一种需要长期锻炼的能力。尽管爱美是人的天性，但这种天性其实并不稳定，没有持续的打磨，它就会在攀升的欲望中积垢、生锈、粗粝。多读好书，深做思考，多去旅行，广得感知，让古往今来的天地灵气多加熏染，我们的生命自会丰美。如果人世让你残缺，大自然会让你复原。如果语言有所伤害，行为会使你痊愈。

从哲学史角度看，哲学既孕育科学精神，也助长人文情怀，理性和情感在哲学中往往融为一体。

哲学的确是人类理性成熟到一定程度的产物，哲学史也可以看作人类理性的演进史，哲学教育被看作一个民族理论思维和创造能力的基础，因而在常人看来，哲学研究完全是一件理性的事业。但是在我看来，哲学其实也最需要情感的支撑，每一种哲学形态，哲学的每一演化阶段，每一种伟大的哲学体系，都像完美的艺术品那样，折射着完整、简洁、对称、巧妙……的迷人美感。因此，真正的哲学应该是智慧，是理性和感性、科学和艺术、学理和经验的有机统一。看上去无用的哲学，其实有着扶时济世的高度情怀。伟大的哲学家之所以伟大，是因为他们对人类命运有着最为深切的关怀。

哲学研究者不能用自己的精神打通世界，世界便用自己的强力撕裂他的精神。真正的哲学家是既能无意地飞到人迹罕至的高度，又能自由地降落到尘世的人；是既可感受万物的痛苦，又能享有苍生快乐的人；是既能站在世界之外清楚地观看世界，又能立于世界之内洞察入微的人；是既理性地总结大道，又感性地悟解万物的人；是既可在瞬间中把握永恒，又可在永恒中感受瞬间的人！智慧是活的东西，爱和信仰是她最好的营养。

美总是流淌在习惯以外的每一时间和空间。哪怕在每一不经意的瞬间，哪怕在任一有点陌生的地点，只要你能突破看待事物的习惯方式，就总有一些新东西被你注意到。那些让你眼前为之一亮的事物，那些使你心中突然机灵的片刻，都在把你和世界鲜活地连接起来。美就是世界活生生的存在方式。在感受美的瞬间，世界成为一个鲜活的整体，不管它是繁星的苍穹，还是飘浮的鲜花。

美是我们的内心与外部世界互动的结果，所以既需要培育，也需要发现。虽说爱美是人的天性，但审美却需要培养。对于显而易见的景观，明眼人都会感受到美，但是感受能力却可能大异其趣，若要表达，差异则可能更大。人类通过语言、图画、音乐、雕塑……表达美的感受，逐渐形成分门别类的艺术形式，是否掌握这些艺术形式，由此使人们生活在大为不同的世界。

外部世界无疑是形成美的客观基础。对于大部分自然景观和艺术形式的审美，透明的光线都是最重要的条件。更不要说，环境要素的变化极大地影响人的心境和感受。春花烂漫总比秋风落叶更富于美感，满目葱郁总比萧瑟茫茫更让人悦性。所以，人们喜欢去探寻那些美好的事物，激活人们经常被习惯所钝化的感觉。美是天地灵秀的真正维系者，是促使生命进化和智慧成长的动力。

在世间匆匆走过时，我们有一种惶恐，那就是总感到不能踏实地抓住这个世界，因为我们不知道什么才是真正的知识，真正的能力，真正的素质，甚至真正的感受。我们至少得依赖其中一样真正的东西，才感到生命是真实的，时间并没有白白流逝，活着是有意思的事情，我们所做的一切有价值。然而，谁又能准确地告诉我们：什么才是真正的知识、能力、素质、感受？

如果我们想超越专业、职业、人群、阶层、时代地去定义知识、能力、素质、感受，我们几乎什么都没说。同样，如果我们想给某个特定的人设置恰当的知识、能力、素质、感受，我们几乎一样一无所获。面对人的成长、生命经历、自我体验，我们的历史大多时候都是一堆糊涂账，要么一成不变，要么不断跟风。一旦社会对教育的期望高，教育对社会的贡献大，人便不好定义，教育运行也困难起来。

科学技术之所以受到青睐，既因为它们对社会带来实实在在的贡献，也由于它们的可观回报而容易让人们感到踏实。在这些地方，知识有自己的边界、构成和累积，能力可以轻易体现在操作、演算和设计上，素质清晰可验，感受容易落到物体、过程、行为中。然而，理论思考和人文教化却找不到这样的规定性，因而让置身其中的人时而不可一世，时而卑微不堪。

面对理论思维和人文素养，我们显得极为尴尬。你说不重视，可表面上在不停强调，也已经舍得投入，甚至看到它们对于创新的重要性。但是，你又不能说它们已经得到真正重视，因为它们的内在要求并没有得到遵循，一方面有意识形态的控制，另一方面有现实功利的诱惑。

自从科技原创和文化实力被意识起，理论思维和人文素养就被抬到舆论的风口。但是，它们多数时候也只是被舆论而已。恩格斯那句著名的论断经常被引用，但它要真正落地还缺少环节。社会的失序和精神的滑坡往往被归咎于人文素养的缺乏，但后者跟生活硬件一碰便立刻显得苍白无力。

意识形态的收缩所留下的空间，立即被功利的力量所占据。后者对理论思维和人文素养的破坏绝不亚于前者，尤其是经历过前者横扫一切之后。只要还想把思想统到一个模子，理论思维就不可能径直往深处走。只要一切都围绕浅近的功利加以兑换，人文素养就难免成为笑柄。

理论思维和人文素养要求多样性和自由思考，没有预设的权威和界限，以追求真理和尊重天性为目的。如果以保障正确为前提，你就不可能有多深入。如果以短期回报为目标，你就无法指望什么素养。没有适当的文化传统、思维方式、价值取向、良好环境，不足以培养真正的理论思维和人文素养。

在一定的生存状况下，只有形象思维的不断激活，才能保持抽象思维的良好水平。一个人在慢生活中，抽象思维的紧张本身就被各种日常生活的琐碎所稀释，因而未必需要突然激活形象思维来加以缓冲。但是，如果一个人的抽象思维既被个人或体制过分发掘，时代还提供激活形象思维的条件，那么形象思维的激活不仅难以避免，而且甚至成为一种需要。

在我们的成长过程中，形象思维和抽象思维都需要发展，也一定比例上在相互配合。但是，随着专业选择和工作定位，对大多数人来说形象思维被边缘化，抽象思维完全占据主导地位。然而，我们的生命经历会积蓄不同的东西，它们都需要得到宣泄，而且一定的阅历会给生命提出理解整个世界的要求，于是人到中年之后形象思维又会活跃起来。除非我们刻意限制这种形象思维的冲动，否则它就会转化为对不同专业、不同文化、不同领域、不同活动方式、不同文体的探索。

科学和艺术既然是一个社会的共同存在，它们也就可以共存于一身。如果时代条件允许，一个人也愿意挖掘，其实人的多样性才能都可以得到展示。所以，一个长期从事抽象思维的人突然有从事艺术创作的冲动，未必不是一件好事。同样，一个从事艺术创作的人，突然对科学探索感兴趣，也不应令人费解。

想让哲学人文学科科学化，80 年代以来曾时不时地热起。这种想法确实迎合了中国经济落后的基本状况和科技现代化的迫切要求，甚至反过来影响中国的教育结构、学科布局、就业趋势和价值取向，但在哲学人文学科的行内所产生的影响却并不大。哲学人文学科依然按照自己原有的方式在争论、研讨，不仅没有实现科学化，而且某种程度上还与科学化的倡导有所远离。

中国传统的文史哲文化没有孕育出西方的现代科技，被近代救亡图存的一代代人认定为中国落后的一个主要原因，于是就有提倡“赛先生”（还有“德先生”）的新文化运动，甚至有人主张全盘西化。这种看法和主张看上去不可避免，因为每当危机来临的时候，每当急功近利的时候，我们只能看到文化的表层和世界的近处，近代中国的救亡图存如此，改革开放的追赶超越亦如此。

随着西方自然科学的迅猛发展，尤其是技术化给人类生活带来的巨大影响，人类精神的科学化似乎难以避免。但是我们须知，文化是一个复杂的综合体，不只是科技，不管这个科技多么现代。当然，科学化也是一个复杂的概念，从方法到思想到精神。面对强劲的现代科技冲击，哲学人文学科不受影响是不可能的，而且需要作出合理改变，但毫无疑问不是科学化最初的那种狭义理解。

所有的文艺都源于人的情感体验。生命经历中打动人心的事件，那些心潮起伏，都是文艺工作者求之不得的宝贵资源。真正的文艺家，不会浪费生命中任何难得的情感体验。他们会抚着伤口，噙着泪水，聆着滴血，把它们鲜活地赋予所创作的作品，升华为优美的文字、图像、形体……

一类体验是一种生活的产物，没有设身处地的生活，就不可能有相应的体验。即便找个地方体验某类生活，也很难完全体验真正的那种生活。要不是体验枯竭、隔膜、异样，人们又何必要去找体验？当然不是所有体验都是美好的，甚至大部分体验都不是美好的，但文艺工作者的任务在于将所有的体验都升华为具有审美价值的作品。

径直地渲染人类的苦难、不幸、灾祸，肯定不是好的文艺作品。文学艺术的任务在于通过描述、刻画、记录……人类的苦难、不幸、灾祸，升华人性、激越性灵、唤醒族类。良好的文艺作品是文学艺术家个人苦难、不幸、灾祸的升华，而真正伟大的文艺作品则是一个时代甚至整个人类苦难、不幸、灾祸的升华。

喜剧、幽默、小曲、乐舞……当然可以令人愉悦，有助于生命的健康快乐。但是，真正伟大的文艺作品无不具有悲壮色彩，因为只有在人性、时代、族类的边缘情境，才能真正窥见世界的厚度和精神的高度。

第四章　人　际

第一节　自我与他人

帮自己一个忙，对这个世界不再抱怨。我们无力改变身处的环境，就努力改变自己的态度。我们无法改变过去，就努力建设未来。外在世界总是有限，我们必须修筑无限的内心。不用严格的标准渴求别人，只对自己永不放弃。多看这个世界美好的一面，用心包容不如意的地方。在来去一人的时光隧道，努力让自己不白走一遭。把自己的瓶子装满，然后倒出来重新再装。相信若干轮重装之后，也许会是清醇的老酒。只要曾经做过不断努力，都是对未来的点滴积蓄。人生的目标一旦确定，就集中精力努力实现。

在这个命运无常的世界，我们必须把握好自己，因为这是我们能对世界作出的首要贡献，也是能对在乎我们的人作出的最大贡献。把握好自己，首先在于有个健康的身心，让生命安全着，能自在地处理与自然、与社会、与自己的关系。然后才能谈到为自己负责任，正常地维持生计、赚取生活，才能享受生命，争取更大的自由空间，最终实现自己的梦想，发掘自己的生命潜能。我们能做多大的事业，也要努力，也靠造化。但只有看过命运之神残酷一面的人，才能深深懂得，保持身心健康和生命安全，是我们生命大厦永远不变的地基。所以，永远不要忘记珍惜生命，热爱生活，把握好自己。

活在世上别苛求太多的人理解，因为能理解你的人并不多。你能够做的就是，努力把一切压力都转化为动力。荒漠也许不长草，但它挡不住倔强的胡杨。石缝未必有生机，但它能给松柏施展力量的机会。把一切闲愁遗恨都抛在一边，集中精力向前奔跑。遭遇的一切其实都是营养，做一个只谛听内心呼唤的人。有限的生命没有旁骛的时间，别让外在的雾霾影响了心境。一个站稳立场和了解自己的人，别人的褒贬又有什么关系？永远站在阳光下，努力学习任何一个人的长处。宽阔了，才能平缓；深厚了，才能宁静。

在这个浮躁的年代，少给自己加火，多给自己降温。抱持一个长远目标，让自己的心静下来。节奏适当放缓，平静地看待世间，才能欣赏到些许真景。按照生命节律，走自己的路，不用跟任何人比较。能走远的人，都是计较少的人。属于自己的机会不会错过，能错过的本来就不是自己的机会。咬住目标，但默默地努力；认清方向，但从容地赶路。以超然的心态入世，用积极的行动脱俗。救赎的路各不相同，找到自己的路才能回到自己的家。回到自己，安身立命，世界会变得敞亮。与其“一览众山小”，不如“民胞而物与”。得也淡然，失也坦然，生死轮回不负天。

在灵魂修炼的历程中，没有几个人能一开始就走上自己的独特道路。也许某些独特的人，起初就有些独特，但只要他（她）还没有完全建立起独特的自己，就只能拥挤在大众的人堆里。一个人所处的时代越和平，他（她）隐没在大众中的时间就越长。那些在痛苦抵抗中显露才华的伟大人物，正应该感谢时代所馈赠给他们的痛苦。

的确，修炼的最终目的是找到自己通往灵魂的独特路子。但是，一个人即使拥有慧根，也必须有一个在人群中相处，了解这个世界的磨难过程。这个过程，也是他（她）的慧根成长、成熟的缓慢过程。也许正是人群生活中的忤逆，才促使一个人内在的成熟。生命的漩涡来自流淌的阻隔，灵魂的激荡出于命运的落差。你无法想象一个很少经历世事的人，能成长一颗丰满有力的灵魂。

所以，不要谴责大众的生活远离精神，因为大众正是通过仪式、事件、聚集某种程度上在享受精神。让大众脱离某些低俗、偏见、流弊，是一个比任何思想家的热烈期望都缓慢得多的过程，而且这个过程不能冀望于暴风骤雨的运动，只能冀望于良好的社会建构。不能给一次革命、一番改革寄予过高的期望，因为内在的进步不知要比外在的丰裕缓慢多少倍，甚至一定时期内成反比例变化。

在世俗生活中，生命的意义在比较和差异中显现出来。物质的、身份的、权位的优越会带来心理满足，这也许不能谴责为浅薄、无聊、庸俗。因为平凡的人生之所以平凡，正在于它处于繁密的人际关系，比上不足会带来前行的动力，比下有余会填平心理的失衡。人生中那些有形无形的等级，即使不存在，也会制造出来，即使现实中没有，也要在心里设定。

如果往优秀一点演化，一个人会将眼光收回，跟自己比。从自我超越中，看到奋斗的意义，享受增长的乐趣。生命厌恶单调地重复，只要有所不同便会提起兴致。在看似日复一日、年复一年的重复中，一个有所图谋的自我会默默积累，沿着成长、成熟、成功的方向。但是，如果能享受过程，当然再好不过；如果还在功利，仍然免不了痛苦。不管多么优秀的自己，也只是有限的存在。

最终，死神会把一切拉平，不管曾经辉煌还是落魄。在生命比较中人们力争发掘的差异，会在死亡中一笔勾销。但是，死亡并没有把一切变为无，它还留下一些东西。总有一些东西超越死亡，成为不朽。面对死亡，超越那些曾经的不平等，在新的平等中与无限建立联系，才使死亡获得新的意义。于是，死亡是另一种开始。追求不朽，或者在有限生命中已在享受不朽，才是生命意义的真正所在。

生活的复杂多样远超我们的想象。人生之路看上去相似，其实谁又能是自己的模板？他人的路或许是一种参照，或许有一点启示，但没有什么人能完全重复另一个人。生命总是新颖的，世界总是多变的，人得完成自己独有的轮回。

我们在公共世界中成长，这会造成一种错觉：人的一生大体相似。我们往往在这种趋同中寻找生命的意义，并把他人的标准当作自己的标准。几乎在一切古老文化中，公共生活都会造成压力，并借助语言、习俗、教育……塑造一种模子。于是，人们其实不知道自己需要什么，只是想拥有别人所拥有的。

赫尔曼·黑塞说，对每个人而言，真正的职责只有一个：找到自我。现代社会无疑把这一诉求提到了核心。我们不得不在公共社会中生存，但是帮助每个人找到自我应是公共社会的职责。如果承认每个人原本不同，那就必须建构容纳这些不同的多样性社会。如果每条人生之路都是自己的投射，那就不必在别人的路上寻找自己的影子。

人生是一场既熟悉又陌生的旅行。有前人带路，有别人同行，看上去大体相似。但是，哪个路口拐弯，哪个时刻到站，却只有自己承担。因为熟悉，我们有一些安全感；因为陌生，我们需要保持警惕。而最终，让我们真正稳定下来的，不是飘摇的世界，而是明晰的自我。

不管熟人还是陌生人，都需要获得尊重。做人，从知道尊重他人开始，因为尊重是所有人际关系的开端和基础。相互尊重，即便在陌生人之间，也是需要遵守的第一原则。没有相互尊重，人际之间所有的进一步关系，比如安全感、结识、信任、交流、了解、合作、理解、欣赏、仰慕……都难以建立。

尊重是人的一种深层需要，它可以来自人性，也可以来自角色。来自人性的尊重，即把人当人看，是人最原始、最基本、也最深刻的需求之一。陌生人之间的尊重，便来自这样一种人性需求。人同时还扮演着各种角色，也需要相应的尊重。这种尊重既可以独立于人性的尊重，也与人性的尊重往往难分。

尊重，意味着知道自己和他人的区别，因而既不过分抬高自己，也不无端贬低他人。尊重，意味着知道私人与公共的分别，不管私交如何，都会尊重他人的角色。尊重，意味着知道内在和外在的不同，可以在心底不喜欢，但得在行为上尊重他。尊重，意味着理解人与人的相同和相异，从而保留难免的相异，而争取更多的相同。

尊重他人实在是做人的一个基本素质。知道深浅，知道进退，知道荣辱……然后才算理解人性。理解人性，知道人的需要，才能更懂人的尊严。不知人性的人，也往往不知自尊，而不知自尊便难得尊重他人。

自我是每个人无法逃离的立足点，但他也许是高地，也许是陷阱。当一个人阳光地面对世界，伸出友谊和爱的手，表现自己的善意和理解时，他便处于自我的高地。相反，当一个人展示自己的阴暗，遇事想着自己而不是他人，心中满是怨尤和戾气时，他一定置入自我的陷阱。

一个人，有过痛，或有过爱，本该是善良的。有过爱的人，经历过圆满，懂得欣赏。有过痛的人，经受过欠缺，知道珍惜。但是，应该不等于必然。阅历只给自我一种厚度，只表示与平常的距离，并不指定情感的走向。一个向善的自我，会用阅历充实自己，从而立于高地。一个向恶的自我，则可能被阅历俘虏，从而打入陷阱。

一个立于高地的向善的自我，会更多替他人考虑，会在关键时候给人解围，会与人共享机会和喜悦，会扮演恰当的角色，会让人感到舒服和自在。你很难从一个等待机会报复，不失时机地显摆自己，人前人后可能两样，到处拆桥而不是补路的人那里，获得一种安全和信任。说到底，置他人于有利还是不利境地，正是检验一个人向善还是向恶的标尺。

人生的修炼，不过是容纳他人多一点，不过是包含一股正气，不过是处处与人为善。但是，做到这些对当今的人们其实不易。公道、诚信、利他、宽容、善良……涉及人的老根和主干。

看到别人的不足容易，习得别人的长处很难。活在人群中难免比较，他知和自知都跟人际互动有关。但是，从别人的短处获得满足，其实也断送了克服自己短处的机会。从别人的长处看到学习机会，同时也找到了发挥自己长处的路子。

人需要一种健康的自知和他知状态，即自信。自信是对自我的积极肯定，难免在人际中参照，但根本上是一种自决，并保持人与己的恰当张力。自信是一种中道，而自卑和自负则是两种偏斜。自卑过分依赖于他人的肯定，实际上来自内心的虚弱。自负则几乎无视他人的看法，但其实也是内心虚弱的表现。因而自卑往往展现为自负，自负难免隐藏着自卑。

现实中，人都在一定圈子内生活。在社会交往中，年龄、性别、资历、职业、职位……其中一个或几个都可以是构造我们圈子的因素。在圈子之内，我们可以适当降低尊严，体现更多宽容，共享某些信息，保持适当平等。谨慎地注意各种圈子的边界，并在亲疏的体会中遵守生存规则，可能是大多数人社会化中都曾跌撞过的经历。

作为常人，我们都希望得到别人的肯定和尊重。于是，学会表扬和鼓励，未必就是世故。懂得低调和谦和，不免有些老道。说到底，过了耳提面命的年龄，人只有靠自己提高自己，人生最终的山顶完全看自己怎么攀登。

活到老学到老，不只针对我们不知道的外在世界，更包括调适我们自己的行为。不管多谨慎的人，都难免在某些情景下犯傻，说出不恰当的话，或做出不合适的举动。有些来自不同的习惯，有些基于一时的冲动，有些甚至出于善良的愿望。

人际是一个复杂的互动网，随时随地有所不同。区分正式场合和非正式场合，察觉不同的人在场时的差异，调整轻重缓急不同事情的态度，对人的身份变化保持敏感……所有这些洞察构成自己言行调适的条件。成长成熟需要在一个接一个的碰壁中了解世界的多样性和人际的复杂性，而情感经历对于锻炼我们的敏感性和忍耐力至关重要。

中国人生存于尤为复杂的人情社会，人际界限容易模糊而飘移，社会化需要更长时间和更敏锐知觉。正直、诚实、善良……当然是一个成熟社会的基本道德要求，但在人情复杂的社会更加细化了它们的运用条件。在人际复杂的等级社会中，人往往敏感而脆弱，尊敬的需要也许更多。谨言慎行因而被赋予很高价值。

无疑，人际关系的复杂性跟社会等级的高度成正比。适应越来越复杂的人际网，并娴熟地随时调适自己，也是我们成长成熟甚至成功的过程。既坚守社会深层的基本道德要求，又顺应生存环境所需要的复杂性，是我们一生都需要修炼的基本张力。

人心其实脆弱，一不小心，可能伤了谁。人情味很浓的国人，内心其实嶙峋，因为拥挤，也因为边界不清。你以为彼此间是厚厚一堵墙，其实不过薄薄一层纸。所以，拒绝的时候，委婉一点，不必亮出刀子。原则面前，留几分人情，也许传递不少温暖。合作一场，都退后一步，留个空地转身。

受伤的时候，弯下腰暖暖自己，也许别人不是故意的。有时一些怠慢，可能并没什么恶意，尽量学会单纯地理解世界。有时当你自以为是的时候，离伤害别人已经很近。把理解的眼光往远处看看，其实是一个很高的要求。善良不只一种难以把捉的能力，更是一门精雕细刻的艺术，它要求与任何人保持一个既能温暖又不伤害的距离。

权力是一把利器，无论多小心都不为过，如果你还不能艺术地用它，不是伤了别人，就是痛了自己。当一个人只喜欢听好话的时候，他基本上封闭了进步的空间。我们正是在批评的声音中感受多样的价值和平等的渴求。进步的速度未必能赶上日子的流逝，所以往往到生命终结也未必领悟大道的一角。

没有多少人愿意轻易冒犯别人，前提是料理好自己。做十件事未必能温暖一个人的身，但是说一句话便足以冰冷他的心。人往往从刺痛中才学会什么是尊严。所以人啊，别把自己不当回事，也别把自己太当回事。

把问题分成不同层次，是解决问题的正确方法。问题往往分事实层面、态度层面、价值观层面、人格层面，遇到问题最好先从低层次想起。不考虑问题的层次，或者从最低层次径直窜到最高层次，只能将问题复杂化，将矛盾激化，其结果，于事无补，于人伤心。

事实层面涉及方法、手段、程序，由此造成的误解只在技术层面，通过增加沟通，减少信道损耗可以大大消除。一旦上升到态度层面，就会引发情感反应，有关权威、尊重、偏见都会发生作用，问题倾向于复杂和延时。到了价值观层面，会导致阵营、排队、归类，那些社会、政治、文化、历史的因素都会介入。最终到达人格层面，触及一个人的出身、品性、德行、信仰、爱，差不多捅到心灵的最深处。

不要轻易怀疑别人的态度、价值观和人格，尽可能善良地、不带偏见地看人，这是建立信任和尊重的必要前提。很多人际冲突，其实并非一定源于利益争夺，更多可能来自偏见。密集却肤浅的人际关系网，往往形成由猜测和传言而来的各种偏见，阻挡我们对他人的正确判断。偏见一旦形成，要消除决非易事，因此人际之间言行谨慎绝对必要。一种偏见就是一条裂缝，它产生得越早，破坏性和累积率便越大。价值观和人格一旦受到怀疑，会给心灵投下一道深深的阴影。

在很多事情上，我们有心而无力。甚至这个“我们”，往往也只是语言上的惯用法。那些与我们相熟相处的人，未必是真正的“我们”。我为语言的这种不诚恳深表难过，“我们”的森林中养着各种鸟，都从“我”的角度盯着益和害。

当然，自私的考虑对很多人来说并不为过，某种程度的自我保护也能理解。面对利益纷争、情感冲突、内心不满，人性的某些方面难免膨胀。但是，再单薄的个人也应确保自己的底线，起码做到善良和诚实。然而，对于人性，我越来越不敢抱太大的奢望，人也许是最靠不住的一种动物。人的可塑性，是善良的源泉，也是罪恶的渊薮。

相对于强大的自然和社会，个人的力量实在单薄。单薄，使得自保和退让似乎无可厚非，也令理解和援手显得弥足珍贵。在高风险的时代，没有谁有十足的安全感。面对转型的环境，个人之间还未编织起十足的信任。强大的个人是成熟的社会和健全的文化的自然产物，温情和理性都在其中得到恰当的安置。

没有哪一件事具有单纯的利弊，只看我们的眼光远近。有些事眼前看好，时间长了才知道弊大于利。孤立的事件不难解决，而要建设一个群体，最要紧的是抬高其中的信任、互益、温暖和凝聚。所以，会使用“我们”的人类，好好珍惜这个词所蕴涵的人味儿。

别人的生活，没有看上去那么幸福，也没有听起来那么悲惨。我们在别人的边缘偶尔经过，也许只知道他们生活的万分之一。你的结论其实只是一种印象，只是他们生活多棱镜的一个小面。不要过于相信自己的即时判断，因为它即便不错，也只是判断集合的一小部分。当你形成结论时，最好放一放，以便让它缩水，或者自己长起来。

通常情况下，人们总会将自己最好的一面示人。这主要是维护尊严的需要，毕竟没有谁希望被人小瞧。而且，一个能被人平视的人，才有各种机会向他走来。廉价的诉苦之后，总有一种后悔随之而来。人都希望看到笑脸而不是伤口，因而伤口只给那些懂得尊重你的人看。人的内心多是脆弱的，但公共社会只欣赏人的强大。

隐私权的需要，跟熟悉程度成反比，却跟教育程度成正比。在相对稳固的传统村落，人际参与相对较深，教育程度普遍偏低，人们可以接受较低的隐私需要。但是，陌生的现代社会，加上教育程度的提高，使隐私权的需要大大提升。现代转型不只在经济、政治、文化，还在日常生活和心理适应。

学会承受自己的不幸，在伤口外面敷上自己的笑容。同时，收回打探别人隐私的好奇眼光，在评价和传播的时候三思而后行。你没有能力让别人过得更好，但你有责任不让他过得更差。

自在的生活，在于不比较，不与他人比较，甚至不与自己比较。比较心理本就趋近人的本能，特定的教育、经历和环境，更容易诱发和促进。拿自己的欠缺比别人的圆满，人会心生苦痛。拿自己的长处比别人的短处，人又难免自傲。人们往往认为，走向成熟的一个标志便是回归内心，与自己比较。新的一天总比旧的一天有所增持，便会缓慢地积累。回头望去，自感满足，毕竟时光没有白流。

然而，只要比较存在，谁又能那么好地把持自己和他人的边界？在向后看自己的时候，难道不会向外望一眼他人？不能不说，只要比较还存在，我们就难以真正地安心。那些生活中的憾事、命运里的劫难，都会跳将出来，请求你的安顿。那些大大小小的目标，也扭动着身子，远远地督促着你的测量。

学会平衡自己，也许是生命的最大学问。哪怕命运给你一道壕沟，你也要翻过去，然后架起一座桥。当你回首的时候，生命轨迹由此可以变得平直，而不用总在壕沟上折腾。平静地抓住当下的时光，不给后悔、抱怨、嫉恨、幻灭……任何机会。

能拯救自己的，只有自己。要么用美好的心境填满每一空隙，要么埋下头来专心地做事。不要等到那些扭曲自己的杂草疯长起来，然后才费力地刈除。美好的事物，皆是天地的馈赠，只需静静地欣赏。

通常情况下，荣耀是用委屈、勤奋、忍耐……编织起来的光环。人们敬羡他人头上的光环，哪知道他们编织这些光环时所承受的种种磨难、克制和升华。如果没有能力甚至没有机会去忍受这些苦难，人们又怎么配得上拥有那些光环。

每个女人都有成为女王、公主的奢望，正如每个男人都有成为国王、王子的奢望一样。然而，对绝大多数人来说，奢望只可作为励志的梦想，而不应成为打算实现的目标。即使高高在上的人，亦非完美无缺的人。完美无缺，要么是我们对他人的想象，要么是他人给我们闪耀的光环，而并非现实个人的特质。

正如尊严基于人与人的安全距离一样，荣耀也以人际的适当距离为基础，并通过媒介和仪式经常加以放大。光环只在相当的距离中存在，不管现实的还是想象的距离，不管当下的还是历史的距离。当我们羡慕他人头上的光环时，也许不少人正在羡慕我们头上的光环。所以，与其追求别人眼中的荣耀，不如守望自己生命中真正热爱的事物。

也许哪个时代或民族国家都需要伟大人物和英雄，但他们只有作为普通个人的合理延伸，才具有长久的生命力。如果他们的行为和光环有悖常理，甚或出自虚构，必将或快或慢地沉寂于人们的健康理性。你如果真正成熟和自由，你的眼中就不再有那么多光环。

不管逢怎样的时代，对怎样的人，处怎样的环境，遇怎样的事，一个人的善良总归有个限度。这个限度就是，人的权利、尊严、利益和自由不该受到侵犯。若是没有能力维持这个限度，就不只考虑人们是否太虚弱、太愚蠢、太自虐，而且社群的规则是否透明公正会受到怀疑。

很多时候，我们必须通过行使否决权来证明自己的存在。你若不把自己当回事，就不要嫌别人不把你当回事。你的付出一旦被人看作理所当然，即便你在他（她）那里的价值没有降低，你自己善良的限度也会由此突破。只有在一个人人自觉的社群中，维护善良的人际边界才会被敏感有力地确定下来。

愿意相信人都是善良的，但前提是不触及或少触及他人的利益。一条规则不管多么完善，都很难使所有人满意，这不仅涉及人的能力，还涉及人的觉解。高度的权力等级和过度的市场竞争相混合的时代，很可能是人性最为扭曲的时代。在一个过度竞争的环境中，人会越来越动物化。

每个伤口都是反省自己的机会，人绝没有无缘无故的痛点。人容易受伤，要么因为自己尚有缺欠，要么因为自己还不够坚硬。指望人崇高到放弃自己的私利，这的确不是设计健康社会的理性基础。但是，若是一个社群中人都自私到只有自己的利益，善良其实已经失去存续的空间。

真正回到自己，让自己精神完满，绝对不是可轻易完成的事儿。心理平静坦然，保持自然幸福感，面对未来有着满满的力量，不再与他人比较，以美好的心情感受这个并不完美的世界，让自己的关注点越来越从物欲提升到性灵……只有这样，我们才算真正回到自己。当然，每个人的情况不一样，回到自己的路也有所不同。一个人曾经多波折，回到自己的路就有多长。

可是，对于中国人，回到自己着实不容易。中国人彼此间的比较、攀言、俯仰不仅难以避免，而且成为挥之不去的文化基因。这意味着，我们的心态心情会受到人际关系的深深影响，我们自己的立足点和个性也往往难有适度的独立空间。就是说，自己和他人的边界原本就不稳定，人们并不清楚自己的需要和目标。没有稳定的边界和独立的空间，就不可能有真正的自己。

人群的紧密会给个人带来挤压，因而异样的生活很难得到理解和尊重。只要看一看有多少人眼睛不是内观自己的灵魂，而是盯往别人的生活，你就知道中国人生活的立足点究竟在哪儿。人们在这种人际文化中，从正面说过多发挥了同情心和责任感，从背面说又过多释放了无情和不负责任。你如果想摆脱焦虑不安，让自己真正地安稳平静，你就不能太在意别人的评价，不能受制于别人的说三道四。

人有时候活的就是一种心情。在社会中生活，总会遇到各种各样的喜怒哀乐，无论物质上多么富有，没有一份好心情，也无法开心享受。巨石都无法压弯的身躯，有时却会被叹息、不好的心情拧弯压折。

在日常生活中，我们要学会微笑。高兴时，用微笑让自己保持清醒的头脑；悲伤时，用微笑为自己洗去伤痛；失意时，用微笑给自己打打气；气愤时，用微笑为自己平复心情。微笑是心灵的清洁工，能拂去浮躁，扫清烦恼，过滤心情，存放快乐。这样，不管遇到什么境况，才会飞得更高更远。

在茫茫人海中，能相识已是不易，更何况有幸成为同学、同事、朋友、知己、亲人和爱人。当我们感到欢乐时，同样在分给他们快乐；当我们难过时，也同样在传递他们悲伤。这时，微笑便是纽带，能把彼此的心连得更紧。即便夹着几分苦涩的微笑，也能让他们看到希望、感到力量，从而团结一致、共渡难关。

与人相处，最讲究谦与让、和与善，提倡一笑泯恩仇。微笑，便是人与人之间沟通的桥梁，表达善意的最佳方法。在这个文明的社会里，繁忙的生活让我们没有了微笑的心境，利益的算计让我们失去了微笑的理由，微笑变得稀少，变得弥足珍贵。要给彼此一个微笑，让心情更舒畅，让心胸更宽广，让生活更美好，让生命更阳光。

总有一些时候，人会被挤压到一个只能屈身的小空间，产生说不清的边缘感。也许生活在这个世界中，我们每个人都只处于边缘地带。你所能看到的，只是别人愿意让你看到的那一小角落，你只能逗留在这一小角落。在你自己的生活中，你似乎是世界的中心，而在别人的生活中，你可能只是间或存足的过客。

人与人之间总是挡着一张巨大的无知之幕，我们每个人只得到他人在幕上展示的很少一点信息。一般情况下，这些点滴信息足以建构人与人之间的关系，尽管人的好奇心经常想透过无知之幕，看看他人的真实生活。这种好奇心往往被道德和法律所阻挡，一旦越过了无知之幕，道德就会起而谴责，到了一定程度法律会起而追究。

因而，深入他人生活是一种巨大的冒险。知道他人的生活真相，就有为这一真相保密的义务，不管是注意到，还是被给予。你要为知道这一真相承担道德义务。如果你参与制造了某些生活真相，你的生命负载将更加沉重。因为它们会久久地埋在你的心上，会发芽成长为难以抑制的意义枝条。

不同的人际距离需要不同的信任感，当这种匹配被打破时，就会产生各种信任危机。语言并不始终那么强有力，因为它能揭示真相，也能掩盖真相。凡是语言无法提供辩护的地方，只能等待事实自己慢慢开口。

做事情，不求领导认可，不求群众记住，但求问心无愧。领导的消息来源有限，得到的甚至未必是正规消息，所以有可能充满偏见。群众也许会分辨好歹，但未必能始终买得人心，也未必愿意真实表达。所以，一件事情结束，对于别人的评价不要留下过高的期望，由此也就不会有遗忘受伤之感。当然，希望别人真实评价，渴望自己被人记住，也的确是人之常情，甚至是人性的弱点。

要保持足够的理解和信任，人与人之间的具身接触便是非常必要的。人际之间一旦产生了间隙，要不被人利用就很困难。消除误会的最好办法是保持足够畅通的直接联系，减少中间插入的多余信息，尤其不能错失一些关键机会。只有有限的信息能到达一个人的耳朵和眼睛，而且往往经过一些中间环节，别人的传达本身就有被误解的可能，而况这种传达也许还是经过过滤的。

看法一旦形成，并且成为一定偏见，要消除起来会很困难。如果某一偏见还触及一个人的世界观、人生观和价值观，那要消除就更不可能。一个人身边围着什么样的人，或者喜欢让什么样的人围在身边，基本上界定了此人的水准、价值和诉求。一个人会直接看世界，但更多时候是通过周围的人看世界、看别人，所以挑拣周围人、建构朋友圈、选择信息源便是无比重要的事情。

一个人自信了才能得到别人的尊重，因为自信是自尊的重要组成部分。你若不自信，别人怎么相信你；你若不自尊，别人如何尊敬你。尊严是一个人神圣不可侵犯的权利，跟人最本己的生命关联着。一个自尊的人会极力保护自己的尊严，有时可能不惜代价。有没有自尊自信方面敏感的底线和界限，是一个涉及生命意识的重要问题。

人际之间，无论如何需要一个自尊的边界。相熟、相识、相亲、相爱……可以使这个边界内缩。但是，即便在最亲近的关系中，一个人仍然需要自尊的底线。对于某些敏感的人来说，可能还需要保持较远的界限。别人一旦踏破某一底线或界限，你就无法坚守自尊，又怎能谨持自信?

为了保持自尊的边界，一个人需要保持足够的隐私空间。隐私空间在人际之间越陌生越大，但不管多么亲近，都不可能一点隐私空间没有。就像一个没有私有财产的人没有自由一样，一个没有隐私空间的人也谈不到尊严。所以，一个自尊的人不会不顾一切地暴露自己的隐私、伤口、弱项、自卑。

在自信自尊方面，变态的敏感要不得，弱智的迟钝同样要不得。过分敏感的人或缺乏自尊的人，都同样不会让接触他（她）的人舒服，也同样失去很多本该有的机会。一个真正有力量的人，必须在人际之间竖起一道自尊的篱笆。

一个人只有真正自信起来，才能有越来越大的容量接受美好和容纳异议。一个自信的人更多从欣赏的角度理解他人，并做到切实地尊重他人。对于不同于自己的人，也不会恶意地嫉妒，并产生过激的评论。这当然依赖于一个人长期形成的宽容和理解，并认同自己的路子、处境和前景。

任何时候避免恶意、不实、过激地评论他人，因为这类评论必然会给听话者形成恶劣的印象。恶意的评论真正降低的不是所评论的他人，而是做出评论的自己。走向成熟并修宽前路的第一步是，你即便不能抑制自己产生恶感，也要隐藏自己的恶意评论；第二步是，更多以善意看待他人，久而久之就会减少恶感的产生。

一个善良的人，往往不仅愿意听他人对自己的美言，而且愿意听他人对他人的美言。而且重要的是，在这个三人跟你好三人跟他好的世界上，你很难知道你与之交谈的对象的真正立场。古人云：闲谈莫论他人非。我们可能无法完全做到一点不议论他人，但除非特别了解根底，我们还是不要急于暴露自己的恶感。

人间是复杂的生态系统，每种人都有自己的活法。我们抓紧寻找自己的同路人，哪还有时间非议跟我们不同路的人。对于不同于我们的路径、活法、性格、旨趣，我们且保持尊重和理解，不要轻易用对错是非优劣加以判定。

社会化对于人生的重要性，绝不能贬低为通常嘲讽的“见人说人话，见鬼说鬼话”。社会化本身是一种重要的能力和实力，如果有专业能力的支撑，会大大助益人生。单纯的社会化能力也许容易被人们看作察言观色、拐弯抹角、装腔作势、油腔滑调……但是这些很可能是对社会化能力的误解。反过来，由此认为木讷、直肠子、一根筋、犟牛……是一种好品质，却不免走向另一极端。

某些天才人物往往具有个性，甚至与当时社会格格不入，人们或许会宽容和理解。但是，作为社会中的普通人，我们还是尽早具备基本的社会化能力为好。即便一个人拥有专业能力和一技之长，也还需要适当的环境和一定的支持才能发挥出来，而环境和支持的一大部分便是人际关系。难怪一位美国学者认为，在一个人成功的诸多要素中，人际关系占到远超50%的比重。

社会化有一个成长的缓慢过程，人们一段时间难免以牺牲社会化为代价去成长业务能力。但是，如果一个人尽早成熟一种社会化能力，则最终对自己业务能力的发挥也不无助益。在社会上混，人们都经过反复碰壁才成熟起来。除了自己具有敏锐的反省意识，大多数情况下没有人会主动提醒你。所以，社会化就是自我觉醒、自我调控的缓慢过程，而且跟专业一样，需要活到老学到老。

尽管人与人之间的信任有一种天然的基础，就像两个幼儿甚或不同物种的两个幼崽能相互信任一样，但是现实世界的真正信任是彼此建构的结果，需要彼此共同的经历和感受去慢慢积淀。虽然这种信任一旦建构起来就有相对的稳固性，通常情况下不会受到怀疑，但是既然这种信任是后天建构的，就一定有其脆弱的缝隙，怀疑和质证便是其中难以永弃的一部分。

影响人们对某些事件产生怀疑的因素很多，既有当事人的教育和经历，也有事件本身的性质和影响。一个事件是否值得怀疑，教育和经历不同的人会有不同的反应，怀疑之后引发的效应也会有所区别，因为教育和经历会提高人的敏感度和忍耐力，因而让人们对轻重缓急和处理手法增加了选择性。而一件事情引起的怀疑程度有所不同，也是因为它跟人们的关己程度相关，越影响到一个人的性命本体，越会受到人们的激烈怀疑。

这提醒人们，在性命攸关的事情上一定要把握好自己。即便教养和经历会延迟人们的反应，提高人们的忍耐度，但由此积蓄的能量却会增加人们的决心和勇气。轻易怀疑肯定是应当克服的一项弱质，但适当的敏感倒也是确保安全的必要屏障。人与人之间的信任其实最终在于达成相近的安全振幅，知道在哪些事情上谨守自己，哪些事情上豁达一笑。

身处复杂的人际关系，就像行走于拥挤的闹市，不得不小心翼翼地侧身闪避。要是人际之间简单、纯真、率直、明了，一定会减少身疲心累，有更多专注于事业的精力和劲头。但是，我们很难做到，因为置身于复杂的人际，一个想简单的人很可能陷自己于不利的境地，最终也不得不复杂起来。

人际关系为什么会复杂？可能原因很多，其中一个重要原因是人际之间的界限不明。公与私之间、我与他之间……没有相对明确的规则，每个人都没有相对稳定的独立空间，每个人的命运都某种程度上掌握在置身暗处的他人手中。因而每个人都不得不小心处事，巴望他人，力争多得。

处于这种人际文化的人，只用“巨婴”难以完全描述，还应加上“老人”一词。一方面好似人们稚幼无知，都在紧张、自私地护着自己手里，焦灼、不甘地巴望着他人手里；另一方面过于世故和老道，精于算计，通过旁敲侧击和曲里拐弯显露自己的谋划。然而，最缺少的却是一种阳刚、坦诚、活力、自然、率真。人际关系过于复杂的文化，既没有成熟，又过于早熟，因而缺乏一种富于血性的酣畅展开。

复杂的人际关系容易让人们心神不宁，将事情耽误在无形消耗中。人际漩涡让人们只在稠密的利益和情感中旋转，无法做到在超越的宁静中俯视这个世界。

第二节　内在与外在

幸福和成功的路上，会有有利因素，也会有不利因素。但是，大多时候，我们不是输给别人，而是输给自己，不是输给环境，而是输给内心，不是输给 IQ，而是输给 EQ。

看到比我们弱的人，若是心生自豪，其实已经有罪。看到比我们强的人，若是感到羞愧，其实不过庸人。日常的我们，专注的往往是他人的评价，而不是自己的德性，看到的是自己的影子，而不是世间的命理。其结果，自己变成客人，他人倒做了主子。

比选择或改变环境更重要的，是营造自己的心境。营造自己心境的最好办法，是持续做自己的事情。人生没有百分百，最多是一种满意。心中若是想着一生的谋划，没有时间去苟且当下的滋味。真正影响心境的，不是人的能力，而是人的眼光。

区分成功者和失败者的主要标准，不是 IQ，而是 EQ。成功的先兆不是有多聪慧，而是有多大的耐力和韧性。毅力是将起点和终点连接起来的真正桥梁，表现为持续、专一、信心、忍苦、累积。搬一块砖头不难，建一座大厦不易，除了蓝图，便是苦干。

当一个人感到轻松时，他其实还没有上路。当一个人遭遇艰难时，他可能离成功不远。人生路上的因素，有利还是不利，在于怎么利用。利用恰当，一切都成为上升的阶梯；利用不当，什么都可能是前进的绊脚石。

自我实现是一个不断兑换的过程，不仅要看输入的质和量，而且要看输出的质和量。从输入到输出，会有各种影响因素，也要经历许多环节，只有善于利用机会，尽力避免障碍，不断进行弥补，才能实现高效的兑换。

说到底，我们一生所能达到的，所最不能放弃的，只不过是越来越优秀的自己。享用的物质，生不带来，死不带走，中间所用也很有限。身边的人，来了去了，大多无非过客，能陪一程，已是不小的缘分，还能苛求什么？所有的经历，若能沿着良好的方向累积，最终收获一个满意的自己，人生便不算遗憾。

不顺心的时候，难免会抱怨。然而，能抱怨，说明还并未真正忙起来，还有时间抱怨。改变未来唯一需要的是，把自己的一切时间都用在最积极地促进自己的事业中。任何时候，当出现负面情绪时提醒自己，人生没有浪费时间的机会。如果我们还不是最优秀的自己，又有什么理由抱怨上苍的不公平？

所有已经取得的成绩，都可能是进一步前行的障碍。既成的东西，都有它们保守的一面。如果利用恰当，它们是上升的阶梯，如果利用不当，它们便是前进的绊脚石。视野的广狭和脚下的勤随，决定一个人最终的高度和深韵。春夏秋冬的变换，才有日月一样的周全。点点滴滴的汇聚，才有江河一般的丰美。

选择一种生活，不只悦纳它的收益，还要承受它的成本。我们都认为在选择收益大而成本小的生活，但通常情况下选择时的眼光不同，最终的收益也会大为不同。在我们拥有选择权之前，我们实际上是无可选择的。后来看上去拥有了选择能力，但实际上仍然是很多因素的奴隶。

况且，我们自己真正需要什么，不是从一开始就清楚。人生有一个谛听内心声音、磨砺外在眼光的漫长过程。挡在我们眼前的首先是生存，对大多数人来说，那是不得不付出的艰辛。越过这些生存要素的重重山脊，或许已经耗费了我们的大半生时间。除非我们具有教派出身，否则只有在此之后，我们才可能转向精神生活。

世间没有纯粹好的生活，只有你是否愿意习惯的生活。不管富还是贫，不管乐还是苦，不管热闹还是孤独，不仅是一种状态，而且是一种习惯。不是每个人都能单凭自己的力量，走出某种已经习惯的生活。改变习惯是一种冒险，所以在选择面前，我们往往是天生的保守派。

正如哲学家休谟所言：习惯是人类的伟大导师。接受一种新习惯不容易，改变一种旧习惯更不容易。共同生活的人，也许不再相爱，却被习惯绑到了一起。习惯使我们内心声音的通达变得艰难。所以，有时我甚至怀疑我们是否已经失去了将内心与天地贯通的能力。

基于传统社会的许多古言需要辩证去看，“知足常乐”便是如此。“知足常乐”一语可能来自《道德经》：“祸莫大于不知足，咎莫大于欲得，故知足之足常足矣。”这段话演化出许多不同俗语，“知足常乐”便是常挂嘴边的一种。

流传既久的俗语，自有它的道理。但不加批判地使用，很可能掩盖某些不当的用法。大略而言，我们的生活可以区分为外在的、物质的、有限的方面和内在的、精神的、无限的方面。前者除了基本生存条件，无非名利权色，后者却可以包括从爱好到审美到思考到信仰的许多层面和维度。对身外之物自应早点知足，对精神追求却不该早早停止。

不管个人生命还是社会生活，都有时间节奏。中国文化具有深厚的历史感和时间意识，孔夫子所提供十五、三十、四十、五十、六十、七十的生命节律影响深远。这种影响正面多还是负面多还不好说，但其中包含宿命论和圆滑感确是肯定的。对年龄和时光的敏感，加上厚密的世俗生活，容易使我们很早就丧失进取、美妙和真纯。

现代人面临上学、工作、退休的外在模式，但不应将它变成一种精神节律。当有限的外在生活知足后，无限的内在生活才开启。学习是一生的享受，它不因年龄而减弱，却应随时光而加强。忘记年龄，沉迷研读，才是真乐，方臻至善。

不管怎样的人生，总会伴着淡淡的懊恼。要是年轻时就能确认一生的旨趣，是否比现在更有成绩？抑或过早地只奔主题，却错过用以探索的弯路风景？人生到了半山腰的中年，总会患得患失。有时恍惚：是该提升现状，还是该降低期许？是该听山上下来说没意思的人，还是该听山下鼓噪着继续上行的人？

我们对这个世界有过多的要求，因而生出过多的不满。我们总是本能地往外要求，无意中回避对自己的要求。让我们不能平静的，往往是自己的无能。所以要静下来，强大自己，既可冷眼，也能热心。上山的路可能拐弯，需要调整的是腿而不是路。回到内心吧，在宁静中打开自己，拥抱苍生往复的力量。

一眼就能望穿的风景，会让未来了无生趣。既不能封闭生命的可能性，又不能低估面对未来的困境。找到一条中间的路：一边感恩，一边追求。可以不知足，那是面对自己时；必须有所止，每当面向世界时。没有小天地是悲惨的，陷入小天地也是不幸的。要求别人还是要求自己，是一个人能否走向高贵的临界点。

一生中，谁没有独自走过荒漠的经历，谁不曾多少夜晚的辗转反侧。然而，一次独行的体会可能多于百次的群嚣，一夜失眠的收获也许大于整本的阅读。生命的最终救赎只是我们自己的事儿，无关他人，无关世界。

人生无法随心所欲，但也不相信都是命中注定。我们躲不过生和死，得尊重很多事实，选择也往往有限，所以很容易得出悲观的宿命论结论。然而，若是相信更积极的生命观，通过学习和修炼，改进自己的能力、见识、习惯、心态和根性，人生其实会有不同的结局。

乐观人生的前提是相信和提高人的主体性。意识到人的主体性，并通过改造环境和提升自我而发挥主体性，甚至是传统向现代转型的一个重要标志。生活经常不断地给我们压力，这既可能来自逼仄的环境，也可能来自膨胀的需要。所以，人的幸福不可能单纯由环境的改善尤其经济的富裕来提高，必须伴随着甚至更多依赖于内心需要的调整。

有一种依赖，就有一份被动。我们的很多被动不只来自外物，还来自无知。改变无知其实是有层次的，低层次的求知增加自己获取外物的能力，而高层次的求知才调节自身的需要。如果把一生都看作在求知的话，那肯定需要一个从外求到内省的转化过程。人的下半生不仅要降低对外物的依赖，而且要修改上半生所积淀的习惯、性情、态度和追求。

人不仅容易沦为环境的奴隶，也容易沦为自身需要的奴隶。技术看上去增加我们的主动性，其实可能将我们变得更加被动。合乎天地，顺应生命，保持自我，其实是人生最难的事情。

活回一个人自己，让内心得到真正的安顿，对处于某些文化或经受某些阅历的人来说，其实是一件十分艰难的事情。成长过程中，对外界人物的仰望，对远大目标的焦虑，如果不能同时在内心认同一个强大的自我，其实会大大加深我们的自卑感。这种自卑感既是我们一生向外求取证明的根源，也是我们许多恶意和邪念的渊薮。曾经迷失的自己，需要花费一生的时间去寻找。

强大的人，才懂宽容，因为强大的人，才放低自己。站在永恒的时空面前，我们的生命多么短暂，还有什么眼前的苟且过不去、放不下，还有什么理由不去追随永恒的爱和良善。一颗宽恕的心首先在于，看到每个人都有不竟如意甚至可怜的地方，感受每件事都有不那么完美甚至缺憾的方面。以往的日子，不管快乐还是伤心，都令我们留恋，哪怕只是因为它们不再回来。

在一个开放社会中，很少有人喜欢被动的生活，但恰恰是那些被动的生活才最具悲情才意。创造性的激情大多数是发自心底的压抑，不管来自种族还是个人童年。要是平平淡淡能够很好地活下去，大概愿意奋力一搏的人并不多。我们说创造需要自由，只是相对于外部环境的约束而言。在很多时候，激发创造的内驱力恰好来自内心的激烈冲突，一份无法安宁的煎熬，一种对自由的深深渴望。

悲惨的不是有过伤疤，而是对伤疤念念不忘。只有强大到看不见自己的伤疤，才不用一再向他人展示。盯着自己欠缺的地方，不仅是一种病，而且是其他病的根源。你没有自信和强大到一定程度，美好的事物就不会向你靠近。

拯救自己的唯一办法是走出自己。从个人的点滴悲伤中走出来，从生命有限性所悬挂的幻灭中走出来。人心需要向外走得足够远，以致于看不到自己那点可怜的名利，才能真正地安定下来。那些集拢而来的资源不能用于渲染自己的点滴不幸，而是旨在扩充一己关怀群体乃至人类的意义。

人越是容纳，越是付出，便越会强大。想自己多了，身心容易萎缩。让宽恕成为品性和习惯，不只对别人，更是对自己。也许有一天自己的思想不再留有狭隘的影子时，才会对世界变得真正有用。你若还在比较别人，那是因为你不知道自己真正需要什么。幸福的实质在于回到自己深处，发现自己的真正需要，并找到生命的平衡。

支撑我们活到现在的理由，未必能继续支撑我们活下去。习惯了忙的人，忙着就是一种舒服。选择了悠闲的人，就别嫉妒那些辛劳而来的收获。上苍总是根据你的努力给你报偿，与其抱怨命运的不公，不如埋下头来继续努力。不是这个世界没有机会，而是我们并非经常具备抓住机会的能力。

人有天生的好奇心，总想知道他人的秘密和宏远的消息。人越是年轻，对外在世界的这种关切越胜于对自身精神的关照。但是，人的理解力却往往限于自己的年龄、理性和生活圈，给宏大概念所填充的不过是自己有限的经验内容。这是我们教育和成长过程的一种矛盾，只有妥善地处理，教育的效益才能最大化，成长的基础才打得坚实。

的确，与我们性命攸关的周遭才是我们理解这个复杂世界的起点和基础。教育和成长是一个循序渐进的过程，超越它的阶段性很可能弊大于利。在稚嫩时期，我们应该吸收周遭那些柔软的养料，培养连接他人的基本能力和素养。到了可以消化大词的较大年龄，再从周遭延伸到更远的世界和历史，形成更一般的人道关切和命运理解。所以必须小心，别让青少年的种种情怀葬送在他们还不能理解的大词之下。

即便我们具备了理解世界的能力，周遭生活也不会从我们看待世界的核心地位中退出。正像我们从基本生活中感受安全、幸福一样，我们也从日常生活和熟悉环境中理解国家和世界。多到不同的甚至陌生的世界走走，多进入其他民族国家的历史看看，的确有助于我们变得宽容、善良、多样、有趣。但是，我们由来的和熟悉的周遭生活，甚至我们的遭遇和境况，一直是我们消化大词的参照系。

自己才是自己的最终立足点，任何来自外界的帮助都有量、有限。当你自己也有价值的时候，你才有可能依靠别人，因为这个世界真正耐用的是相互依靠。长大以后我们才知道，社会很大程度上不过是被各种手法巧妙掩饰着的丛林。你有地位、实力和名分，你才能在其中占据一个属于自己的空间。

现实世界的资源总是稀缺的，因而充满竞争。尽管竞争未必一定要搏杀，一定会致命，但没有哪种竞争不是残酷的。有金榜题名，就有名落孙山；有富可敌国，就有一贫如洗；有权倾朝野，就有民夫满乡；有后宫三千，就有光棍万条。优胜劣汰这一自然法则可以说渗透到社会历史的每一时期、各个层面、不同地域。

但是，人类比其他动物更加困难的在于你并不知道哪里才是自己的真正位置。只有经过尝试、跟风、挤独木桥……你才可能找到属于自己的存在方式和生存空间。人类生活的不确定性说明，人比得是一辈子，而不是一时一事。所以要认识到，能赢得起，那是实力，而能输得起，那才是气度。

面对竞争的失败难免心有不甘，但东山再起令人敬佩，急流勇退也未必不是良策。人总要挺过几段咬牙挪步的负重时期，然后一个资源不再紧缺的精神世界会随着内心的自我佩服而缓缓升起。完整有力的身心才是自己的真正立足点。

要是没有攀比，大多数人都该比现在过得更幸福。但是，活在这个拥挤的世间，人又怎么可能消除比较心理？只要想想一个人童年多早就开始人我之分，我们就知道比较心理有多深的根须。随着身份识别、货物丰歉、言行奖惩……我们被卷进人事财物的滚滚红尘。渐渐地，人际比较似乎成为人性的一个基本部分。

人际的每一界面，即便短暂一瞬，都会升起一种评价和比较，我们由此感受友好或敌意、亲近或疏远、自信或压力……我不相信姚明站在身边，我们会感到舒服。如果彼此陌生，我们会觉得威胁。即便彼此熟悉，我们也会感到压力。每人都在某一安全气泡中生活，一旦别人触碰这一边界，我们就会敏感地加以测评，并做出适当的回应。

大多情况下，作为个体的我们跟变动不定、机会难测、力大无比的外界相比，都是自卑、脆弱、孤独的。保全自己，变得强大，受人尊重，实现自己……如此迫要，以致于我们可以忍心动性，选择牺牲。但是，无论如何，只要跟这一外界相比，我们永远都处于劣势。在任何一个优越面前，都有一个即将杀出的“更”字。

只有一种办法可以拯救一个人，那就是回归内心。有人走向宗教，有人深入爱好，有人苦做公益……路径不同，其实心理机制如一。所谓看破红尘，不过是回到自己。

人间最悲惨的事情，无过于满心的感慨，却没有一字可以言说。人们都在白天的喧嚣中宣示自己的优势，却任由心中的悲伤幻化为夜间的梦境。年过半百是一段尴尬的年龄，心中的不甘仍有一堆，可是用于弥补人生的时间已经一去不返。面对往昔和死亡，觉醒的人们都难免思考：究竟怎样才是不留遗憾的人生？

上苍在把思考的特权交给人们的时候，同时也会把不幸之门默默为他们打开。生命先要被跌宕的事情搅乱，达到足够的感知容量，然后才能静谧到深彻的境地。不断探索的人生才是最有意义的，因为它会把自己与更广大的世界无穷无尽地连接起来。不只是书本一样的理性连接，而且是生命之间的休戚与共。

随着生命的积累，皮在越来越迟钝的同时，心却在越来越敏感。一个善良的人，往往也是浑身布满伤口的人。他们正是知道疼痛的味道，才不会给别人制造同样的疼痛。一个内心强大、心底善良、教养良好的人，会始终注意维持公道和原则。歇斯底里的人往往是内心极度虚弱的人，内心强大的人一定是温和淡雅的。

尊严大概就是，明明知道我们不过是上苍手中可怜的奴仆，却还努力把自己过成一个国王。容纳自己的独特性和尊严，需要人们之间留有足够的空间。人活到最后，都要把外在的索求转化为内心的刻度。

在人权和人格上，人与人应该平等，这是现代世界的基本遗产。但在精神价值上，人与人绝对不可能平等，这种差别甚至超过了现实的政治地位、社会阶层和贫富差距。最理想的社会状态，最完美的个人生活，就是外在的有形等级与内在的无形等级的一致。但在通常情况下，无论社会还是个人，都很难真正做到。

一个清明的社会，大概就在于有更多的机会将精神上潜能较高的人，也给予外在的相应待遇，同时有更多的可能去抑制精神上相对贫乏的人上升到外在的高层。个人的幸福生活，大概也在于自己的家人、身边人无论外在还是内在都与自己处于基本相同的层级，哪怕变化也具有几乎相近的振幅。

困难在于，外在的政治、社会和经济可以有确定的等级划分标准，而内在的精神高度却没有一个固定的、有形的尺度。于是，人们往往只满足于关注外在的标准，鼓励人们向外在金字塔的高处攀登，但也有可能忽视甚至扭曲对内在金字塔的对应。内外两种金字塔的错位甚至颠倒，会造成一个社会的价值混乱和治理失序。

由一个历史阶段向另一个历史阶段的转型，最容易造成这类大幅度的错位。社会的错位又不可能不反映到个人生活，于是个人的幸福由此变得摇摆不定，因为幸福的基本依据是内外和谐、德能相配、福报一体。

一个人年轻的时候，难免有一段狂妄期，因为精力好，也因为一知半解。事实上，人像一粒容易飘在空中的尘埃，被自己的欲望和想象鼓动着，很难感觉到自己的真实重量。但是，一旦对世界有更深更多的理解，尤其是如果还真想着得道，就必须走向谦和、低调、虔敬。只是捡到一粒贝壳就大喊大叫的，往往还是一个门外汉，而真正进入宝库以后，人便只剩下屏息静气和高山仰止。

我们得在世俗中生活，这是人的宿命。但我们又得有脱俗的一股子灵秀，让我们能抵抗衰老、失势、死亡。只有扎下根去，才不会被世俗的劲风吹得太远。世俗的风来自我们想成名、获利、掌权、取乐的每一方向，我们躲不开它们的威力，但必须有能力保持一段距离。人的生命之根在于自由独立的批判精神和坚韧不竭的思考能力，得有这样一股强劲的根系，一个人才能持久地坚守。

所有的外在都是有限的、短暂的，所以其中充满了争夺。只有内在才是无限的、永恒的，因为它们真正属于自己。所谓内在，不只是一些转瞬即逝的体验，而是这些体验所附着的某些精神。这些精神储藏于体验过它们的伟大生命，尤其伟大生命的伟大作品。只有那些有灵性、有机缘、有耐心的人，才能在自己的生命中重新体验这些精神，过一种适当高于世俗的生活。

在这个没有足够精神支撑的时代，我们很容易发生职业倦怠和环境失意。如果仅仅作为谋生的手段，无论哪个职业一段时间后，都会令人生厌。即便给职业设计出不同的上升阶梯，仍然无法挽救因简单劳作而来的兴趣变淡和热情减退。生存竞争可以在一段时间内增加人的斗志，但过度竞争则可能使人过早放弃希望。一个健康的社会或组织，不应一味强调竞争，同时要设法缓解压力。

仅仅依靠外在的追求，无法满足所有人的需要，尤其无法给外在需要已得到一定满足的那些人提供足够的动力。外在的资源毕竟是有限而相对稀缺的，人们不可能同等地占有，甚至机会都未必公平，所以对生存的环境要不失意也不是一件容易的事情。机会的公平、规则的透明、标尺的一贯、空间的宽容……无疑是一个竞争的社会或组织所必须始终竭力建构和尽力维护的。

如果我们不能经常不断地将新鲜的经验加入职业，如果我们不能逐渐嵌入日渐深广的世界，我们就无法克服单调而来的倦怠和竞争而来的失意。只有从外在的要求走向精神的期盼，从谋生的手段变为劳动的享受，职业才是事业，环境才是归宿。达到这样的境地，显然需要传统的积淀，文化的储蓄，矛盾的和解，精神的皈依。离开深层的滋润，我们都不过是物品，甚至一堆骨头。

在通常的人际关系中，我们只能看到他人的某一个侧面，名之曰身份或面具。我们甚至只能看到他人的某一身份或面具，而不可能同时详知所有的或大部分的身份和面具。因为我们跟他人只处于某一种社会关系中，这一关系只允许你看到所应该看到的部分和侧面。假如我们偶尔看到某一人际关系所不允许的部分和侧面，就会遭遇某种尴尬，就会经受一次承受力的考验。

我们的内心秩序是由外在的社会秩序赋予的，一旦发现某些内容越出了社会秩序，我们的内心秩序就会受到干扰。每个个体都多少溢出社会秩序，但也被强力拉进社会秩序。我们的舒服或难过、幸福或不幸、成功或失败，是由社会秩序中的某些规则赋予机会、加以衡量、最终评定的。所以，在绝大多数情况下对绝大多数人来说，遵循和依附现有的社会秩序都显得无比重要。

人的一生难免遇到一些不合社会常规的事情，但有没有能力承受和理解它们则考验着一个人的品质和格局。如果正常的社会秩序能够满足人的所有需要，没有人愿意冒险在社会秩序之外寻找资源。如果一种社会秩序本身就单一僵硬、漏洞百出，我们就更需要理解那些跟现有社会秩序悖逆的事情。一个人有坚持既定社会规范的十足理由，但也应该给容纳溢出社会规范的事情以足够的宽容度。

人生的机遇看上去不少，但其实我们能真正抓住的并不多。有些机遇似乎就在你的眼前，甚至好像为你而来，但是有可能也在别人的眼前，也为别人开放着。很少有哪个机遇专门为某人而设，因为无论什么机遇都是稀缺的资源，总有人在周围盯着。即便唾手可得的机遇，你不去积极争取，也会瞬间溜走。

不管在什么样的社会，总是那些主动的人更容易抓住机遇。即便在传统社会和计划社会中，人们的机遇更少，人们在机遇面前更为被动，也还是那些更为主动的人更早看到机遇，更早做出准备，更多为机遇的配给者所注意。更何况在现代社会中，人们的机遇相对开放，人们普遍变得更加主动？

人们需要有相当的实力才能抓住机遇，所以必须为机遇做好准备。但是实力其实不只个人内在的知识、能力和素质，还包括各种平台、人际关系等等。正因如此，这个世界才会有那么多的怀才不遇，才会有对机遇的那么多严酷竞争。这也同时说明，一个人的价值不只由个人的知识、能力和素质决定，而且由一些外在的环境因素甚至长远的历史因素决定。

在这个世上，我们都多多少少是被动的，也多多少少是主动的。在合情合理合法的范围内，你多一分主动，便多一分走向成功和/或幸福的机遇，便多一分对抗甚至改变命运的可能性。

第三节　自律与周遭

想做一件事和做成一件事的距离，不只是时间，还有环境和个人的无法计数的约束项。于是，一些事停在中途，一些事停在开头，一些事甚至停在想象。人的一生错失的不少机会，大多竟是因为没能消除这一距离，缺乏真正的执行力。没有想法的人不多，而未能努力实现想法的人却不少。于是，这个世界成功的人便只能是少数。

的确，个人无法解决一切，许多事依赖于环境。客观大环境、宏观评价体系、社会价值导向，会供给我们的选择机会，牵制我们的追求路径。转型的中国夹杂着许多无法落定的因素，传统的某种盲目性，官本位的治理意识，意识形态的干预，单位的旋转节奏，人与人制造的麻烦……都可能使我们时间破碎，精力分散，心绪失宁。看上去在舞动农具，干的却大多是不打麦子的活儿。

当然，不排除很多时候是自己的意志欠缺，判断有误，要求降低，调节失当。有人曾问李连杰：什么是功夫？他简洁地回答：功夫就是在一件事上持续用力。我想这不限于武功，任何事必定如此。一件事从想法到完成会有许多变数，只有善于控制自己和排除干扰的人，才能真正坚持到底。与其忙活很多半途而废的事，还不如专心做好其中一件事。不管对于群体还是个人，恰当地选择之后，执行力才是具有决定意义的因素。

生命既是一种抗争，也是一种顺应。非生命之物，或如石头般冰冷坚硬，只会抗争，或似飘絮般轻淡无力，只能顺应。能抗争的地方，却不去抗争，便不会积蓄力量。能顺应的时候，却不知顺应，便难以抓住生机。

生命的直接对立物是死亡。死亡不只来自外部的种种威胁，更呈现为内在的诸般折磨。一个人面对疾病、饥饿、伤痛、衰老……这些跟死亡沾亲带故的事情，若是不去抗争，就会失去加固生命和增长功力的机会。除非直接致命的事件，那些外部的打击和内部的折磨，都是锻炼生命力的契机。一段耐力就是一成功夫。

但是，生命也要学会顺应，丛林法则其实也是弹性法则。苍天喜欢那些能及时调整策略的生物，在坚不可摧和弱不禁风之间留一条生命之路。抗争既练功，也耗能，若是入不敷出，那还不如顺应。不管环境因素，还是自身条件，若是不能抗争而改变，倒不如顺应而利用。把自己打开，不断学习和理解，保持积极而乐观，其实就是一种顺应。

不管环境还是自我，当需要全力抗争时都是可怕的，当需要无条件顺应时又都是可悲的。人的一生，环境和自我两方面，既需要适当的宽松，以便于有自由享受生命，又需要一定的压力，以便于让生命坚韧并最大限度地实现自己。

生命由时间构成，把有限的生命时间尽可能拓宽、拉长、做厚、垒高，才是有意义的一生。一生能用于做事的时间实在太少，因而谁最能有效地管理自己的时间，谁才有希望获得最大的成功。

管理好自己的时间，才可能始终保持健康的身心。生命质量以有效时间来计算，而身心失去健康是生命时间的最大浪费。人只有在健康的基础上，才能使生命不断增值，才能使自己跟环境一同前行，才能编织在正常的社会关系网中。管好自己在于养成符合个体的良好习惯，让日常行为尽可能合乎生命的自然节律，让心态意趣最大限度地面对广阔光明的方向。

管理好自己的时间，就是将时间用在最能增值自己的层面。《人民日报》副总编梁衡曾经将阅读分为六个层次：刺激、休闲、信息、知识、思想和审美，认为只有后三个层次才是构筑精神世界、改变自己人生的支柱。毫无疑问，只有不断优化知识结构，不断提拔思想水准，不断锤炼审美意境，才能让自己达到人生该有的境界。

人们只是羡慕他人的地位、名望、运势、才华、成功……却不曾想他们为获得和维持这些所付出的艰辛、勤勉、克制、坚守、忍耐……支撑外在繁华的是内在的灵秀，凸显个人精英的是族群的传承。生命归宿的不同，正是源于不同方向、不同层面的点滴积累。

日薄西山，心中总不免一些惆怅。又是一日头也不回地遛了，去年的计划却还在纸上。每当年终总结的时候，最知道岁月是怎样的蹉跎。适应一个阿拉伯数字，往往需要很多个日子。但新数字的降临，却没有经过任何商量。撕下的日历，纸片渐渐发黄，可每页还是空的。

我们并不缺少念头，它们就是生命的冲动。我们也不缺少计划，它们可以随意落在纸上。然而当它们飘向地面的时候，却呼唤一步步坚实的脚印。没有念想固然是一种悲哀，但只有念想却是更大的悲哀。没有看到一座山，不攀登并非什么错失。一座山就在那里，却没有攀登就简直是一种罪过。

也许一生都不能到达圣地，但每个溜走的日子都应该接近一步。把计划分解为便于落实的一个个细节，并监督自己的执行。用情趣和热爱鼓舞自己，减少浮躁起来的野心。除了执着地做事，不考虑由此带来的任何名利。可以偶尔回头给自己鼓励，但没有时间停下来沾沾自喜。建立良好的习惯，维持自己最好的脑力和效率。

跌倒在朝圣的沟坎，远胜于站在热想的高岗。什么时候回归大自然都是件可以理解的事儿，唯有浪费了原本匍匐在路上的时光是不能原谅的。无法全身心地投入一件事，那主要是因为它还没有召唤自己的足够光芒。回到自己吧，生命的真谛就在那里！

每个人都是能量中转站，既会影响别人，也会接受别人的影响。活在世上，人都需要伙伴、朋友、熟人。一本名著，一个偶然邂逅的人，也许深深地震动你，但无论如何赶不上身边人对你的影响。在学会主动选择朋友，或者具备抗拒环境的免疫力之前，你实际上未必有能力抗拒周围人加给你的不良影响。一个朋友岂止是一条路，一个损友也许就是一个陷阱或一条“死胡同”，就像一个益友可以是一盏指路灯或一座灯塔。

和什么样的人在一起，很大程度上引领你未来的方向。对于那些公开的说教，我们具有本能的抵抗力，但对于耳濡目染的言行，我们却未必保持警惕。如果说父母我们无法选择，已经接受了不尽合理的影响的话，后来的交友和环境就更有可能强化某些倾向。常跟什么人在一起，你就很可能变成什么人。一个充满抱怨和愤激的人，会把你引向心理失衡。一个平和而上进的人，会促使你向阳光方向发展。

积极的人生需要积极的心理，积极的心理需要积极的环境。构成环境的要素中，日常交往的人最为重要。每个人心中都有魔鬼和天使，让谁更多地成长未必全由自己，环境的诱导作用不可低估。人具有本能的倾向性，不知不觉会靠近符合自己倾向的人。通常情况下，很难对自己的倾向加以洞察，直到最终撞了南墙。

一个捏造是非、传播谣言的社会，绝不算一个文明社会。一个打探隐私、传播谣言的人，绝不算一个文明人。缺乏文明的生活趣味的环境，往往产生一些热衷于捕风捉影的人。如果不把生命用于正直的社会事业，一个人就会对家长里短感兴趣，并站在道德制高点上以造谣传非为乐。

历史告诉我们，在文明发展某一阶段，或者某一特定文化中，总有人喜欢将搞臭别人当做有效的竞争手段。要打倒一个人，那就先搞臭他（她）；要让打倒的人不再翻身，也还是搞臭他（她）。因为总有不少人像苍蝇嗜血一样盯着别人的隐私，所以每一次搞臭运动都会引来很多从中过瘾的“闲人”和“好事者”。

你要是对道听途说不以为然，就会被不少人看作不成熟。总有一些人宁愿幸灾乐祸甚至落井下石，也不愿意静下来去养一颗善心。不能帮别人治愈命运加给他们的那些伤口，至少我们可以选择不去撒上一把盐。当我们进化到管理好自己的事情之外，更多用一颗平等、尊重、善良、相信的心去理解他人时，我们的社会才有安全、和谐的希望。

与其浪费短暂的生命去澄清那些无中生有的谣言，还不如转身静心地去做生命中真正重要的事情。谣言的泥潭不是用来纠缠的，而是用来警戒的。在人言可畏的环境中，抓紧自己的事情是最好的选择。

解剖自己是一个文化人的必须任务。大刀阔斧只能削到筋骨，精雕细刻才能触及灵魂。文化人的笔不只用来剖析世界，更是用来解剖自己。世间的道路万千条，但有一条小径通往自己的深处。只有将世间道理回馈自己，才能开辟一条通往智慧的道路。

让自己恰当地敏感起来，是我们的教育尤其人文教育的基本功能。敏感看上去只是一种感觉，其实来自性灵的觉醒。恰当的敏感包括知道控制自己，关注自己行为的影响，对周围环境保持积极回应，理解并坚守人世的基本道理。之所以要强调恰当，是因为迟钝和过度敏感都不足以承载进一步的教养。

每控制一次情绪，内在的力量就增长一分。每伸出一次援手，自己的世界就扩大一步。对自己的言行保持自醒，是达到更好教养的重要途径。不要过分为自己的过失伤神，因为我们都在碰壁中学会收敛自己和尊重他人。要养成良好的教养，除了童年教育，忍受苦难和承担责任是重要途径。

一个不诚实的人，连做梦都是虚伪的。有一种彻底的诚实，就是一心一意地面对自己。我们的自然需要，可以不粗野地满足，却不能过分压抑。一颗受伤的心，很容易走向灵魂的扭曲。

所以，任其自然是良好德性的必要基础。在法律和道德的范围内，追求自己的幸福和成功更是人至高无上的权利。

人都有自己看问题的视角，不仅难免，而且受到鼓励。但是，有一种悲剧是，自己的视角变成根深蒂固的偏见。视角一旦变成偏见，眼中的所有事情都会打上某种特殊颜色，使事物失去它们本来的样子。尽可能从自己的视角中走出来，多几个视角看问题，甚至做到换位思考，让自己变得宽容、通达、善良，是我们一生的必修课。

我们可以在具体事情上讨论得失、责怪他人，但一定不要轻易评判别人的人格，因为我们未必有这个能力，而且更没有这个权利。别人难免在某些具体事情上做得不妥当，但我们一定不要伤到他们的心，因为一旦伤心我们就很难有挽回的余地。伤人最深的方法，无过于直接到人格和品行层面去拷问别人。

每一社会共同体都有维系它的沟通原则和道德底线。你不能以违反沟通原则的方式去触碰他人的道德底线，并试图通过超越底线去解决问题。知识分子是社会上最敏感自尊的群体之一，在这一群体中，如果问题被降低到泼妇层面去解决，只能变得更加严重，甚至完全陷进“死胡同”。

每个人都有最柔软的地方，你如果把握不了分寸，最好不要去触碰。要学会把人和事区分开，可以在事格上追究，但最好别在人格上侮辱。一个有教养的人不是不生气动怒，而是知道别人尊严的边界和自己言行的后果。

如果不能走出一己之地，一个人就无法获得真正的宁静。眼有多开阔，事有多长远，心就有多明澈。人间大多苦恼，都是考虑自己太多。一己之身不过一堆欲望，人离欲望越近，心就越容易受到役使。有时，一个人看上去在鲜活地扑腾，其实不过被欲望操纵着，被低层次的欲望操纵着。

即便说鲜活的生命就是一堆欲望，欲望也有高低之分。爱、信仰、审美、求真也可以看作欲望，但它们一定与肉体的欲望想去甚远。而且就这些语词的通常所指来说，我们并不把它们看作欲望，而是看作人类高层次的精神需求。它们没有哪种能脱离欲望的支撑，能离开身体的支持，但毕竟不能还原为欲望本身。

总体来说，心灵和肉体、文化和自然、群体和个体的紧张，是一个人乃至一个社会的主要问题。我们遭遇挫折，产生痛苦，最终根源也在这里。我们越想往高处飞升，我们所面临的紧张就可能越严重。不管童年的成长，青春期的挣扎，社会中的奋斗，还是为了获得地位、尊严、名声，我们无不在这种紧张中。

适度的紧张是我们超越自己的必要动力，但过度的紧张就会造成时间的浪费甚至身心的疾患。当一个人还没能力把握自己的时候，家庭和经历最好别把他深深地置入这种紧张。人跟自己的斗争，归根结底不过人性不同方面的斗争。

如果有良好的家庭教养，或者社会的运行相对文明规范，那么你也许可以早点步入社会，早点发现自己的兴趣和创业的基点。但是，如果没有良好的家庭教养，或者没有碰到文明规范比较高的社会，那么你过早进入社会就难免沾染许多不良的习气。在后一种情况下，接受正规的高等教育也许是你弥补自己不足的唯一途径。

围绕自己的教养程度，一个人会形成适当的周围圈子，很大程度上最终决定着自己的命运。教养相对低的人，很难形成比较志同道合的圈子，在不走运的时候，他甚至会沦为孤家寡人。一个人不怕遭遇挫折，就怕这种挫折是基于自己糟糕的德行。如果不能在人到中年之前建立自己的社会信誉，人生的道路就不会多么宽阔顺畅。

一方面，做自己感兴趣的事情，一个人才容易坚持下去；另一方面，不能坚持一大段时间，一个人又怎么知道自己的兴趣？能发现自己的兴趣的确是一个人的幸运，但只有兴趣还远不能使一个人走得很远。兴趣本身没有免受环境影响的机制，人的兴趣是会转换和迁移的。从兴趣到成就，有着远超想象的曲折路程。

一个人如果不能建立主导自己命运的航向，迟早会在随波逐流中触礁。只有对人生抱希望，对生命有寄托，人才会真正负起责任，提高自我约束力，建立起健康的生活方式。

人的素质写在是否让别人舒服的每个细节上，因而一生都需要提高。但是，对一些人来说，由于家庭基础和教育水平，几乎失去进一步提高的可能性。父母在童年给我们打上言行举止是否恰切的基本烙印，留给后天更新的空间本就不大，如果再没有良好的教育和艰苦的磨练，很可能就完全定型。

人世间太过复杂，不仅各种道理多不胜数，而且彼此间还往往矛盾冲突。即使花半生时间学进这些道理，也很可能只停留在理论上，甚或被它们绊住脑筋。社会生活的每一时刻都是新颖独到的，将这些道理应用于特定的时刻、特定的事件、特定的人，简直充满着巨大的创造性。

素质之所以为素质，就在于它们体现为人的自发反应。在很多场合，我们没有足够的时间去思考，进行伪装，做出更好表现。很多时候，别人也不可能明白告诉我们哪里失误，除非他们有剧烈的反应。因而反思矫正自己的言行，成为我们完善自己的唯一途径。每次冷遇、冲突、受伤……都是我们反思提高自己的最好机会。

因而，反省能力成为人的重要能力，甚至是其他能力的基础。人除了坚定的根系外，还需要修正自己枝干的灵活性，然后才能成长为挺拔的大树。面对每一次挫折的人生际遇，除了向外发泄自己的怒火，默默地回炖一下自己就变得十足重要。

人生的结局大部分受着嗜好的强烈影响。人与人的差别，往往不在工作时间，而在业余时间。如果你用业余时间延续工作，你就可能成为工作上的行家里手。如果你用业余时间做健康的休闲娱乐，你就会提高工作时间的效率。如果你用业余时间培养健康的情趣爱好，你就会提高修养、促进生活、益寿延年。

但是，对很多人来说，业余时间走到相反的方向。他们可能过度饮酒、彻夜赌博、连续网戏……其结果不仅降低工作时间的效率，而且影响正常生活和身心健康。不良的嗜好是健康生活的慢性杀手。并不是说有不良嗜好的人都将一事无成，但有不良嗜好的人绝对不会有好的生活品质，更不会健康长寿。

管理时间、约束自己是一件无比艰难的事情。不要过度相信我们的理性，尽管它是我们生命小船的航舵，但在由欲望、激情、嗜好、习惯、环境所组成的人生海洋上，它并不能始终把握好航向。当我们沉溺在那些对工作、生活、健康都没有益处的嗜好时，早就把生命航向和人生目标淹没在眼前的快乐颠簸中。

不得不相信，管理约束自己的程度最终决定人生的层次。你把时间投入什么地方，你就会而且也只能在什么地方产出。很多不良嗜好就像温水煮青蛙，悲惨的正在于其积累的缓慢，当我们意识到的时候往往已不可逆转。

避免一再后悔的最好办法是为未来做好积极准备，能够拥有未来的最好办法是抓紧现在，而抓紧现在的最好办法是有个宁静做事的身心。一边叹息时光的飞逝，一边却管理不好自己，是再自欺不过的事情。真正做成事情的人，时刻保持良好的自我控制，不管身体，还是心理。

没有哪种放纵不透支未来。理智的清明是管好自己的首要因素，越是头脑不清醒，越是容易受情绪、嗜好、环境的左右。理性在做主，人就会唤醒自己的责任感、抱负、长远期望、大局意识。相反，如果情绪、嗜好、邪趣做主，人就往往只看到眼前、俗乐、物性，慢慢可能养成难以自拔的不良习惯。

脑力劳动者比体力劳动者需要更加自律的生活。康德给我们提供绝佳的例证。脑力劳动者不仅需要健康的身体，更需要清醒的大脑，而涵养神经比健壮肌肉来得更慢，却毁损得更容易。昏昏沉沉的大脑不可能产生上等的作品，只有高度专注的精力才能渐入晴朗开阔的理智世界。

哪怕精力充沛、大脑清醒地去做事，人的一生也只能做很少一点事。学术工作尤其是冒险的事业，因为科学文化是深不可测、高不见顶的精神世界，即便倾尽一生也未必能出经典之作，而敷衍草草可能更是难入其门。若不具备专注、热情、旨趣、奉献和使命，最好别去招惹这一行当。

尽管坎坷经历和生活磨难对一个人不无裨益，而如果他碰巧还想做出一番事业，这类经历和磨难某种程度上甚至是必须的，但知遇心性、材质相近的人，安处能力、志趣可以发挥的环境，毕竟也是人生的最大愿望之一。

接受人的指点和提携是人生的莫大福气。没有哪条成功之路可以离开高人的指点和恩人的帮助，因为他们的适时出现是机遇的最重要部分。人生之路的朋友、竞争者乃至对手都是不可多得的际遇，有助于一个人发挥潜能，实现志趣，走向卓越。

每有一股人群和组织，就带有一种精神特质。一个人久处其中，便不可能不受到熏染。是昂扬向上还是死气沉沉，是团结拼搏还是分裂疲软，是充满正气还是渐趋阴邪，会逐渐塑造其中每个人的心性格局和能力结构。

不管哪种环境都有适合生存的人，只是你必须敏感地洞察自己所需要的环境。人可以改变环境，但环境更会改变人。当面对不合适的环境，渐渐失去反抗意识和批判精神的时候，一个人便可能真的沉沦了。

有没有心性、材质相近的人，是一个环境是否适合于自己的检验标准。合适的环境会让一个人打开心胸，辨识同类，形成心灵碰撞。当一个人变得越来越封闭时，他就已身处不适合自己的环境。一个人能否发挥能力和实现志趣，就看他是否有合适的平台。

大多情况下，岁月未必让一个人变得清醇，相反可能变得更加苟且。因为清醇还是苟且，主要不由一个人怎么选择，而是由环境怎么塑造。年轻时候的意气风发，会被某种环境磕碰为老奸巨猾。因为成熟的标准不由一个人决定，而是由大多数人来形塑。那些一直坚持意气的人，的确可能变成成功的异类，但也有可能变得惨不忍睹。有助于社会改进的，不是只宣扬那成功的一小半，而是设法减少那惨败的一大半。

在公与私不甚明确的环境中，一个人总是在无能和犯罪之间徘徊。想安全，你就可能被指责为无能；想干事，你就面临突破某些界限。可怕的不在于有人想突破某些界限，而在于根本不存在固定的界限。在一个规则不明的环境中，可能时时都有陷阱，处处都是悬崖。在你能保护自己的正当权益之前，你得知道什么才是自己的正当权益。连放栅栏的位置都没有，你怎么能谈到保护自己的家园？

如果想让人干成事，那就营造一个相对公平而又保护正当利益的环境。如果一种环境让干事面临巨大风险，那无异于在保护懒散无能。创新创业本身就是一种风险，而这种风险不应只由个人承担，尤其当这种风险不只是事业成败，还可能是政治顺舛时。尽管会憋屈和痛苦，也没有几个人愿意拿自己的生命和幸福去承担这种风险。

被动和拖延都是做人做事的大敌，而且它们还彼此关联。

被动往往表现为消极等待，完全依赖，过度谦让。被动的人不能听从自己的良知、需求、愿望、志趣的召唤，没有足够强大的理性、判断、定力和把控。因而遇到事情，他就可能畏难、逃避、找借口、一味退让。久而久之，他就可能陷入自我否定的心态和处境而难以自拔，越来越失去改变自己的能力和机会。

拖延则表现为办事拖拉、任务延迟、目标减弱。爱拖延的人既可能是完美主义者，也可能是责任不强者。如果是前者，他会迟迟难以决定，等待最后的激情一跃。如果是后者，他也许对事情不够重视，甚至陷入做或不做的困境。不管哪种情况，拖延症都会影响事情效率、人际信任和自我效能。

习惯于被动的人，也容易成为拖延症患者。因为两者有一个共同点，即理性不强大，意识不明朗。在被动处境中时间长了，一个人难免应付事情，慢慢竟患上拖延症。反过来，做事喜欢拖拖拉拉的人，在事情和他人面前也会逐渐失去主动性。没有谁会重视一个处处被动的人，正如没有人喜欢一个拖延成习的人。

争取主动，并不意味着一定要唱主角，搞一言堂，甚至一手遮天。不管哪一种角色都可以是主动的，也需要负责的。想改变自己的命运，那就从改变被动和拖延开始。

除了迫不得已的遗传和环境因素，一个人生活和事业的很多衰败都来自于缺乏自律。要么该做的事情没有坚持做，要么不该做的事情做得过度。除了某些明显的致命或成瘾因素外，哪些事情该做还是不该做，其实主要在于顺天应命的度。是否能够把握生命中的各种度，主要在于一个人的自律。

比如健康，没有足够的自律便很难长久保证。均衡的饮食，适度的运动，按时的作息，良好的心态……无一不依赖一个人的理解、行动和坚守。即便某些方面做得好，如果别的一个或一些方面做得不好，不管过还是不及，都将侵蚀那些好的方面，从而影响总体健康。之所以某一嗜好并未影响某些人健康长寿，总还是把握分寸的结果。

比如事业，越是想极致和卓越，越需要一个人的严格自律。持久而巅峰的能力和素质，需要极其健康的身心去支撑。身心的良好状态，需要积极、健康、有克制的生活。那些讲求生命质量和事业水准的人，绝不是滥用个人时空资源的人。没有一种巅峰状态，能源于一个随心所欲的人。

对于充满各种诱惑的现代人来说，只有具备足够强大的理性自控力、责任担当意识、自我效能感，才能长期地加以自律。没有哪一种健康、长寿甚至雅致的生命，没有哪一种极致、巅峰甚至持久的事业，不是长期自律的结果。

除了那些最关己者，除非自己找上门来，我们没有必要切心地去教诲任何人。好为人师其实并不是一个优点，而很可能是令人反感的毛病。在这个普遍浮躁的年代，没有几个人愿意静心地领赏他人的教诲。真正的学习是一种自学，是在人们最需要时候的自学，所以就让每个人在自己的实践碰撞中慢慢领悟吧！

一个人可以保持自己的善意，但一定要同时谨守自己敏锐的边界。即便是一种善意，如果越过边界，也会被看作多管闲事而遭人厌弃。如果遭遇异性，一个人尤其要收缩自己的热情，以免引起不必要的误会。每个人都有自己的命运和际遇，溢出边界的指导可能意味着低估了他人的自识和判断。

人可以对自己的观点和活法保持自信，但一定要避免认为自己的观点才是唯一正确的，自己的活法才是最为值得的。由自信而变为我执，由此收紧对多样性的容纳，一个人不仅阻碍了自己的进化提升，还会在人际中造成种种不快。没有人，哪怕年轻人，愿意接受一个自以为是、指手画脚、排斥异己的人。

可以对公共事务和一般事项提出自己哪怕最偏执的看法，只要言之成理、持之有故。但对于具体个人的私人事务，一定要放弃自己溢多的善意和敏识。在职业和义务之外，我们没有改造任何人的理由，也就没有教诲其他人的权利。

第四节　自由与责任

人应该善良，但不可以懦弱，否则，他既没能力保护自己的善良，也没力量阻挡世间的邪恶。善良是一种利他行为，需要向外辐射的力量和劲头。坚定的利他倾向，在它属于善良之前，首先得是一种力量。尽管有力量未必向善，但向善必须有力量。

若想被人爱，先要变得有力量。获得爱是一个人成长、成熟、成功的自然结果，而一种爱反过来又帮助他更加成长、成熟、成功。懦弱的人无法正确地看待世界，因为他没有坚定的立场，会随风摇摆。懦弱的人也不懂爱，因为爱需要付出和承受，需要宽容和向往。

必须保护好自己的身心，让自己能以自然健康的通道面向世界。一个人若是损坏了自己的身心，也就剥夺了自己善良的资本。李大钊说：铁肩担道义，妙手著文章。日常生活中，我们未必一定要铁肩，也无须始终担当道义，但坚实的肩膀绝对必要。

人容易厌倦，单调的生活会拖累身心。所以，必须培养自己的观察力、想象力，从每天的旭日中发现新东西。必须保持自己的思考和阅读，让不同的理论和学识充斥自己的心灵。必须关心外界事物，把自己的心灵打开，使世界的新闻趣事不断更新自己。必须总结自己的生命阅历，让它们从积压的死角进入流动的能源，推动自己的生命。

人生的好多遗憾在于，当你有机会时，没有能力，而当你有能力时，已经没了机会。很多时候，这被看作一种宿命，实际上不过是起点在作祟。毕竟，对大多数人来说，别人并没有为他准备好一切。但是，一个人需要从头准备的东西越多，他的人生面对的风险便越大。

若问一个人此生的最大遗憾是什么？会有不少人回答：没有善待自己。自己是自然生命的中心，若是连自己都保护不好，又怎么承担更美好的东西。若问人的一生中最痛苦的事情是什么？同样有不少人回答：自己跟自己作斗争。不能跟自己做朋友，认同一个独一无二的自己，往往会转化为毁灭一切的自我折磨。

那么人一辈子怎样才算成功？答案也许是：牢牢把握住自己。扛自己能扛动的东西，珍惜已经到手的收获，不忘一颗跳动的初心，眼中的前方始终充满希望。那么一个人怎样才能战胜自己？答案可能是：适当地少想自己。在一个专心做已又利众发心的世界，男人才像男人，女人才像女人，事才像事，人才像人。

这个世界很多事无法挽回，但注定要发生的，也许早点来临更好。我们没有生活在理智选择的世界，因为本能和习惯还起决定作用，幸福和自由还非人生的最高准则。最终很多事情，既不能理智地开始，也不能理智地结束，就只能转化为仇恨。

人的心胸是憋大的，而不是吹大的。人生不过一口气，需要含住，而不是泄去。要能负重，先得忍辱。不公之气憋回去，便长了一成自我克制的功夫。一生没有几次生不如死，便无法担当这世界的重负，遮挡这人间的风寒。

当你觉得不幸时，只是看到他人幸运的一面，甚至将自己与那幸运的一面比较。所以，人不只要向上看，那里有自己无法企及却必须敬畏的星空，还要不时向下看，那里有需要你怜惜的不公。对于能够改变的不公，尽心尽力地改变。对于无法改变的不公，尽心尽力地增强自己。一股气径直泄出，自己只得到一时的痛快，对手却得到上升的台阶。

在我们出生的时候，自然和社会就打上不公的烙印。对于我们无力改变的不公，最好坦诚地接受。接受了不公，你就将它们安顿在有限的角落，以便于留下空间装入最终改变不公的能量。凭什么安顿心间的不公？不是科学，而是人文；不是算计，而是善行；不是攫取，而是舍弃。

让一个人高贵的，不是财富，而是对待财富的态度。让一个民族伟大的，不是金钱，而是对精神世界的贡献。人生的丰度，不是来自单纯的蒸发，更多来自万米的落差。大地之所以能承载，是因为它能忍受。接受黑暗，却报之以光明；容纳污水，却还之以营养；断成沟壑，却续之以清流。

美感，是生命力的标志，也是人性的尺度。感受美，需要敏锐的感官，更需要宁静的心灵。人只有将自己的感官打开，才能完整地感受这个世界。人只有惊奇而敏锐地感受世界，偕同世界的生命节律，才能健康地吐纳。同时，只有将自己融入世界，时刻保持一种归属感和整体感，人的心灵才由于安全而宁静。只有在一颗沉静的心灵中，万物才会各归其位，不再引发灵魂的晕眩和恶心。

对人来说，世界是以美的方式构造的。不管世界本身，还是其中个体，都能给人以整体的美感。我们的感官和心灵渴望这种整体感，对称、平衡、结构都是这种整体感的构成要素。我们能从破缺、残存、片断中感受美，也依赖于我们心灵进行完整补充的能力。断臂维纳斯之所以美，不是因为断臂，而是因为维纳斯。能从一片黄叶、一块断木中看到美，那是将它们纳入到某种整体结构的结果。

曾经流行一句话：美是自由的象征。人计较多了，眼光和精力都会内缩，世界就会沉重地压过来。人在物质层面待久了，世界便可能破碎、功利、丑陋。当我们只从需要和功利看待生命、面对世界时，她们便失去自己的灵性和整体感。所以，做自己的主人，让一己的攫取适可而止，将心沉静下来，打开我们尘封的感官，拥抱这个时时刻刻都美丽着的世界。

有一种心痛，叫作再没机会。没有经过撕心裂肺，就不知道什么叫作珍贵。人什么时候最痛？没有足够的心理准备时。合理的预期和适当的准备，像铺在地面的垫子，可以缓冲坠落的冲击力和致命性。一颗行星陨落后，我们除了祈祷，只能怀念她曾经带给我们的光明。在看到曙光之前，人都得在黑暗中独自行走一阵子。默默的坚持之后，你也许没有得到自己所期望的，却可以认清自己所需要的。

一种纯自然的生命，可能简单美好，也可能粗野自私。要真正在社会上生活，得接受特殊的约束，外需要制度，内需要精神。政治、法律、伦理的约束远达不到精神的至高层面，难以唤起人们的真正自觉。艺术可以成为一种成功的过渡，但只有宗教、哲学层面的启动，才能拯救一个人，拯救一个民族。可以不信仰某一种宗教，但不能没有宗教所在的那种精神层面。有信仰，才能不怕死。

从最本真的意义上说，哲学与宗教处在同样的灵魂深度，人类灵魂的最深处。所以，这个层面未被触动的人，还无法理解来自天地深处的呼唤。不能容忍魔鬼，你就看不到天使。魔鬼是生命的难免因素，来自身体、欲望、自我、现实。天使是生命的目标，但是推动攀登的力量却是魔鬼。真正热辣赤卓的领悟，往往是身心多么孤独苦寂之后的馈赠。

正如所有其他生物，人活着赋有一种使命。人要按照自己的经历和积蓄，展开自己，完成自己。在出生时苍天赋予人材质，走过成人世界时社会又给他一定塑形。一个人终其一生在寻找合适的机会，在释放自己的生命能量。

把自然给予我们的加倍还给自然，这是一种使命。大自然在借我们的身躯扩张自己，我们是生命抵抗无生活的一个环节。这是生命化育之神圣所在，生命的自然之根形成天道，这种天道在所有文化中都处于核心地位。家庭是社会的细胞，父母是在世的仙佛，我们需要报答家庭和父母，正是这种使命的一部分。

把社会文化赋予我们的发扬光大，也是一种使命。社会是自然存在的一种特殊形式。我们生而为人，所得到的享受和经历远多于其他生命，反过来也具有多于其他生命的责任。我们要保持自己，要保护我们的同类，还有义务维护整个生命。我们接受的文化熏陶越多，所处的社会地位越高，越赋有增长文化和繁荣社会的使命。

虽说这一切都来自我们与生命整体的联系，但只有通过鲜活的生命体验才能在意识中复活。人一旦建立使命感，整个生命状态就将为之一新，就像生育对于女人来说开启了使命感一样。在更高的意义上，我们需要在灵魂上来几次重生，以便于我们与世界建立真正有价值的联系。

活在世上，一个人对于许多重要事情的选择，主要靠自己的经历、性格和觉醒。别人的建议和看法，不管多么精到、清晰和对路，都未必起多少作用，大多情况下只能说进一个人的耳朵，而未必能说进他的心里。说到底，我们的自由意志一开始并不那么强大，又不大清楚自己的真正需要，选择可能并非真的来自深思熟虑。

在传统社会，一个人的人生大事，父母会帮助决定，替代选择，甚至执意安排。但是，对于强调独立性的现代个体，这一切主要靠自己的独立探索和种种磨砺。我们无法简单地说哪种模式更好，只能说时代选择了其中一种模式。强调自由和人权，不能不说是一种进步，但每件事都得靠一个人从头去学，也不能不是一种煎熬。

从后果衡量，很难判定两种模式下我们面对人生大事时，什么选择较好，什么选择较坏。因为生命历程是单行道，我们没有同样事情的另一种选择可作对比。于是，我们便只能考究两种模式的出发路径，认为自由和人权比包办代替更好，因为前者更尊重一个人自己的选择，也更强调一个人自己的担当。

说实话，在很多人生事项上，当我们有权利的时候，我们未必有能力，而当我们终于有能力的时候，我们已经没有了权利。只有幸而达到权利和能力的平衡，一个人才对自己的命运知足。

一个人能够忍受孤独，也许是可以跟别人更好相处的前提条件。因为他有足够的能力自得其乐，而不用一根筋地依赖别人，也因为他有足够的空间容纳世界，而不必只盯着别人的缺点。对于滋养一个健全的人性来说，跟人相处和享受孤独必须保持足够的平衡。

如果不能到达生命的一定深度，一个人不会遇到感动，也不会给别人制造感动。越往生命的深处走，我们就越看到那些严肃和沉重的东西。幸福绝不是轻飘飘和随意捡起的可乐，而是从痛苦的挣扎和不堪的经历中酿制的醇酒。即便能够感受那些浮在地表的小确幸，一个人也必须首先经历严冬，并将自己附着在深厚的大地上。

凡是争执不断而能坚持在一块的人，都毕竟有过难以忘怀的事件，是它们将情感的根深深地扎向生活的大地。没有经历过艰难的感情，还不能算真正可靠的感情。快乐可以使感情向上生长，但痛苦磨难才能将情感的根向下深扎。生命经历会生长出大大小小的藤蔓，将我们牢牢地捆绑在某个轨道上。

孤独也许是我们在这个世间能够享受的最大自由。一当进入与他人的现实关系，我们就将失去一大半自由。一旦不再逃避孤独，而且爱上孤独，我们就走在灵魂拯救的路上。我们的磨难达到一定程度，神圣之门就会向我们打开，不是从外部，而是从内部。

时不时地，我们需要从生活中拔出来，给繁忙的日常一些停顿，就像一幅画需要留白那样。繁忙的日常就像密集的事实，有一种叫人喘过气来的感觉。长此以往，对生活的热情，对美的敏感，对生命全局的把握，都可能退化。对于维护一个人的生命力来说，这些因素恰好极为重要。

不是所有的压抑都来自童年，日常生活本身就可能成为一种压抑。相对于来自童年的深度压抑，日常生活的压抑可能显得浅淡，但谁能说它不会有温水煮青蛙的后果？那些一年四季在逼迫劳作的人，其实已经成为生活的奴隶，生命中某些最重要的东西可能失去发展的机会和空间。某些生存环境会把人变成老黄牛，不管鞭子怎么加身，总是踏着既不反抗却也不会再快的步子。由此我们感到，所谓自由不过是有停下来恢复生命野性的机会。

生活的驯服力量是可怕的。这种力量可能来自文化、环境、阅历、习惯等任何一项或几项因素。最终，我们可能把驯顺当成了安全，把生命力降低当成了道德，把没有选择机会当成了归宿，把依附一种力量当成了在家。说实话，没有对生命需要的尊重和保障，就不可能有真正的自由。

所以，真正的自由其实不是一个人能完成的，它需要文化和环境的整体营造，从而实现心灵深处的持久清爽，生存空间的不断安顿。

我们都被抛进这个世界，也许在肥水，也许于荒丘。然后像其他物种一样，我们首先逼迫去适应各自的生存环境，在周围的生命竞争中努力活着。唯一的不同在于，对很多人来说，人生并没有一个标准的、固定的答案。我们并不放弃追寻，但所追寻的是一条路，而不是路上固定的一棵树。我们此处耕耘，可能在彼处收获。由于这种不确定性和自由选择，命运对人类来说才真正有了意义。

我们越是受制于原初的环境，我们看起来就越像其他物种。如果没有真正的启蒙，人类的心灵会同肉体一样，完全受制于环境。毫无反抗甚至心甘情愿地接受命运，也许有令人尊敬的一面，但又未必不可以叫作奴性。人生在世都需要救赎，但我们应该知道我们为什么需要救赎。

从生物学意义上说，我们一出生就是个体。但要成为社会学意义上的个体，我们不仅需要个人的努力，还需要社会的许可。争取自由就是去拥抱不确定性，成为一个真正的个体。个体化是一个充满风险的现代过程，去掉身份加给我们的限制也意味着脱离身份给予我们的保障。

尽管不确定性给人的心灵带来焦虑不安，我们还是应该承认自由是人类进步的标尺。我们无法也不应该重返那种原初的被动性，人类的真正出路在于，既保障个体自由，又建立更高层次的确定性。

不是所有亲情都饱含着感情，有些是纯粹的义务。绵延不绝的亲情义务，从积极方面说，有益于维护社会的超级稳定，也成为中国社会潜在的慈善机制，而从消极方面看，极大地模糊了人与人的责权界限，不利于公共社会和契约关系的建立。如果这种义务还不时地造就懒汉和忤逆者，那几乎是理所当然的。

义务要比感情生命力强大得多，因为前者是一种自然和社会的运行体系，或以血缘为纽带，或以道德为基础，或以习惯为依托，甚或以法治为后盾，而后者只是个人之间的关系。当感情与义务冲突时，败下阵来的往往是感情。当感情之火渐凉甚至熄灭时，义务也许还会延续很久。

义务以感情为基础，当然是最丰满不过的亲情关系。这种亲情关系在我们的正常生命中具有如此高的价值，以致于很多人给予无上的地位。对大多数中国人来说，亲情关系是自己生命中最厚重也最柔软的地方，其中寄托了一大部分生命期望和精神旨归。但是，毫无疑问，它有时也会成为我们不堪重负的软肋。

义务之所以沉重，除了自然和社会附加给我们的束缚外，跟我们的能力不足也有关。那些名角之所以敢冒声败名裂的风险，去除不符合感情的义务，说到底是人家有应对义务的能力。人生下来就拿着自由的支票，但有能力的人才能真正兑现。

人与人的关系能持续多长时间，主要依赖于联系的两人谐振的程度。活在这个世上，人们的关系在不断开始，也在不断淡化甚或结束。即便血缘和地域，也基本上只是人与人之间关系的起点，大多情况下不足以提供更高层次关系的能量。某种程度上说，越淡化初级层次的关系，人们才越有可能建立更高层次的关系。

以功利和义务为基础的人际关系，无疑处于相对较低层次。但即便这一层次的人际关系，也只有在包裹着一层感情时，我们才是愿意承受的。我们有时说它们是伟大的，是就其中所包含的情感因素而言，这并不表示这些关系不沉重。到了较高层次的人际关系，精神上的谐振就会有更高的要求。

缩小人际关系的范围，是提升人际关系的必由之路。人际关系的负累程度是由你丧失自由的程度来衡量的。如果你珍视自己的自由，想做那些需要静心并有所积累的事情，你就不会在没有深度的人际关系中打转。只有一个内心寂寞的人，才需要不断重复那种没有多少精神共鸣的轻交往。

人都在一定圈子生活，并以得到圈子的认可为乐。没有别人圈子的套路未必是一种缺陷，也许还是一种幸运。到了一定年龄，人就不得不选择适合自己目标的交往模式。在这个连最亲近关系都在功利化的社会，心中只留一个念头：离人远点！

作为一名知识分子，要担当启人和自启的人生使命，得始终提醒自己更强大一些才行，不管身体还是心理。一个容易疲惫的身躯，无法行走更远的路，一颗不能持久工作的大脑，无法思考写作更艰深的东西。面对困难容易退缩，强势面前不能保持立场，遭遇生命的无常容易产生幻灭感，把自己的得失看得过重……诸如此类都不是一个需要担当的知识分子该有的心态。

李敖和方方对中国知识分子的指责有一定道理，因为他们的确容易处于上下不相衔接的困境。一方面，知识、思考让他们离开了地面；另一方面，他们又没有持守更深更高的道义，于是就会产生一种空前的失重感。他们下不能认同坚实的粗糙，上没有担当博大的天道，于是便流于虚弱的空谈。这种虚弱性决定了他们容易冲破自己表面的文雅，要么依附于权力，要么屈从于市侩。

但是，这又怎么能只怪知识分子本身呢？知识分子一旦失去同天道自由沟通的权利，他们如何还能蓄有自持的能量？他们一旦失去自持的能量，又怎么能究天人之际、通古今之变、成一家之言？是谁让他们不能将理论和实际统一起来，成为前不着村、后不着店的一群人？毋庸讳言，中国文化的重建首先依赖中国知识分子的重建，而中国知识分子的重建首先在于他们是一群相对独立的人。

如果你认为“自由”是一个苍白的字眼，或者至多指称不确定的对象，那得恭喜你正享受着幸福安宁的生活。对于那些处于不幸的人来说，“自由”指称着一件件实实在在的事情。要问人们“自由”一词有哪些大家公认的含义，也许没有一个人能够确切地给出，或者说没有一种是大家完全认同的。这是因为，人们所处的情境不同，所需要的自由也就不尽相同，甚至大异其趣。

“自由”一词有多种含义，每一种都针对人类的某类生活情境。它的反义词是“束缚”、“奴役”、“控制”，自由意在减少束缚、奴役、控制。从终极意义上说，人们不可能完全摆脱束缚、奴役、控制，因而没有百分之百的自由。凡自由都要付出代价或成本，都要让渡一定的被束缚、奴役、控制。从理论上说，自由是一种不断摆脱束缚、奴役、控制的追求，而从实践上说，自由依赖于一定的时代需要和人生际遇。

从宏观上看，自由的历史演进也就是人的需要的逐渐提升，如果从个人到公共、从经济到政治、从物质到精神是一种提升的话。自由因而体现在人类生活每一维度上对束缚、奴役、控制的冲击，从自然到社会到精神无所不包。人们想满足哪一方面需要，就会在哪一方面寻求自由，因为我们的需要总是免不了自然和社会的束缚、奴役、控制。

人生中关键的几步，一旦误入歧途，便需要花很大力气矫正。在一个选择权很少的环境，在一个人际紧密缠绕的族群，人们的确不易静下心来做自己想做的事情。不是奋斗就可以改变自己的命运，要看上苍给不给这个机会。不是努力就能换回自己的权利，要看社会有没有这个自由空间。

人都在一定的圈子生活，圈子内的价值导向起着决定性的作用。人也许一生都在寻找适合自己的人，适合自己的圈子。如果不努力挣脱，你就有被彻底改造的危险。但又有谁能彻底摆脱他人的影响和环境的束缚，不过是竭力奋斗一个多少能发挥自己作用和受到人们尊重的位置而已。

人得给自己藏几分野气和童真，心底留一点自由，跟权威保持一定的距离。被驯服久了，人真的会失去茁壮成长的可能性。活到一定年龄，人不该再仰仗外在的认定。回到自己，才是通达天地的必由之路。如果有强大的理性，人也许可以自足，可是一介凡夫不在神灵那里安顿自己，又能到哪里寻求慰藉。

尽管追求不朽只是少数人的事业，力争未必一定有结果，但是过早地放弃自己肯定是一种沉沦。我们受制于太多的莫名因由，可是活在奋斗的路上，抱着乐观的希望，总是对人生的一种负责。即便不能回天，有所追求的人生也才是符合生命本质、可以通达天地的。

好多道理，用于说服别人容易，用来说服自己却很难。人心常有一些固执的道理，既经长期浇灌滋养而根深蒂固，也关乎自己的心性、福分、命运和归宿。它们不时地展露在人们的言语和行为中，与其说在表现他们的主体性，倒不如说在道出他们的受动性。在一个人能对这些道理进行反省和超越之前，它们已经在文化、社群、阶层、他人中或显或隐地存在了很久。

反省调适自己是一件十分艰难的事情，因为我们每个人都被不知不觉地浇筑一堆道理，它们构成我们看待世界的图景，选择行为的导向，估价人生的框架。内在的道理与外在的处境，心中的念头与生活的构建，灵性的追求与世俗的安置……需要某种程度的一致性，以便实现自我和安顿灵魂。这需要一个相互调适、彼此建构的过程，未必一定用内在强制外在，也可以通过外在调适内在。

对于某些人生来说，反省超越自己甚至成为必须完成的使命。从自然角度看，我们不过是自然生命的一部分，遵从个体自保和种族遗传的自然法则。这样的人生不是没有意义，但也不过实现自然生命而已。人类或者至少其中一部分应该拥有更高的人生使命，超越仅仅作为自然生命的人生，实现某种程度的自由自觉。如此人生的一个必要前提便是，反省并超越深植于自己的很多道理。

第五章 社　　会

第一节　教育与自知

人生不满百，常怀千岁忧。似乎有些悖谬，但这就是人性所在。思想有这一要求，语言有这种诱惑，历史在往远处拉，文化整个重塑了我们。虽说幸福就在于关注现在，回到自己，把住本能，但很难真正做到。

本能不仅意味着需要，而且意味着当下满足。人的教育和成长，目的正在于离开现在，离开本能，离开自己。吃喝拉撒睡……都需要延迟满足，遵守规则，学会克制。需要和满足之间留下的空白填充了思想、语言、历史和文化。教养、培育、社会化……意味着符合大家的要求，遵守约定的规则，熟悉一定的文化历史。如此久而久之，我们压抑了本能，看不到现在，忘记了自己。

所以，成人的过程带有一定的危险性。我们需要借助教育、人性、社会化成长起来，但我们又必须及时、恰当地恢复本能，回到自己，抓住现在。文化从而含有两个部分：一部分叫我们怎么成为人，怎么进入圈套，怎么拾起，另一部分叫我们怎么超越人，怎么解脱圈套，怎么放下。第一部分是药，第二部分是解药。

文化两个部分的转换过程需要很长时间，而且可能伴随着痛苦。文化对本能的压制是一种痛苦，而本能对文化的操纵也是一种痛苦。因此，人生的目标在于本能与文化的和解，只有这种和解才带来潇洒、雅致、随性、自然、味道。

人有着巨大的适应性和可塑性，教育、环境、经历、自我期望、感情……会把一个人塑造成相当不同的人。但是，我们期望，这些塑造能够较好地保护和顺应人的天性，并最大限度地实现一个人的潜能。如果天性受到扭曲，一个人无论如何难以达到幸福或成功。

一个人的天性当然不是固定不变，而是由或长或短、或先天或后天的各种因素累积而成。身体和智力素质的一大部分来自遗传，身心状况、情感水平、基本德性、意志力、智力、习惯的更大部分得自家庭状况、童年教育和早期经历，其余的可变部分来自后继教育、社会环境、人生阅历、自我期望、重大的突发事件和个性倾向。

对待自己的正确态度是，努力变成自己天性中最好的自己，而不是别人期望中最好的自己。对待他人的正确态度是，尊重和欣赏他人身上优秀的部分，如果彼此愿意还可以帮助他人成为符合其天性的最好自己。我们没有能力完全改变他人，我们甚至也没有能力完全改变自己。我们只能顺应自己的天性，并寻找适合自己天性的他人。

天性使一个人带有很大受动性，使他只能在有限的路径上实现自己。教育的目的不是改造一个人的天性，而是滋养他天性中的优良部分，不是把一个人塑造得完美无缺，而是唤醒他在自己最合适的方面着力。

职业不过是一种劳动分工，首先为一种谋生手段，对每个人来说都是必须的，而且带有强制性。但是，一旦超越谋生手段，职业促进享受和发展，甚至带上神圣性，就成了事业。只有这时候，职业才提升我们的人性，增加我们的自由自觉。

是否可以跳过职业，一步进入事业？世间大概只有极少数出身顶尖的人可以做到，他们可以不经职业的强制和磨砺，不仅不愁生存的物质基础，而且确保心性的健康方向。除此之外，作为芸芸众生的我们，既需要职业以维持生存，也需要职业以历练做事业所必要的心性。说实话，只要我们的身心可以承载，职业是维持我们健康生活的必要条件。

那些连职业都不能做好的人，不可能指望在事业上做出什么成就。做好本职工作首先需要的是一种责任，而责任意味着不得不做并尽力做到最好。在责任的历练中，一个人学会了韧性、细心、专注、敏锐、宽容、规范……而这些为从事一番事业所需要的素养，不可能一开始就从快乐的消磨中获得。

眼高手低是很多人容易犯的毛病，小事不愿做，大事做不来，心中拥有远大的志向，而且越来越远大，眼下却不见一步步踏实的行动。不管多么有趣的事情，要让它变成一种事业，都需要理性限制它的旁枝，抱负滋长它的根须，素养确保它的持续成长。

蔡元培先生曾说，“教育者，养成人性之事业也”。人性的养成旨在发现和助长人性中美好的诸方面，而限制和减少人性中恶邪的可能性。成人是一个马拉松式的漫长过程，既需要家庭、学校、社会的联合作用，也需要一个人诸多能力、素质和教养的逐级建构。大学只是人性养成的收尾阶段，教育的最终成效不只依赖于这一最后冲刺，更依赖于长期健康均匀的用力。

真正的教育是全面开启一个人，让他的一生变得越来越丰厚，从身体到心理到灵魂。身体是人一生幸福和成功的物质基础，成人过程必须养成良好的生活习惯、运动的爱好、对身体的理解和关注。心理是人把握自己和回应现实的复杂系统，成长过程需要开发智力，发现和培养兴趣，建立良好的知识结构，需要培养情感，能输出也能承受，学会理解和选择，需要磨炼意志，从小事做起，并耐心地坚持下去。灵魂则构成我们与自己、与他人、与自然连接的深层关联，生命展开中默默积淀，并在某些阶段逐渐从自发走向自觉，由信念步入信仰，面对那些古今天地的深邃问题。

但是，功利化、行政化、机械化的应试教育却将丰富的人性挤压为偏狭的智力游戏，结果是小眼镜驼背……的身体，急功近利……的心理，无处依托……的灵魂。教育的失败才是民族的最大悲哀！

大学生应建立知识、能力、素质的合理结构，这是国内外高等教育得出的基本结论。但是，怎样才算合理的结构，不同层次的学校给予不同的解答，由此基本对应了毕业生在未来社会的基本处境和终生的可能成就。

通常情况下，知识、能力、素质在我们生命中的效用时间是不同的。知识的更新一般在三五年左右，能力的变换需要十年八年，而素质往往影响我们一辈子。尽管素质的作用也不是一劳永逸，需要在未来的生命中加固和坚守，但它一旦养成就不容易脱落。能力则会随着工作和生活的需要而适度地增减变换，至于知识更是处于由浅入深的不断更替中。

从一流大学到末流大学，大体体现素质、能力、知识的权重不断后移过程。越是一流大学，越是将学生的价值观、人文素养、眼光、使命感、责任担当放到更有权重的地位，由此引领学生终生的能力建构和知识更新。越是末流大学，越是将快速适应社会作为自己培养学生的功利目标，结果毕业生往往终生只能在社会的较低层次徘徊。

大学的层次与社会的层次有一定的对应关系，大学对其学生素质、能力和知识的结构排序和权重安排，受到自己所属层次的强烈制约。我们很难期望末流大学能执行一流大学的结构排序和权重安排，因为它们无法与社会的需求层面相匹配。

在相对和平的时代，人的基本素质和基本人格远比政治信仰更为重要。政治信仰在人的综合素质中处于相对派生的层面，并不是作为一个人的必需成分。无论具有怎样的政治信仰，培养合格的公民，发挥其创造力，才是我们的教育最为重要的任务。

人生有许多基本维度，怎样料理自己的身心，怎样对待他人尤其陌生人，怎样面对生存环境……都展示着从相对幼稚到相对成熟的不同层面。成功的教育，既要兼顾人生的不同维度，又要尊重不同层面的成长顺序，才能最终把人培养为合格公民。如果错失维度或忤逆顺序，人就可能存在缺陷甚或变得畸形。

当下的中国教育某种程度上既错失维度又忤逆顺序，导致整个教育过程的混乱。孩子的幼小心灵被过度开发的理智和盲目灌输的大道理占满，反而缺少基本情感和基本人格的养成空间。反过来，当他们几乎变为成人的时候，学校又开始教育他们幼稚的做人道理和基本情感，政治信仰的进一步灌输更是难上加难。

教育与生命成长某种程度的脱节，是我们教育体系的严重痼疾。不解决这个问题，不让人滋养日渐肥沃的心灵土壤，要想保持人的创造力，培养人的公民素质，实难做到。同时，不以宽容、善良、责任、理性为基础的政治信仰，不仅容易摇摆，而且可能变得狭隘而危险。

生命中很多东西，被我们不加怀疑地接受下来，构成生命的地基。一般情况下，我们不会怀疑自己脚下的路，这种确定的信念反倒是我们幸福的基础。我们不希望脚下的路颤动、开缝、断裂，以致于开始怀疑自己的生活，开始质问命运之神。

当我们沿着一条路前行，不再有生命的十字路口时，我们就会终于安心。不一定多么幸福，也不必多么成功，只是因为生命中不再有别的可能性，反倒落个清净。生命展开中会面对各种可能性，可我们只能选择其中一种。这种选择又多多少少是盲目的，然而不到万不得已我们也许会颠簸着一直走下去。

说实话，有时候我们真的不大清楚自己究竟需要什么。因为我们并非总是清醒，生命也不需要我们始终清醒、过分警觉。当我们过分关注现实或自己时，我们的感知通道就会变窄，反倒可能失去对生命处境的整体把握。在普通生活中，只有偶尔的急迫问题才需要我们十分专注，这也正是生活与研究的区别所在。

洞悉自己是世间最困难的事情之一。我们甚至不希望将自己作为苦苦思索的对象。尽力安顿自己的生活，而不是费力探寻“我是谁”。我们的真正需要由我们的焦虑不安显示出来，并由一颗日渐强大的心灵捕捉到。把生命状态调整到最好，美好的事物就会迎着自己的需要汇聚起来。

对人生的许多事项，从道理上讲，我们开始时需要明智，而结束时需要勇气。但实际情况往往是，我们盲目地开始，却缺乏结束的勇气。怎么会这样呢？

一个重要原因是，我们并非始终具有恰当的自我意识，因为有无恰当的自我意识是判断一个人是否成熟的重要标志。所谓恰当的自我意识，就是一个人头脑能保持清醒，始终做自己想法的主人，知道自己需要什么并作出合理的选择，坚持过符合自己意愿的生活，有健康的理性调整自己，直至明了自己的人生目标。

说实话，我们的教育没有把培养恰当的自我意识当作重要目标，不能不说是它的失误之一。我们的自我意识觉醒得太晚，而且很可能在成长中错失了培养洞察自己能力的机会。我们原本是独立的个体，既要共享这个世界，又要保持自己的独立性。学会共享和合作当然很重要，但明确自己和他人的界限同样重要。如果不能很早就从这两方面着手，我们可能既无法清楚地倾听自己的内心，也难以培养真正的合作精神。

对一个正常的社会来说，自私不可加以鼓励，无私也不应作为要求。不恰当的教育，使我们要么不成熟，没有意识到自己，要么过度成熟，让自己完全随了俗世。被道德、权威、他人、时尚、习惯绑架的自我，跟还没有启蒙的自我一样，其实都是脆弱的。

认识自己是一件艰难的事情，尤其是我们的教育和文化并没有从小鼓励和培养这种能力。每当面临艰难的生活选择时，往往失去自己的主动性和判断力，一个重要原因便是我们并不知道自己真正需要什么。不清楚自己的需要，就缺乏有力的呼唤，更何谈长期的坚持。

认识自己是需要锻炼的一种能力，而且差不多处于所有其他能力的源头。一个人认识到自己的能力特长和兴趣爱好，才能在自己优势和喜欢的地方用力。人的成就和幸福跟自己的兴趣和需要无疑具有很强的正向关系。做自己喜欢的事情不仅能带来愉悦，而且还容易坚持和取得成就。

培养自我认知能力的前提是明确自己与他人间的界限，以及认同自己的独特性。人必须从大众压力下解放出来，认识到自己是有限的、独特的，并以此为基础建立自信。只有确立自己能力、权利的边界，才能承担起自己的责任、义务，管理好力所能及的事情，为自己的言行负责。

爱是一种责任，但它必须是有限的、自立的，才能正常地延续。培养一个人的自知力不仅是父母的责任，而且是社会的要求，最终更是自己一生的职守。不管一个人往哪个险处滑，别人只能提供建议和参考，最终还得自己选择和承担。只有真正自知才能强大，而强大只有一条路，即勇敢地面对和有力地担当。

说实话，一个无法将全部身心投入到教育事业的人，一个不能将专业素养和教学艺术有机结合的人，一个没有在思想品德和人格养成上身体力行的人，是不可能成为真正的灵魂工程师的。教师必须将自己的人生体悟和赤诚之心和盘托出，对学生的饥渴心灵无声滋润，才能真正起到助长、化育、提升的“三观”教育功能。

当前教育风气的日渐功利，学校环境的参差不齐，教育普及的不断加深，使思想政治教育和人文素质教育不仅任务更重，而且处境更为尴尬，因而坚守在这两类教育教学中的教师，需要异乎寻常的定力、爱心、学养和责任感。

思想政治教育和人文素质教育难以分割，当前影响思想政治理论课针对性、实效性和影响力、感染力的重要根源之一正是学生人文养成的不足。所以，竭力在思想政治教育上塑造学生的大学，必须首先或同时开展学生的人文素质教育，因为人文素质是思想政治素质的肥沃土壤。

人类灵魂工程师，必须既能以理服人，又能以情动人。即便进行思想政治教育和人文素质教育，丰厚的知识学养和坚实的学术功底也是教学质量的必要基础。只有学识、理性、逻辑、思维的充分展开，使学生在知识的海洋和思想的高峰中打开深邃的历史眼界和广阔的当代视野，政治情感和人文素养才能有所依托。

随着应试教育受到诟病，快乐教育被不少人热衷追捧。但是这里潜藏着误区，不能不保持警惕。快乐教育并不是要改变教育塑造人的目的，更不是只快乐不教育。应试教育的确存在死记硬背的问题，快乐教育应该修正的是其中的死、硬，而不是记、背。受教育而缺少快乐的确有问题，但有快乐而没有教育可能更成问题。

教育是塑造人的完整过程，将一个自然人塑造为社会人，甚至培养为一个有专长、有爱好、身心健康的人才，不可能完全快乐。教育者和受教育者不一起做出努力甚至牺牲，构不成一个良好的教育过程。凡有改变，必有痛苦，没有哪种良好的才艺、习惯、品性、修为是轻易得来的。

流行于发达国家的快乐教育，是高于而不是低于应试教育。快乐教育体现受教育者主动性的发挥，尊重学生的兴趣、爱好、选择，但前提是社会要有足够且公平的教育资源，教育者要做出更周全的设计安排，整个教育体系与社会需求要有更恰切的对接。快乐教育强调活动中学习，参与中提高，应用中深化，理解中记忆。

不管学习哪门语言和知识，在建立自主和兴趣之前，都有一个相对被动的阶段。尽可能减少学习者在这个阶段的被动，尤其不致使他们因被动而胆怯、畏惧、自卑、退缩，这恰是快乐教育所可发挥作用的最好地方。

随着高考过后的宣传白热化和招生对抗战，社会对高等教育的争议跟炎阳骄日一样在不断升温。在中国，高等教育既是人们大吐口水的地方，也是寄予最大希望的地方。现在的确不用千军万马过独木桥，但总体上可以说，一方面桥宽了，另一方面水浅了。

随着时代的演进，一个社会能成才的总量的确会增加，但这种增加通常情况下不可能有经济增长那么快。社会的智力总量有它自己相对独立的增长速度。随着高等教育的大众化，社会的智力总量肯定在增加。然而，相对于受教育人口，社会精英的比重在下降，一定时期内高度也会下降。在现代社会，除了个别情况，是否接受高等教育乃是社会分层和个人素质最重要的影响因素。在教育大众化的时代，社会可以容纳那些不愿意、不能够进入大学的人，但他们绝对不是可以大规模学习的样板。

教育改革需要不断进行，中国教育调整的灵活性还远远不够。在行政和市场的博弈中，前者处于绝对的主导地位，去行政化将一直在路上。教育的确需要恰当的压力，没有压力就不算教育和成长，但过多的压力则不利于学生的健康成长。行政化、标准单一、资源垄断都只能带来过多的外压。真正健康的教育在于让学生们逐渐增加内压，提高他们的抗压能力，同时增加多样性选择的机会。

如果没有踏踏实实的一个个小目标，人生的大目标简直是一句空话。人生不乏宏大的目标，我们从小被诱导着瞭望，历史和现实的成功人士也向我们提示，但是，从一闪而过的念头到目标的最终实现，有十万八千里距离。即便人的智力足够，现实且不乏机会，一个人也需要具备走向目标的诸多知识、能力和素质。

宏大本身也许并没错，但是如果它脱离丰富的细节，没有实现的切实路径，变成对他人的不实要求或自己的浮泛设想，则有百害而无一利。传统社会由于上下的二元隔离，对政治的过分强调，长期的等级划分，容易在文化思维上打下不科学的宏大烙印。向讲求科学、明定规则、落地理念的现代社会过渡，将是艰难的漫长过程。

空洞不实的大词和不着边际的说教在我们的教育中危害已久。凡是从某些特殊阶段过来的人，都免不了成为受害者，但又有意无意传递着这种习惯。大词掩盖我们对细节的关注，抹杀个体之间的差异，让我们的语言缺少感人的故事性。说教则立足于高高在上的政治或道德地位，造成人与人的不平等，引起受教育者的逆反心理。

必须有切身的体会，并从接受者角度考虑，我们所说的内容才容易为人所理解。教育的改造是整个社会改造的一部分，思维模式和语言风格是整个社会文化的有力表征。

不同层次学校的差异，首先不在于学生的智力，而在于学生的内驱力。层次较高的学校，由于历史积淀、校园文化、名师引领、竞争环境……学生有着更高的内压，因而积极性主动性得以焕发。他们看到更高的目标，也发现实现的可能性，于是抱负和信心能更多被唤醒。学生越是处于较高平台，就越是敢于和善于追求卓越。当你能触摸卓越时，卓越在你心中就成为一粒等待发芽的种子。

内驱力会转变为执行力。在现代社会，实现目标的路径已经多样化和大众化，人们首先缺乏的不是路径，而是由内驱力驱动的目标。人一旦有内驱力，就会控制自己的行为，管理自己的时间，将目标分解为踏踏实实的行动。不管目标还是路径，只有当内驱力被发动时，才能有效地关联起来。目标未必要宏大，但它们一定要来自个体自身，哪怕是摆脱泥潭的挣扎，才能化为持久的行动。

好学生无疑是自学出来的。这并非说好学生不用上课，而是说他们绝不满足于教材，绝不满足于课堂，绝不满足于已知领域。持续地从事有难度的实验、调查、阅读、思考、写作……都依赖于学生内驱力的点燃。我们相信大部分学生心中都藏着一堆可燃物，真正的教育在于将它们点燃。学生一旦知道自己撑着火把前行，要比一百个教师更能促使他们走向卓越。

人生道路的不确定性，即便不说是赌博，至少也可说是历险。这种不确定性，不只对于未来，也同样对于过去。人们不知道未来会发生什么，而过去已经发生的依然需要不断重估。人们的确讨厌不确定性，然而正是不确定性才唤起人生的意义。一眼就能望穿的人生，没有几个现代人愿意去过。

尽管不确定性给人生的意义留下空间，但追求确定性却往往是人生的目标。毕竟，幸福、成功……都与确定性密切相关。然而人生阅历会慢慢告诉你，这种确定性主要不在身外，而在心内。比如，满满的信心，不管对事还是对人，不管对他还是对己，都是增加确定性的重要因素。

良好的教育并非总能在世俗方面更为确定，恰恰相反，教育不仅不能消除人生的不确定性，反而使人们更明锐地觉察到这种不确定性。人们之所以认为良好教育是一种进步，并不是受教育者一定会在世俗方面更为圆满、更加确定，而是基于这样一点不同：良好教育而来的文明开放，使一个人逐渐拥有更好的自己。

拥有更好自己的前提是挑战由外在世界决定的表面的确定性，然后通过纵横穿梭、怀疑批判、理性自觉、独立判断，以更大的动力和更多的机会去追求内在的确定性。这就意味着，努力地建构自己，主要是让自己不后悔，而不是对结局有十足的把握。

教育大抵是人世间最重要却又最艰难的事情之一。最重要是因为它关涉个人命运、家庭荣辱，国家实力、社会风尚，代际传承、文明兴衰。最艰难是因为有太多的因素影响它的成效，人又是太过复杂的动物，没有哪一种模式可以完全而一劳永逸地适用。

最重要和最艰难合到一块，其结果便可能衍生出各种违反教育本性的后果。既然教育最重要，那么社会中什么事情诱惑大、什么风气更时髦、什么力量有威势，就有可能首先吸引教育、波及教育、利用教育，使教育的某一部分不顾其他部分而恶性生长，使教育某种程度上变得畸形。偏偏人是最复杂的动物，有深浅不同的各种需要，而且极其个体化。哪怕一种最灵活多变的分散模式也无法套住某一个人的全部独特性，而况这个时代的大众教育、大国教育、应试教育几乎抽掉个人身上所有的独特性。独特性不被尊重的人便可能渐渐失去自己，那些大概念、大道理、一般性、公共性、公约数必须以个人的独特性为依托，没有后者，前者也就失去意义。

当然，教育是否有自己的本性，本来也可以怀疑，就像人是否具有固定的本性也可以怀疑一样。但是，如果说教育的显效有长有短，对人性的塑造有深有浅，则是必然的。所以，说教育最重要毫不为过，而说教育最艰难也势所必然。

只要社会存在，就难免有光明面和阴暗面。我们的人性同样相当复杂，从光明到阴暗有无限的梯级，多样的维度。所以，没有哪个社会是完美无缺的，没有哪个人是纯洁无瑕的。我们只能从大方向、主要维度、大概率上论述一个社会和一个人。难以避免用大概念去论说社会和个人，但面对每一具体情况都需要慎重，充分注意到其中的多样性、复杂性、细节和可变性。

教育的一个主要任务是在一个人进入鱼龙混杂的社会之前，得到生命根蒂的彻底训练，从而坚定自己对社会光明面和人性美好的信任和信心，夯实分辨是非、坚持正向的素质。缺乏这种良好训练，一个人进入社会很容易在挫折、委屈面前，失去对社会和他人的信任和信心，转而错认丛林法则，向着相对阴暗的方向退变。能否始终相信人间美好的东西，是检验一个人素质的重要标准。

家庭和学校承担着教育最重要的基础部分，从根本上奠定一个人的未来行程。所以，过早进入社会对青少年来说是一件充满风险的事情，不只因为他们不具备谋生的基本能力，还因为他们尚不具备从泥沙中滤出金子的素质。培养一个阳光、纯净的孩子，需要家庭和学校的无数付出。他们尽管将来未必成为栋梁之材，但至少会保持乐观的心态、平和的潜质、高雅的情趣、幸福的能力。

虽然在一定的大环境下，所有大学都难免带有一些共同特征，但是从内部体察，它们之间还是有较大差异，而且差异决不只在规模和收益，更重要的在于它们的文化，在于它们离“大学”这个概念的实际距离。只有在其中不同层次都曾长期呆过的人，才会形成这种切身的体会。

一所大学的文化土壤相对肥沃还是比较贫瘠，至少可从如下方面看出。第一，作为办学主体的教师队伍，是受到管理多一些，还是得到服务多一些。第二，终身做事情的人比较多，还是比较少。第三，哪些人成为学校的红人，是握有权力的人，还是学有所成的人。第四，校园的管理服务多细，是否有能让人心中一热的亲切感。

文化首先来自历史的积淀，办学历史短的大学，在文化方面有先天缺陷。文化也来自群众的自发性，大学的普通师生有多大的自由，便可积蓄多大的文化能量。文化还来自科学和人文的交融，相比单科型大学，多科型尤其文理综合型大学更容易积淀大学文化。这三方面因素的有无和多寡，大体决定一所大学的文化底蕴。

也许经费投资短期便可以建设一所建筑宏伟、广场漂亮的大学，但大学文化却是历史、体制和学科长期积淀的产物。其实，没有文化土壤的供给，没有合作和奉献的精神，一所大学很难有众多的高层次学术成就。

除了少量天才，不下一番苦功夫，一个人很难在学业上有所作为。在大家都依赖电子资源、网络终端和拍照技术的时代，勤快地使用本子记录的人已经越来越少。大学课堂和学术报告中，带着纸笔记录的人，往往凤毛麟角。这令人不能不担忧，教育、传播的成效到底有多大。

一般人尤其年轻人都过于相信自己的记忆力，以为所有知识都像日用品名称一样不易忘记。其实不然，日用品名称之所以不易忘记，也是因为不断重复的结果。即便日用品，一旦不再使用，便很快退到我们的意识幕后。我们的注意力只在很狭窄的范围打转，多在处理眼前急迫却暂时的事情，纳入持久注意的事情很少，因而真正能记住的，要么特别重要，要么长期重复。

人常说“过眼烟云”，其中最原初的意思便是：眼前的东西跟烟云一样很快过去，不会深刻地留在脑子。只有用笔记下的东西，才能形成客观材料，便于翻阅、查对，不易成为“过眼烟云”。而且用笔记述的过程，本身就是增加注意、加强记忆、提高准性、促动思考的良好途径。

真正的好学生基本上是自学出来的，他们充满主动性和耐力，为自己确定计划，心中有学业抱负，能从学习和思考中获得巨大快乐。他们懂得，阅读、思考、写作三者必须彼此关联，才能共同助益一个人的学业。

处于社会下层的孩子大多是在自然随性的生活环境中长大，与成人一起感受生活的苦乐，而处于社会中上层的孩子大多是在人为控制的环境中长大，与成人生活被谨慎地隔离。随性的环境有它率真、自然、生活化的优点，但容易暴露出粗放、混杂、情绪化。控制的环境有它单纯、调适、高营养的优点，但会导致与生活脱节、适应性不足、自我中心。

随着生活条件的改善、社会地位的提高、对下一代成才愿望的增强，教育越来越在人为控制的相对纯净环境中进行。教育环境的纯化从成才概率和人才涵养质量的角度看，无疑有好处。但人才培养大概是天底下最难完全控制的事情之一，影响一个人成长的因素实在太多，我们的有限智识很难知晓哪些因素影响孩子，每个因素的影响程度有多大，哪些因素长远显效，哪些因素需要谨慎隔离，哪些因素影响到一定程度该停止。

于是，我们只好相信或不得不相信成人的经验、现有的教育体制、当前的竞争和良好的愿望，尽可能控制教育环境。不能说小环境受控的教育一定弊大于利，但有一点是肯定的：它与人才成长的实际过程有相当距离。社会缺失了本应由它责无旁贷地提供的良好的、孩子随性成长所需要的大环境，于是父母和学校为避免大环境的不良影响，只好过度地人为控制。

你在接近幸福，你就在远离诗意。青春是诗意的，因为青春是压抑的。人性在各种限制和约束中成长，所以难免经受磨难和压抑。经过需要的延迟满足、规则的集体规制、情感的文化熏冶……人才被塑造为人。然而成人的过程可能失去很多，而异样的眼光、鄙视的神情、不平等的机会，又可能把其中一部分人打入另册。

泛政治和泛功利是某些文化传统根深蒂固的一部分。急功近利、过分知识化的教育使我们少了很多真实的情感、人性的关爱、应得的宽容。所以如果你有精力，去做一些滋养后世的厚事，而不是那些取悦权势的薄事。权力很可能是这样一种东西，位居中心，很少有人不喜欢阿谀奉承。

孩子在同心圆差序结构的自然社会生态中成长，来自父母的爱必须均衡、同向、互补，才能使孩子得到健康的成长。通常情况下，父母代表社会的两种性别角色，他们的爱各有其性别特点。孩子若是得到良好的教育，长大以后身上会赋有恰当地对待两种性别的良好品质。

心灵净化和精神成长要远比刻苦学习复杂、漫长得多。尽管才能和智力重要，但对于一个人的幸福和成功来说，有很多远比才能和智力重要的东西：善良、宽容、利他、光明磊落、充满同情心、有责任感、守信用、尽心竭力、充满爱、富有激情、开朗合群等等！

第二节 理想与现实

相信苍天能给我们的，已经是最好的安排。苍天有好生之德，如果还有更好的，就不可能不给我们。它在关上一扇门时，总在打开一扇窗。它在拉开一些沟壑时，总在堆积一些山丘。它用严寒折磨大地后，总用春暖送来山花。它用风暴恣意施虐后，总用彩虹慰藉晴空。

我们不能按自己的意愿苛求这个世界。意愿的色彩过于明亮，意愿的形状过于圆满，意愿的线条过于平直。相反，现实的色彩往往灰暗，现实的形状往往残缺，现实的线条往往弯曲。用意愿的圆满苛求现实的残缺，痛苦和怨恨便在距离间蓄积。然而，意愿是用来照亮现实的，而不是用来苛求现实的。

缩短意愿和现实的距离，可以进行双向调节。要么提高自己的适应能力，让意愿渐趋和缓地落地，要么增加自己的内外实力，让现实循序渐进地提高。有能力远望之前，我们得从近处着眼。有实力改进现实之前，我们得先适应现实。在苍天给予的机会面前，总是那些更加适应的生命得到更多的阳光。苍天只负责制造养料，而不负责把它们送到我们嘴里。

把遇到的每一处风景当作最美丽的，把知遇的每个人看作最合适的，把选择的每种人生道路认作最恰当的。但有一个前提：问问自己，是否真正尽心尽力。一个愿意尽心尽力的人，反倒不怨苍天，只是鞭策自己。

在这个举国感受圆满的时刻，也许我们更应该思考破缺的价值。圆满也许只在理想中存在，所以我们渴望和追求。现实往往充满着遗憾，因而需要我们冷静地接受。人在成长和成熟中，不应该磨灭理想，但一定要学会将理想建立在现实基础上。

那些由大话所组成的理想，很容易失去自己的效力，甚至转而将人们一步便引向最粗俗的现实。现实和理想的合理关系，需要从小在教育和社会化中恰当地建构。人们应该知道现实是残缺不全的，以便于接受它、容忍它、改善它，并从容忍和改善中发现够得着的理想。立足于现实的理想因而充满力量和坚韧，不至于在未来一触即破。

说实话，我们的很多需要建立自私的基础上，由这些自私需要所延伸的念想不一定具有现实性。许多人在很多情况下没有改变现实的能力，这时不是去怨恨现实，而是反思自己的念想和约束自己的需要。现实不会为那些只有想法而不去行动的人让路，改变现实的唯一办法是默默地积蓄自己的力量。

在成长和成熟中，我们需要逐渐意识到，对现实的要求不应高于对自己的要求，对外在的关注不应强于对内在的关注。但是，对自己的要求不能立足于现实，往往会带来失望和抱怨。对内在的关注不能落实于行动，常常会变成空谈和虚伪。

年轻时候，一个人难免理想化，难免张狂。理想化，因为还不知道生活的艰辛，还没承载生命的负累，还未历经情感的磨难。张狂，因为自己无知的外缘还小，自己的激情胀满了整个世界，自己的重量还不足以沉降。

但是，在生命的展开中，世界会告诉我们它的重量、力量、能量。你有棱角，它会在湍流中磨光。你想轻松地飞翔，它会用引力让你落定。你在平路行走，它给用沟坎山峦来折磨。你渴望一身温爽，它会泼下一盆盆凉水。你在阳光下展示，它会把一切隐入暗夜。你感受青春的力量，它会给你身边不断的倒下……

生命的展开就是一场磨砺。只有经受住磨砺，生命才能成长。但是，很多时候，磨光让我们圆滑，落定变成了沉沦，折磨让我们失去斗志，凉水导致心灰意冷，暗夜让我们绝望，死亡带来幻灭……我们最终也许会完全屈服于现实，那些属于生命本性的东西越来越少。可怕的不是没有能力，而是没有了本心。

在一个健全的社会中，成长是生命和现实的妥协，而不是用现实消灭了生命。现实可以抹掉理想化，但不应抹掉理想。成熟可以脱掉张狂的外衣，但不应销蚀自信的内核。生命是一种抗争，一种自持，一种品格，一种自由。如果始终保有对抗现实的某种心力，你其实是青春的、独立的、有趣味的人。

理论联系实际，对于任何时代、政府、政党、组织和个人，都是一个很高的要求。在人类的思想还没有达到理论的时代，那些准理论与实际之间有它们自己的契合方式，文化和文明就是在这种契合中产生、积累和演进的。哲学的产生标志着人类智力达到理论的水平，从此理论与实际之间能否有效联系成为哲学必须关注的重大问题，它既是检验哲学理论水平高低的标准，也是哲学理论能否创新的动力。

科学理论从哲学中独立出来以后，哲学是否还具有理论以及哲学是否还需要理论受到许多哲学家的怀疑。如果我们仅将理论归属于科学，那么可以说哲学不再有理论。但是，如果我们将理论看作一种理性的、思想的层次，那么哲学从未失去理论。然而无论如何，随着现代世俗社会的复杂化和科学分门别类的独立，哲学无疑面临着更加尖锐的理论联系实际的问题。从此，哲学理论要联系实际，不仅要穿过种种科学理论，而且要穿过日益复杂的人文思想（包括它自身的资料遗产）。真正原创的哲学理论要么立足于科学理论，要么立足于人文思想，抑或同时立足于两者。

不管科学、人文还是哲学，要真正达到原创，必须将理论和实际充分结合起来。强调理论，不能作为脱离实际的理由；同样，重视实际，不能成为忽略理论的借口。

生活的悲剧并不因为你意识到而结束，也并不因为别人的劝告而中止，因为生活之路始终得自己去走。生命历程中我们只有很少主动性，看上去主动的地方大多又只在无关紧要处。很少有人能知道命运的真正后果，我们目之所及只是咫尺的设计和期盼。一个人获得多大的自知和尊严，才有多大改进生活和坚守自己的勇气。

很多时候，生活是相当粗糙和十分无奈的。理论和理想有时就像阳光，并不是所有时候都能照到那些黑暗的现实，但有些人或者有些时刻却必须在黑暗的地方活着。那些有幸在大路上行走的人，未必有权利责备在泥泞小道上颠簸的人。道理有时显得很虚，因为生活还得继续。没有选择的地方，其实就没有道理可言。

若只站在山顶瞭望，你永远也看不到山麓的人究竟过着怎样的生活。若是只看到树梢上的阳光明媚，你就永远不懂树根处为了一丝阳光而艰难挣扎的小草。与其在梦中回望曾经的宏大幸福，还不如抓住眼前为之一动的微小温馨。把时间给予那些值得的人和事，不管有没有绚丽的绽放都不会后悔。

不再比较，不管横向还是纵向，是获得真正幸福的一个基本前提。有些目标不是刻意就能达到，它们也许只是来指引你的方向，重要的在于认真地体验过程，然后意外的收获也许就在你追求目标的沿途。

“理想很丰满，现实很骨感”这句戏言，颇有道理地说出理论和实际之间的距离。从古到今，从外到中，从大人物到老百姓，人们都怀揣理想，却又不得不面对现实。一个理想破灭了，人们又会提出另一个理想。一种现实变化了，人们又不得不面对另一种现实。始终面对这永远也不可能完全重合的两极，似乎成为人类的宿命。

柏拉图曾提出哲学王思想，希望哲学家成为国王，或者国王从事哲学研究，其中内含的一个期待便是希望理论和实际、理想和现实最终合二为一。这一思想的现代继承者之一便是马克思，他希望哲学不只解释世界，而且改造世界。但历史证明，这种结合的希望渺茫，而结合的结果却不乏悲剧。

越是大人物的理想，落空的风险也越大。因为他们的理想太宏伟，时间跨度太大，可能完全枉顾现实的曲折进程。理想作为照耀现实的灯光，不即不离、若隐若现、似有似无也许要比过分的人为强制效果更好。伟大的理想如果不能在现实中足够地缓冲，那就离教条只差一步，离灾难只差两步。

我们可以做一个坚定的理想主义者，不断以人性、天道、明德、至善去规范现实。但是我们一定要同时清楚，现实永远不是理想主义者可以随意揉捏的面团。大道理总是迅速给我们一片希望，但小日子还得低下头来慢慢过。

人时不时会陷入迷茫，不管在哪个年龄段。人在青春期有无名的烦躁，在中年有十足的危机感，进入老年又可能失去依靠。一些时刻，我们突然不知未来是怎样的路子，也不知生命该有什么目标，预期的前景变得模糊，就像在黑夜中行走，视野不够宽阔，下一步是否安全，我们并没十足的把握。

人生的期望大多要落空，我们会忘了初心，失去梦想，变成自己所不认识的人，苟且于难以忍受的环境。彻底甘心也算一种解脱，漂浮于两可却是真正的噩梦。沉醉于眼前的所得和浅近的好处，会让一个人失去长远的巨大回报和一再突破自己的可能性。在人生的冒险中，目标和方向至关重要，而机遇却往往稍纵即逝。

不是所有的成绩都要别人肯定，但想做的事情却需要有适当的环境。生命的有效时间被支离破碎的各种杂事所虚耗，是人生最痛苦不过的事情之一。生命的有限水源本该用来有效灌溉，但不经意中却可能被跑冒滴漏到各种荒漠废墟。人生可以不怕辛苦，但干瘪的收成却是无法忍受的。

让一个人幻灭和焦灼的不只是期望和现状之间的鸿沟，而且是面对这种鸿沟的无能和无力。让内心获得安宁，需要一个强大到能把握生活的理性，需要一个正坚实地走向人生目标的自己。人一不小心就迷失了自己，因为把梦想当成了现实。

任何方面的实际进步，都要比理论设想缓慢得多。所以，真正的知识分子往往是适度的悲观主义者，至多是谨慎的乐观主义者。当他们用理想的尺子衡量现实时，容易感到悲观是毫无疑问的。越是对理想充满热望，对现实的不满就越是强烈。他们总是抱怨现实走得太慢，总是渴望理想能早日完美地实现。

我们不能不说，理论和实际的张力永远存在。理论的运行轨迹接近直线，而实际的运行轨迹永远是曲线。理论可以凭着概念之间搭起的桥梁快速地前进，但实际则永远必须一步一步地翻越沟壑。在理论看不到现实进步的时候，现实可能正在拐弯；正如在现实看不到理论影响的地方，理论可能正默默渗入。

想想一个人的进步多么缓慢，就可以知道民族国家的进步会多么漫长。凡是那些想一步就让现实改造得跟理想一样的人，都无不造成严重的破坏、浪费甚至浩劫。没有理想的现实是悲惨的，但是比这更悲惨的，是让现实成为某些自大的理想主义者的试验场。我们相信理论有着巨大作用，但是任何时候都不要过分夸大理论的作用，它们一次能在现实的土壤上植出一层绿色，就已经尽了自己的力量。

万紫千红的春天不是一次春雨的结果。所以，既不要对理论失望，也不要对现实失望，它们的调适需要超过个人生命长度的耐心。

始终将理论与实际紧密地联系起来，无论对组织还是个人，都是极高的要求。

理论会以各种不同的变体存在，成为我们的眼界、视角、指南、导向，它们如果本身就有较大缺陷，或者被我们僵化地看待，就会成为我们观看的障碍、行动的束缚。因而解放思想，冲破教条主义的禁锢，一直是我们思考和行动的重要任务。一个社会越是集权和行政化，一个组织越是激进和盲目，一个人越是迷信和极端，就越容易发生教条主义。

实际也以各种层次和维度显现着，所看到的可能只是我们过滤了的实际，只是我们的有限经验所允许的实际。过滤我们实际的也许有意识形态、习俗、文化传统、宗教信仰、价值诉求……它们交织成复杂密集的有色眼镜。如何保证我们所看到的实际具有较大的客观性、全面性、精确度，始终是一件值得怀疑的事情，然而我们又不能无端地或过度地怀疑。经验在我们的生活中始终需要，但又要避免走向经验主义。

说不清的理论和道不明的实际，是否能够始终保持必要的张力，主要依据我们对理论的选择和对实际的认定。如果能够在多样理论的辨析中让理性具有较为清透的综观特质，如果能够在丰富的经验比较中较为周密地把握实际，我们才可能既有立场又有方法，在理论和实际之间保持随时升降的自由。

深刻的灵魂往往是孤独的，或者也可以说，孤独的灵魂往往是深刻的。在众人的喧嚣中，一个人会浮于夸耀，或抑于贬斥。如果你享受美滋滋的夸耀，你恰好在走向轻浮。如果你受到众声的贬斥，你会愤愤然去寻找同伴。不论你怎么做，你都在失去自己，因为你已看不到自己的来路。

活在这世上，你得知道自己要恪守的边界。每一个人都有自己保卫的领地，其中储藏着一个人的历史、习惯、收获和利益。小心翼翼地看清边界，在属于自己的领地上辛勤耕耘，不要轻易触犯他人的领地。人与人之间有着厚厚的隔膜，你所偶尔看到的，一半不过哈哈镜，一半不过猜想。

面对现实是一个成熟的个体的基本态度。你得认可无法改变的事实，然后寻求切实可行的解决办法。活到一定份上，最难得的就是实事求是的态度。抛掉不切实际的幻想，然后才可以找到合适的路子，并最终达到美好的生命归宿。追求总是必要的，但一个人会渐渐放弃与命运不合宜的追求。

自以为是有时会让自己裹足不前，因为除了同意，你收获不到反对的声音。到了一定年龄，一个人的进步全靠自己的开窍，因为别人没有任何义务去打破你的故步自封。不过，投机终究只能收获一时的利益，最终赢得这个世界的，还是人性的真谛、持守的原则、心底的信义。

第三节　传统与现代

传统社会基本上是特权社会，所以自由竞争的出现肯定是一大进步。但是完全的自由竞争引起严重的社会分化和极端的贫富差距，因而还不是某些思想家当初设想的理想社会。于是，历史又经历了较长时间的合理建构，终于从完全的自由竞争转变为竞争和规制并存的良性社会。

马克思主义创始人的目的首先是人道主义的，就是要消灭自由竞争带给工人阶级的贫穷和痛苦，当他们在西欧国家看不到革命的希望后，便转而希望东方社会能不经由自由竞争的痛苦而直接过渡到更高层次社会。然而实践证明，不经历某种程度的自由竞争，特权难以摧毁，这说明某种方式的市场经济难以逾越。从传统社会到现代社会的转型中，先发的国家偏于民间自发形式，后发的国家偏于国家自觉推进方式。

中国当初想实现马克思、恩格斯的第二个愿望，可惜事实上走了弯路。实行社会主义市场经济就是想减少自由竞争的痛苦却收获市场经济的好处，但是现在看来痛苦要能少受也还需要极大努力。我们在寻求不同于上述两种资本主义发展的第三条道路：一开始就有明确的人道主义目标，同时既要打破特权，又不能完全自由竞争。这样一种混合的转型方式如何能够更加成功，我们现在还没有十足的把握，因而充分的顶层设计便显得十分重要。

一个伟大的国家，不在于政治、经济，而在于思想文化。政治权势会有兴衰，经济力量可能强弱，但唯有思想文化一旦立于巅峰，就会成为永久的人类财富，昭示它们所以由来的伟大国家。

即便古罗马地跨三洲、光耀千年，也不足以与希腊半岛雅典城邦的百年相比。近代以来，意大利没有成为大国，可是引领14、15世纪的文艺复兴。葡萄牙和荷兰称霸全球，却不足以跟后来的伟大国家比拟。17、18世纪开启近代社会的英国，18世纪贡献启蒙运动的法国，19世纪在抑郁中崛起的德国和俄国，以及20世纪吸收战争养分的美国，它们才是思想文化上的伟大国家。日本曾是政治军事大国，现在也是经济强国，但从思想文化看，还不完全是伟大国家。

秦汉的统一和强盛，抵不上春秋战国的百家争鸣。唐代的伟大辉煌决不在于经济规模和政治强盛，而在于思想文化的繁荣多样，其余晖甚至波及宋代。元、明、清不是地块不广，不是经济不盛，而是缺乏伟大的思想文化创造。思想文化短暂繁荣的民国，能否称为伟大，还没有足够的间距加以衡定。

思想文化的伟大繁荣需要一定条件，要么来自权势转换的压力缝隙，要么得自允许独立思考的宽松环境。一个伟大的国家，有足够的自信、实力和心胸，不仅宽容特立独行，而且制造多样性。

习俗有着无与伦比的力量，可以轻而易举牵着我们的鼻子，摇着我们的脑袋，刺入我们的心肺。当你认为自己只是一个“我”时，你实际上早已是“我们”的一部分，你身上扛着从古到今的一堆人。自我所发出的那一丝幽幽的痛声，来自你连根由都找不到的密集而沉重的压迫。

习俗是累积起来的公共标尺。它告诉你什么是幸福和成功，怎么才安心和顺意，谁受到尊崇或贬抑。它会立起一些标准，引导一些趋向，建立一些圈层。你若违拗它们，你会感到压力和痛苦，你会遭受损失和挫败。通过语言符号，通过他人行为，通过普遍认同，我们被特定的习俗赶在特定的路上。

习俗的压迫决不亚于它带给我们的自由。在习俗中，我们和动物区分开来。限制自己的欲望，讲求一定的秩序，遵守约定的规则，建立必要的理性……但是，习俗把公共的力量强压在个体身上，形成一种比阶级压迫远为日常化的文化压迫。你若偏离它所规定的常态和平均线，你就会感受到它的巨大压力。

增加宽容度，容纳多样性，是文化现代化的标志。僵化保守的习俗，往往以一把刚硬的剪刀，在剪掉差异部分时，也剪掉文化进步的可能性。文化创造经常来自空白缝隙和边缘地带，因为习俗很容易在运行中形成固结，难以吸收个体和异端的鲜活经验。

当你觉得活着已是幸福时，你开始真正看到这个世界的危险。你觉得不会发生的事，它可能瞬间就发生。你以为不着边际的事，它其实就在身边徘徊。让我们心灵衰老的，既有那些过往的沉重，也有那些来临的恍惚。感受世间的不确定性，并爱用模糊的字眼，是我们不得不承受的成熟。

传统社会尽管有贫乏、僵化、等级、特权的种种弊病，人们也更加仰望老天爷的眼色，但他们却有长久积累的安全感。感觉到自己与天地的连接，因而人们顺应自己的归宿。把握着自己与亲友的稳固，因而人们安享生命的静谧。虽然灾难也在身边发生，但却不易因此形成持久的恐慌和深度的不安。

相反，转型社会让我们享受富裕、进步、平等、自由，但同时让我们变得浮躁、不安、无聊、绝望。快节奏的生活，让我们浮躁起来。割断天地的关联，让我们失去归属感。快速传播的杂乱信息，让我们失去判断力。精细量算的时日，让我们机械地肢解世界。我们怀念田园农耕的生活，但是工业化、城市化、现代化已是不可逆转。

偶发的灾难的确摇曳我们的心旌，但真正让我们不安宁的是社会的失序、未来的不可测、周遭的浮嚣、精神的恍惚。所以，走向健全的现代社会，其实最重要的是重建我们的精神家园，让我们有更高的安全感和幸福感。

历史文化积淀为心理结构，形成我们的国民性。时间越长，积淀得越深。跟其他地方一样，时间在此也起着决定作用。凡是重要的东西，都必须经过时间的考验。只有经过时间的累积，事情才变得真正重要。国民性的改造是一个颇需耐心的过程，欲速则不达，甚至需要回头补课。

中国经历两千多年的封建社会，如果更一般地谈农业社会，时间更长。所以，我们有着根深蒂固的封建主义情节和小农意识。从国民性角度看，中国仍然是一个封建的、农业的大国，从心理到行为不一而足。典型的资本主义经济，还不到两百年，即使追溯到发达的小商品经济，也不过一千年。所以，不能期望契约精神和平等竞争意识多么深入，经济因素才从封建宗法关系中艰难地剥离着。社会主义更是只有几十年，马克思主义的传入也不过百年。所以，社会公平、全面发展、共同富裕还是遥远的目标。

用一个未必恰当的比喻说，社会主义只在嘴上，至多停留在大脑皮层。资本主义已经深入大脑，甚至深入到小脑。封建主义才真正烙印心中，可以说早已深入骨髓。因此，我们不能指望在封建主义占主导地位、资本主义发展不足时，能迅速建成社会主义。马克思“跨越资本主义的卡夫丁峡谷”未必一定错误，但不谨慎的理解却会产生严重的现实后果。

绝大多数中国人没有超越的信仰，这并不意味着他们没有生活的支柱。他们生活于遍布周围的人情网，亲情是这个网的纽结。在中国社会，家庭既是情感生活的中心，也是名副其实的社会细胞。从父母和子女开始，扩展到数代的家族，形成亲缘的网络。亲缘关系有如此大的影响，以致于其他社会关系也模仿亲缘关系，在或大或小的范围内建立起来。

尽管我们常与陌生人擦肩而过，并随着城市化、全球化而相遇越来越多的陌生人，但真正意义上的社交圈还是限于少数人。除了家人亲戚，每个人的正式社交生活，都只限于自己实力所辐射的圈子。社交圈的主体是同龄人、同层人，他（她）们可能既是合作的伙伴，也是竞争的对手。所以，一个人成就的机会很多时候在于能否建立和扩大这样一个社交圈，并有能力将更多的对手变成伙伴。

传统中国是一个人情社会，但是人情关系是一把双刃剑。在积极方面，它适度地润滑由政治和/或经济所分化了的社会等级，是中国社会具有超稳定结构的重要支撑因素之一。在消极方面，它对公共生活具有很大的腐蚀作用，圈子和人情会阻碍独立而公正的公共权力的形成。中国社会转型和现代化建设的一个重要任务，便是将私人与公共进行适当剥离，建立既保护私权又维系公权的公平社会。

活着，很多时候比死更难。死亡只需瞬间，而活着却要承载很久。不是不可以选择结束，但必须有足够的意义。毛泽东曾说：人总有一死，或重于泰山，或轻于鸿毛。只有肩负巨大的道义目标，不管世俗还是神圣，自杀才可以理解甚至受到尊敬。生命不属于我们自己，所以别轻易选择结束。

活在世上，偶尔难免不堪重负。要么勇敢承载，要么让它压垮，没有别的办法。个体总是短暂而脆弱，除非与更多的生命或更大的精神建立有机联系。工作、交往、家庭、信仰……都是我们增加力量的途径。但在现代社会，两个因素异乎寻常地加重人的幻灭感：一是历史的破碎，二是自然的隔离。

传统社会中，人与祖先有着活生生的联系。祖先不只记在书中，供在庙里，更在人的心上、梦里、日常生活中。上下若干代的生命延续，驱赶人的孤独和迷茫。现代人失去这种历史感，往前看不到祖先的召唤，往后看不清苦苦挣扎的价值。死亡只成个人的重负，没有谁能共渡。

在传统的农村，长夜的星辰，大地的生机，周遭的禽畜……都会把人从孤独中解放出来，与那些绵延兴衰的生命连为一体。现代城市生活隔断了与大自然的联系，过多的人际压力将心悬空，你若不能通过阅读、思考、旅行、交往……化解世间的喧嚣，生命就将陷入枯萎。

从五四运动开始的中国启蒙，还远未完成。在文化和社会的再造中，至少如下方面是启蒙所应起的重要作用：提高理性，降低情绪；重建社会，分化个人；提倡自觉，抵制盲目；坚持清醒，反对迷茫。五四运动所提倡的“民主”与“科学”不可避免包括这些内容。

伦理道德是中国文化的一个重要轴心，本身没有什么不对。但是，道德若不能建立在理性、个体化和多样宽容的基础上，便容易导向盲目崇拜权威，用群体压制个人，从而将人沦为工具。道德难免诉诸情感，但健康的情感是情和理的和谐统一。人与人发生争执，若是都在情绪层面，其实处于同样的低水平。中国社会缺少的不是情绪，而是理性。

情绪是一种本能，理性才是真正的人性。启蒙会抬高人的理性，在真正启蒙之前，人往往情绪高于理性。在情绪的主导下，无论个体还是群体，可能同样是粗野的。当然，情绪不能通过压抑而达到理性，适当的释放和疏导是情绪走向理性的必由之路。理性是平和的、宽容的、多样的、商谈的、理解的、文明的。

理性建构起来的社会，群体和个体会发生分化，并有各自遵守的清晰规则。反过来可以说，板着面孔的说教跟打街骂巷的喧闹，不过是一枚硬币的两面。不合常理的投机获得，必然会以不顾一切的无理取闹作为补充。

在现代社会，一个组织得兼顾效率和秩序，因而至少需要四个因素的协调作用：保障条件、系列规范、自觉遵守和人性兜底。

一定数量可以做事的人，某些必要的物质条件，相对充裕的时间和空间，它们为一个组织的正常运行奠定基础。有相应的规章制度，尽可能健全，可操作性强，有助于一个组织形成良好的办事流程。要将规章制度落到实处，还需要进行流程再造，经过培训和适应，甚至恰当的奖惩，使人们将规范加以内化。但是，由于机遇和能力的差异，加上许多个人难以应对的事件，组织还应提供人性化的兜底服务，甚至采取适当的照顾措施。

但是，在大多数古代社会，情况大为不同，因为组织的秩序要求远高于效率诉求。人们的需求较低，保障条件更多依赖于自然供给。规范既不成文也毋需太多，人们不需要那么自觉但也不会多么违反。人性化的兜底措施更多依赖于情感纽带，而不是理性的规定。这些更接近自然状态的组织，即使仅仅通过权威、习俗和人情，也可以保障它们的稳定性和有效秩序。

一个组织越复杂，越需要通过规范来治理。组织的复杂可能来自规模的增大，也可能来自环境约束的趋紧。无论如何，要维持一个良好的组织，应该将能规范的事项尽可能落地，以便于给个体的自由腾出最大的空间。

处于转型期的中国，从政界到学界，时不时会发生左右派的尖锐冲突。中国的大众对此时有耳闻，也会从自己的阶层和利益出发选择一定的立场。改革开放以前的中国共产党历史，由于受革命意识形态主导，大多时候偏左。从土地革命战争的三次左倾路线中走出来的毛泽东，同样在解放后一再地左转。这种左倾不仅源于马克思主义的激进倾向，还与执政党的政权维护有关。但是，无论如何，近代社会以来，右倾也一直是中国政治和知识界中难以沉寂的一股潜流，不管经过多少次剿灭和压制，还是会奇迹般地再生。这种顽强的生命力不仅来自外部世界的影响，而且基于政治和思想本身的内在平衡机制。

改革开放相对反右和“文革”的那种极端左倾来说，带有某些右倾的特征，因而改革开放之后的左倾反而带有保守的味道，甚至不时地与传统文化建立亲缘关系。邓小平回避自己的左倾右倾，称自己为实践派，有一种左右逢源的实用味道。但是，这种宽容和实用倒的确为左倾右倾的共同生长打开巨大空间，所以尽管此后反左反右从未停止，可是它们的力量都得到相当发展。只要国家还处于开放环境，我们就不可能完全左倾或右倾，因为它们都为我们健康的政治、思想、学术生态所需要，也许可以起到相互纠正、彼此补益的作用。

对传统体制中土生土长的中国人来说，要做到不卑不亢还真不容易。因为传统社会的等级制，外则建立官本位体系，内则养成尊卑式观念。于是，在上级面前，往往外尊而内卑，对待下级，又容易内尊而外卑。

这种等级态度的转换，使人在尊卑间摇摆，很难保持真正的平等心境。不管这种外尊内尊怎么变化，都不等于真正的尊严。尊严来自平等，来自对所有人（即便有限人群）的一视同仁。没有真正的自尊，就没有真正的他尊。只要权力是一个社会的指挥棒，就很难指望人们过有尊严的合宜生活。

西方古典社会也有过等级制，但平等精神常是一种不泯的价值追求。大抵说来，有过古希腊自由民的城邦平等，中世纪上帝臣民的原罪平等，近代自然法的天赋平等。因而人格尊严、天赋权利、追求幸福……的平等成为现代西方社会的基本价值。但是，中国传统社会很少有过平等的价值追求，因为中国文化从未走出人情等级，从未形成“一般人”的观念。

平等才能产生平和，培养理性，化解尊卑。在等级秩序中，恨官仇富的心理并不比贪权爱富的心理更加健康。一个满怀仇富心理的人，可能正是一夜暴富的追求者，正如一个对上谄媚的人，一转身便会恶向弱者一样。只有建构平等的法治社会，我们才能过真正不卑不亢的生活。

转型期的中国，让我们享受渐多的物质生活和人身自由，但也释放从未有过的茫然和危机。中国大陆的现代化，在主要线条上没有躲过西方发达国家曾经的路子。总的来说，在某些方面获得更多更快的收益，却在另一些方面累积更大更远的危险。这跟发展的时代方位有关，也跟中国的文化历史有关。

在不得不解决当下的生存问题时，往往可能蓄积更严重更长远的生存问题。这不仅因为人类容易目光短浅，当下的生存毕竟是更为紧迫的现实，还因为在到达一定的高度或遭受难忍的痛苦之前，人们无法看到更远的地方，也不能为长远而痛下决心。政治往往最为现实，中国人偏又最重俗世，因而我们并不善于理论思维和长远设计。只有善于理论思考的民族，才有足够的高度尽可能摆脱现实利益的羁绊，形成合于长远发展的制度、环境和理念。

中国的转型中会有大大小小的问题，但是有两个问题最具战略性：一是生态环境问题，一是精神信仰问题。这两个问题的严重性不仅基于它们的战略性影响，牵动民族国家的方方面面，而且因为一旦遭到破坏，修复起来有着巨大的困难。更为麻烦的事情在于，它们促使各种因素相互激荡，形成恶性循环。所以，对于未来中国，进行合理的制度设计和有效的教育改进，就显得尤为重要。

在现代社会生活，但凡批判的声音，只要有理有据，为对方考虑，出于真诚，都应受到欢迎。一种批判精神，通过质疑、辨析、求实、论证而得出结论，超出自己狭隘的利益、趣味、偏见而坚持普遍的公平正义，形成独立判断、自由思考、完整平和的公民意识，是传统社会走向现代社会的启蒙运动的基本主张。

当然，启蒙运动也有自己的演化过程，并不是一出现就那么成熟。它需要坚守一定的辩证法，走出其曾经的过激和偏狭。对革命的过分崇拜，导致人性的摧残和文明的衰退。对科学的盲目信任，产生理性的霸权和个体的压抑。不管对中国还是对许多其他国家，启蒙运动开启了，但还远未完成。

可以把从传统社会到现代社会的整个转型都看作启蒙过程。在最初阶段，转型的手段难免过分激进，具有破坏性。但是，更为艰巨的过程在于重建。基于权力等级的外在权威的降低，必须辅之以基于理性和人道的内在权威的建立。良好的利益博弈的秩序，来自明晰而严格的规则体系以及个体平等权利的自觉。

走向现代化的启蒙过程，要经过不同阶段，难免各种崎岖。中国由于自己特殊的政治、文化、历史、民族、地理，这一过程不会那么简短而平坦。所以，理性的批判比简单的颂扬重要，平和的建设比愤激的毁灭更值得提倡。

权力是世间最为喧嚣却又最具魔性的力量，能穿透和包裹社会生活的一切层面。在权力运行和利益纷争中，不同的民族国家形成各具特色的传统。但是权力怎样运作，如何对待权力，也需要一种现代转型。在相对陈旧的政治文化中，台上总是容易被高估，而下台又容易被过贬。

传统政治，既是强权的，也是脆弱的。强权之下，容易用力过猛而快速耗尽力量，也因为周围的迷雾，容易高估自己，脱离民众基础。强权缺乏弹性，公议不足，所以容易外强而中干。处于权力中心的人，容易被颂扬的迷雾所包围，平时看不到反对意见，终于看到时也许为时已晚。

所以，不管政治家还是普通大众，需要在权力面前保持一颗平常心。权力不管有多大都是暂时现象，权力运用的效果究竟如何往往很久以后才能定评。保持足够的清醒，远离颂扬之声而多听反对声音的人，才能成为真正的政治家。因为他们明白，那些激进地高颂台上之人者，往往又是体现人走茶凉最快的人。

跟颂扬相比，政治更需要理解和真诚。现代政治的重要特征之一是将反对声音正常化、程序化、理智化。反对声音是一种清醒剂、防腐剂、补药，适当地运用很有好处。每一种政治声音都是一种利益诉求，多种不同声音的合奏和权衡，才能演出一场和谐的政治交响曲。

尽管中国现代化的路子还没最后成形，但是有一点可以肯定：中国既不能完全复古，也不会彻底西化，既不能回到“极左”，也不会彻底自由主义。早在多年前，张岱年先生便很有远见地指出，中国只能走综合创新的新路子。

现代化转型是500年来世界的最大趋势。这一全球化的确是由西方国家带动，并成功地发展出资本主义。然而，现代化转型会有很宽的频谱。不仅资本主义产生各种变体，因为它随着不同的文化、国情和契机而调整，而且即便资本主义还没有成为传遍全球的现代化路子时，探索不同于资本主义的现代化路子就已启动，那就是社会主义。

社会主义和资本主义曾经尖锐对立，因为人们过分强调它们各自所蕴含的阶级利益和政权冲突。但是，它们不仅各自在经历不同的变形，而且也从对方学习（有时是逼迫学习）有益的东西。于是，两条路子在变形中不断靠近，共同拓宽现代化的频谱。最重要的是，它们软化了原本被宣称为不共戴天的那种对立性。尽管这一对立招牌还经常有人打，但实际体现的更多是国家（包括民族）和政党的特殊利益。

中国五千年文明的影响永远不可抹杀，而再回封闭的老路同样不得人心。经过各种时空因素的影响，中国的现代化转型最终将走出融普世因素和独特文脉于一体的新路子。

不可否认，在你的能力强大到决定自己的心灵状态之前，环境很大程度上起着决定作用。不管自然的还是社会的环境都深深地嵌入我们，在浮嚣和宁静两个极端间制造出无数的心灵状态。

当下的中国，绝大多数人的心灵都在日渐趋向浮嚣一端，这大抵不能归罪于还很弱小的个人。林欲静而风不止，何况个人只是一棵树，甚至只是一株草。除了生态环境满目疮痍的持续破坏外，传统体制的功利化等级化，公共生活的无序挤压，生命基本要素的毒化，社会阶层的板结固化，社会价值导向的经济数量化，公众鉴赏力的平面碎片化……没有哪一方面不让我们焦虑、烦躁、纠结。

从人们对蓝天白云的欢呼，从人们由城里不惜劳顿地逃往风景区，可见优美的自然环境对于人们心灵的宁静美好起着多大的作用。追求健康、幸福和快乐，向往安全、自由和宁静，是生命的基本需要。我们的纠结和焦虑，恰好来源于生命的基本需要和环境的基本状况之间的不和谐、不相容。

从传统秩序到现代秩序，难免经过一个相对无序的调整阶段。退回传统秩序，不可能，而盲目折腾现状，也不理智。现在是考虑从根本上重建现代秩序的关键时候了。所谓顶层设计，不过是站在重建现代秩序的角度，真正着力于那些影响长远的制度、体制、机制和政策。

优雅，既是个人的修养，也是社会的品位。相信一篇美文、一段魅影可以触动一个人，在接下来的小段时间，使他变得平静、超脱和优雅起来。但是，这种优雅可否从短时转为长时，让他持久地优雅起来？社会的整体水平如何，可能是一个主要的影响因素。我们不放弃对个人的期待，小善或可积为大善，但是通过政策、制度、法律、教育营造良好的公共环境，却更让人期待。

随着教育的投入和地位的上升，人们本应变得越来越优雅。

这是历史演进的自然积淀，也是社会良序的存在秘密。但是，反反复复的革命终于颠覆了这一秩序。推翻上层社会容易，而重建上层社会却很难。文化底蕴和文明成果是经济发展和政治清明的肥沃土壤。若是将传统文化和精神价值清理干净，我们何以建立良好的市场经济、民主政治、和谐社会和优美自然？

功利并不可怕，可怕的是只有功利。科学、经济、政治、生活中本来就难免一种还原论，将那些人文、精神、神圣的无限价值还原为有限的机理、效益、功利和捷径。如果社会文化不能同时拥有一种反还原论的约束机制，框定功利因素发生作用的范围，那种无边无际的平庸、低俗、恶意、投机、作假将会毁了整个社会。所以，从传统到现代的转型中，应该消灭特权，但不应消灭高贵和优雅。

经典现代化是一个由农业社会全方位地转向工业社会的漫长过程。工业经济代替农业经济只是其中一个方面，而且即便经济方面，也远不只是量的增长，还有相对应的工业增长动力，工业品牌，工业品质量，工业结构优化。从这个角度看，中国远还不是一个工业强国，工业经济的质离发达工业国家还有很大距离。

经济可以单方面突进，但没有经济的质不足以维持经济量的长期增长。工业经济的质与工业社会的其他方面有机关联着。没有自主知识产权，怎么可能有长期增长的动力？没有市场环境和制度安排，怎么可能拥有知名的工业品牌？即便工业品质量，也需要完备的市场监管和良好的技术支持。整个工业结构的不断优化，跟技术、教育、文化都息息相关。

社会是一个有机体，只有它的政治、社会、文化、生态保持健康，它的经济才能良好运行。如果政治干预失当，社会运行成本过高，文化缺乏多样刺激，生态环境不足以支撑，哪怕只有这其中某一个因素起作用而不是两种以上或全部因素的联合作用，经济发展都会受到严重制约。

在社会有机体中，每一项因素都需要以其他因素作为环境和动力。没有其他因素的配合和护佑，某一因素不可能支撑很久。所以，协调推进、全面布局、统筹兼顾的战略思维就显得尤为重要。

对于生活在前现代的人，我们既没有必要嘲笑，也没有必要膜拜。某种意义上实现了现代转型的我们，只是走到了前现代的对立面，有所得但也有所失，因为我们还没有实现真正意义上的伟大综合。

当我们享受现代物质生活的丰饶、便捷时，我们可能遗弃精神的纯净、虔诚。当我们赢得个人的自由、选择的权利、多样的机会时，我们可能失去群体的归属感、担当的能力、生命的确定性。我们可以相信走向前现代的对立面是必要的否定过程，但是既不应有超越他们的优越感，也不应有重返他们的自卑感。

人一旦意识到自己，就很难再忘掉自己。但是，人若只有、只知、只顾自己，又很难活得踏实、有力、富于意义感。从自然和社会中分化出来，个体只是实现了独立，还没有达到强大。市民社会的确是反抗臣民社会的有力武器，但是由高度分化的原子个人所组成的市民社会还没有达到人类真正的自由自觉状态。

西方发达国家在大约500年的历程中，走过从前现代社会到现代社会又到后现代社会的三部曲，初步实现了对立面的伟大综合，给我们提供了可资借鉴的经验。对抗原子个体的物质膜拜和自私自利，在尊重个人的自由和权利的基础上，实现人与自然、人与社会、人与自己的和解，需要伟大的精神力量和良好的制度设计。

如果把全部成本核算进去，中国改革开放以来所取得的经济成就绝没有宣传的那么大。所谓成本，不只经济学家眼中的外部性。稀缺资源的透支，生态环境的破坏，毫无疑问是巨大的。但是，社会安全的降低，精神道德的滑坡，治理难度的加大……都应算进经济增长的成本，因为它们在未来需要大量的投资加以补救。

社会秩序的重建，公共服务的供给，安全幸福的提高，文明素质的提升，远比经济增长成本大，远比经济发展慢。在一定发展阶段，经济增长甚至可能以社会紊乱和精神降位为代价。这样的经济繁荣只是整个社会变化的开始，因而统计数字难免掩盖着巨大的泡沫。泡沫未必一定要破，也未必马上会破，但它肯定不能不变地持留下去。

社会转型是一个漫长整体过程。中后程的经济增长不仅难免降速，而且需要花其中更大部分用于社会其他方面的跟进。那些无形的社会品质是有形的物质能量长期大量投入的结果。最终，人文发展才是真正衡量一个社会文明水平的指标。从生存，到享受，到发展，投入会越来越以几何级数增长。

改革开放以来的经济增长成就究竟有多大，成本究竟有多高，也许再过几十年甚至百十年才能得到充分估计。不管自然界还是社会都超级复杂，任何时候不要对单因素的突飞猛进过多高歌。

面对失败，一个民族的自然反应是奋起反抗。反抗的动力，要么是保卫自己安全的强烈自负，要么是维护自己尊严的极端自卑，要么兼而有之或彼此转换。失败和挫折会激起人们的强烈情绪甚至长期情感，后者又往往淹没人们的理性思维和基本判断力。真正的自信是以情感为基础的理性自我意识，其中情绪和情感不会超越理性的控制。自信状态一旦被打破，情绪和情感就会泛滥甚至失控，理性能力会相对降低。

建构中国人的自信，实质上在于提高中国人的理性水平和健康的自我意识。其中包括，对待世界需要一种开放心态，关注世界变化，并负起作为大国的责任。对待传统文化要避免国粹和西化两个极端，冷静地加以扬弃。对待个人的权利和自由，需要尊重、保护并加以引导。对待政治上的不同声音，不要过激和打压，只要不危及国家权力和政权，要进行对话和协商，并吸收其中的合理意见。

民族自信既然不可能一下打破，建构起来也就不可能一蹴而就。解决“挨打”、“挨饿”和“挨骂”问题，不在于表面上争一口气，而贵在解决好自己的问题。不能由于失败而生活在恐惧中，使我们的理性和智力受损，设置不合适的目标。民族自信的恢复是一件需要静心忍耐、艰苦磨炼的事情，是一项理性自我修复的漫长过程。

就人与自然关系而言，工业社会占主导地位的世界观难免是机械的。在粗放快速的工业化初中期，整个世界在人们眼中就是一堆可以随意攫取的财富，用韦伯的话说，人们心中只有工具理性。工业社会由欧洲开始，不只因为欧洲碰巧发明了大规模使用矿物质的技术，而且因为欧洲首先形成把世界及其个体当作机械的完整世界观。

尽管人类社会难免人与自然的功利关系，但前工业社会占主导地位的是一种生命世界观，不仅万物有灵，而且整个世界是一个生命整体。万物有灵是原始宗教遗存的结果，对世界的生命整体感则促使一些文明形成大的宗教。在这些世界观的主导下，人们感受万物的活力，并敬畏自然的造化。

但是，前工业社会的生命世界观相对脆弱，因为它尚未理性地理解这个复杂的世界。这种脆弱在面对人类追求眼前利益的物质冲动时便显得无能无力。人类比其他动物有预测和规划能力，但无论如何他们也只考虑很近的将来，对于大尺度的未来他们无能也不愿做更多的设想。

尽管前现代的生命世界观仍有遗存，后现代的生态世界观已在发挥影响，但就整个世界而言，工业化还处于中期阶段，因而机械世界观仍会大行其道。一个社会流行什么世界观，不要看它宣传什么或举什么旗帜，而要看它处于什么历史阶段。

传统节日是时间的条条堤坝，蓄积着民族的集体记忆。日常生活的烦累沉重，在节日的洗礼中得到卸却更新。那些触动灵魂值得纪念的事件，因着节日而得以千古流传。通过节日的关口，人们刷新与祖先的联系，巧续与后世的勾连。作为文化触点，节日已渗入民族的基因血脉。

传统节日是大地的个个原点，度量人们向心的距离。围绕节日原点，一个民族扩展生存半径，放大活动舞台。一种力量，自原点无形地牵引，让远游荒探的人们记着返程。鲜活的生命，由原点出发抽枝生长，又返回原点落叶归根。对古老民族的热爱，总是起源于对血缘和乡土的眷恋。

传统节日是生命的道道仪式，不断重复着民族的情感。在节日仪式中，民族的血脉、文化的特色、历史的缘由得以熟络和承袭。节日是一个民族的童年痕迹，也许纯净而美好，也许错漏而伤感，但一定鲜活而难忘。平常的日子，在仪式中变得浓重质感，平庸的生活被施上些许魔法。

传统节日是性灵的级级梯度，折射五颜六色的文化心理。经过节日的沐浴，懂得父母的辛劳，珍惜阖家的欢乐。节日成为人情世故的示范场，江湖百态的检测地。自然的生死交替，世间的人情往来，在节日中交织为涌动的文化情结。在节日氛围中，有人尽情地掉入物质，有人自觉地洗练灵魂。

政治的一统对于国民福祉来说未必是一件坏事，但对于思想的创新则往往难说是一件好事。新意之说只有在多样性的竞争空间中才能获得足够的营养，独创性的东西在其成长为一种无法忽视的力量之前，常常为权威和正统所不容。

政治的一统难免导向思想的一统，有些时候甚至以思想的一统为前提。政治的归属和思想的认同有着亲密的关联，没有哪个政治的统治者不本能地希望同时也是思想的统治者。历史上的那些伟大帝国，之所以能绵延数百年，纵横千万里，不仅仅依靠军事武力，还更多辅之以思想文化（不管宗教的还是世俗的）。但是，思想的一统必然导致思想的僵化，僵化的思想反过来成为帝国腐朽衰败的一个重要原因。

文艺复兴和启蒙运动不仅开启了民智，而且以开启的民智为基础，还造就政治和思想某种程度的剥离。其中主要成果，不仅有政教分离，而且有权力制衡。正是在这样的政治环境下，民众的多样化思想才能促进文化创造，为科学技术创造提供人文土壤，独立思考和批判精神无疑是人文土壤的重要组成部分。

如果在现代条件下想实现政治和思想的一统，必然比古代强劲得多，但反过来也一定对思想的创新带来更大的压力。不管古代还是现代，一个民族国家要想真正强大，全面的创新是必需的路径。

在向现代社会的转型中，政教分离是非常重要的一个部分。由于政教分离，宗教信仰回归个人的心灵，不再与世俗生活的公共空间相冲突，也不强行介入人们之间的政治分歧。也由于政教分离，公共政治生活因为减少了个人神圣情感的卷入，可以达成更高的理性共识，可以建构大家遵循的理性架构，即便发生利益冲突和观点争议，也可以坐下来商榷和谈判，从而减少诉诸武力。

从这个意义上说，没有经过政教分离的宗教还不是真正意义的现代宗教。古代社会的很多冲突都与政教不分有关，不管是一个国家之内，还是不同国家之间。当代世界的某些宗教，不只某一宗教，也因政教不分而在引发无尽的冲突。因为政教不分，致使人们冲突的起点变得太低，冲突的连锁反应难以终止，冲突的激烈程度超乎寻常，甚至冲突的再起都难以避免。

宗教信仰是个人与神圣世界之间的关系，一旦让这种关系容纳人与人之间的世俗生活，信教的人就会视那些不信教的人如草芥，可以轻易杀伐。因此，将宗教信仰限于私人生活，是建构现代社会的基本前提。欧洲基督教世界，就大部分国家和民族而言，率先走出了政教分离之路，因而能够建构现代相对自由民主的社会。但是，就整个世界而言，政教分离的路还相当漫长，而且不乏曲折反复。

一个人的性格会一定程度上影响他的实力表达，因而有可能影响他的自信水平，因为自信水平是一个人对自己实力（包括处境）的自我评判。从短期看，尤其仅从一时一事看，人的性格强烈影响着他的实力表达，因而对他的自信水平影响较大，但从长远看，人的性格对他实力表达的影响没有那么强烈，因而对他自信水平的影响会相对降低。

由此可见，在不同类型的社会中，实力和性格对一个人自信的影响可能成相反关系。在熟人社会，性格内向或外向影响一个人实力的表达相对较小，因为人们有长期了解的过程。如果说对性格与实力之间的关系有所偏向，人们甚至容易认为那些性格外向、喜欢表现自己的人不够沉稳。那些性格内向甚至不善言谈的人，倒可能容易获得受重用的机会，因为他们倾向于被看作沉稳、自信、有力量、守信用。

但是，在陌生人社会，人们之间的关系往往限于一时一事，因而性格对实力的影响就非常明显，甚至一定程度上似乎代替了实力。那些性格内向、不善表现的人，在陌生人社会中往往处于下风。他们不善表现自己，容易被认为实力不够，反过来对其自信水平产生怀疑。所以，陌生人社会迫使越来越多的人向外向性格转移，以扩大自己的影响，建构自己的人脉，反过来提高自己的自信水平。

建构中国人的民族自信，一个基本途径就在于提高中国人的理性水平和中华民族健康的自我意识。这其中主要包括中国人如何看待世界，如何看待自己的传统文化，如何对待个人的精神文化需要，如何对待各种不同声音。

看待世界需要一种开放的心态，关注世界变化，并负起作为大国的责任。需要转换近代早期占主导地位，而尤其为中国近代历史的特殊经历所强化的意识形态极端意识，灵活地处理道义和责任、国家利益和世界和平的关系。

看待传统文化要避免默守国粹和全盘西化两个极端，进行古今中西的创造性融合。没有哪种文化无须变革，但也没有哪种文化可被全盘取代。默守国粹和全盘西化不过是中国近现代“救亡图存”历史情境下民族自信丧失后遗留的看似对立却瞬间转化的两个极端。

对待个人的权利和自由，需要尊重、保护并加以引导。集体主义曾经是唯一的价值取向，但随着改革开放和市场经济转型，健康的个人主义也应允许成为一种基本价值选择。最终要形成的是从集体主义到个人主义的健康的价值谱系。

对待政治上的不同声音，不要过激和打压。只要不危及国家权力和政权统治，就要进行不同声音的对话和协商，并吸收其中的合理意见。积极促进公民的政治参与，并将它们引导到健康、理性的道路。

不管对于公众还是个人，理性判断能否压倒情感宣泄，是社会甚或个人是否进入现代的一个重要标志。理性地位的上升以及在人们生活中的决定作用得益于被称为启蒙的现代运动。启蒙运动促使公共生活和个人生活之间边界的进一步撇清，这既大大促进公共社会的理性治理，也保护了人们信仰的私人空间。

启蒙对于建构现代社会的积极作用是毫无疑问的。在社会方面，启蒙既促进人的个体化，提高他对世界的理解和掌控能力，又推动社会的法治化，消除极权主义的社会历史根源。在自然方面，启蒙将自然界对象化，促进科学技术的大发展，推动工业化、城市化、现代化，加速自然界为人类服务的进程。

尽管在完成转型的现代社会中，理性的霸权受到人们的诟病，但是没有启蒙，我们无法实现现代社会的转型。的确，启蒙有理性过度扩张的问题，造成自然的怯魅和文化的工具化，人与自然、人与人、人与自身之间的关系需要重建。但是我们决不能因为启蒙会产生问题而为前现代状况辩护。

只要一个社会还是狂热的，公共与私人不分的，我们就可以断定它还处于前现代，或者至少还未完成向现代社会的转型。现代社会未必一定走向冷漠，它要求的不过是公共与私人、他人与自我、义务与权利、情感与理性之间的恰当界分。

“人民”不应只是一个无名无姓的抽象名词，它应该代表每一有名有姓的具体个人。“人民”是社会公共权力从古代向现代转型的一个重要政治概念，它意味着权力重心自上向下的转移，意味着权力起源自下而上的认同。但是，没有人与人之间的平等，权力运行过程的民主化，每个人自由权利的保障，这种转移和认同是不可能完成的。

尽管“人命关天”是古人很早就知道的说法，但事实上相对于社会整体而言，普通个人的确一直是微不足道的。是什么把普通个人上升到政治社会上真正重要的地位呢？是政治功能向社会经济功能的屈让，是个体从群体中的分化，是权力对权利的尊重，是社会从金字塔型到橄榄型的转移。

“人民”在现代政治语汇中如此时髦，以至于政治家们在任何场合都会使用它，甚至连那些大独裁者都会拿它做挡箭牌。但是，谁才是“人民”所指的对象？他们首先应该指的是社会物质财富和精神财富的创造者，那些给社会机体提供营养和服务的初级生产者，那些社会机体的毛细血管和末梢神经。

只有在制度设计中边缘人群得到关爱，只有在权力运行中普通个人得到尊重，这个社会才是人民的。只有权力和权利矫正了各自的位置，只有经济结构和社会政治结构达到了匹配，这个国家才是真正现代化了的。

不论古今，作为老百姓，没有人不痛恨官僚作风。所谓官僚作风，就是掌权者既把权位特当回事儿，却又没有多少担当。于是，对下摆架子打官腔，敷衍推诿，耍赖打横，对上扮笑脸拍马屁，点头哈腰，唯唯诺诺。不管大小事，兜了一圈子又回到原位，让老百姓劳神费力，无处告说。

宏观而言，这样一种官僚作风之所以能够长期存在，既因为积深的官本位文化，也因为民间力量的不发达。官本位文化是长期中央集权的产物，一种向上负责的官僚体系左右社会的整个资源配置，民间力量要么受到各种打压，要么排除在政治生活之外。因为没有受到尊重的相应权利，官僚治下的老百姓不是变成排斥政治的草莽，就是变成百依百顺的贱民。官本位文化的长期盛行，渗透于社会的一切组织，成为人们根深蒂固的价值追求。本来就脆弱的民间力量，如果处于一种控制力更强的政治社会，被彻底摧灭都不是没有可能。官僚作风是官本位文化和中央集权体制的影子，所以仅凭更换官僚是消灭不了的。

什么使一个社会从传统走向现代，是民间力量真正成长起来，是每个人拥有了平等的权利，是社会各方面实现自由和民主。什么使一个组织的行政化得到减少，是非正式力量逐渐壮大，是权力的职能回归到服务，是人文精神有足够的蓄积。

第四节　自然与社会

自然环境不仅对人的身心健康有影响，而且对人的思想创造也深有影响。污染的环境压抑良好心情，并引发各种疾病，这一点我们并不陌生。同样道理，我们无法想象，在一个不见天日的雾霾伞罩下，能有空灵大器的思想生长出来。

不管多么宏大精深的思想，都来自我们的肉身和心念。当我们眉头紧锁，心烦意乱时，怎么可能静心思考，陶醉神明？当我们目不远望，身不浴光时，怎么可能感官敏锐，志趣高扬？艰苦的思想创造依赖持续的身体能量，敏锐的感官知觉，完整的平和心绪，透彻的宽远眼界。毕竟，从肉体，到神经，到感知，到心念，到灵魂，我们是被自然浸透的完整的人。

离开爱琴海湛蓝的海天，离开橄榄树拥成的林荫道，怎么可能传出露天剧场的哈哈笑声，怎么可能静心探讨掌管神人的必然性？老子如果迷失在雾霾的荒野，孔子如果穿梭于遍地的臭水沟，怎么可能沉思一番《道德经》，怎么可能记传一本《论语》？

清明的思想一定来自清明的心灵，清明的心灵一定来自清明的环境（当然不只自然环境）。由内而外，由浅及深，真正实现真善美的统一，才有可能在清澈的灵魂中，映照苍天的奇观，觉解世间的秘密。

可以大略地将恐怖主义区分为两种：巨型和微型。所谓巨型恐怖主义，是指那些一次性造成大量伤亡，立刻引起危机反应的恐怖事件。所谓微型恐怖主义，是指虽然看不到紧急的恐怖事件，却频繁危及着人们安全感的种种事情。

巨型的恐怖事件，其惨无人道自不待言。将屠刀指向手无寸铁的无辜群众，恐怕连最野蛮的原始部落也不屑去做。可见，施暴者的心有多黑，恨有多烈，人性有多扭曲。但是，对于日常生活的我们来说，很难说它对我们安全的威胁比微型恐怖主义更大，因为后者以它的无处不在而折磨我们的生命尊严，以它的渐渐蚕食而弱化我们的幸福感。

那些不守规矩的插队者，那些横冲直撞的强人，那些充满危险的告密者，那些指指点点的说事人，那些流言蜚语的传播者，那些阴阳怪气的钻营人，那些挤破脑袋的投机者……他（她）们用强力，用眼睛、嘴巴、体势，用充满戾气的不安表情，营造一张无处不在的罗网，降低我们的信任度，磨损我们的安全感。这难道还不算恐怖？

不管哪种恐怖主义，都根源于人性中原生的或次生的邪恶，区别只在于集中一点突爆，还是弥漫四处微燃。但是，谁能说那些微燃不会在薄弱环节、边缘地带、历史沉积中演变为突爆，就像突爆经过媒体、谣传、演绎而缓释为微燃一样？

在马斯洛的需要层次理论中，安全仅次于生理需要，可见它在我们生命价值中的地位。可是反观当下的生存环境，尽管物质条件不断优化，现代化程度日益增高，我们却越来越没安全感。安全，已然成为威胁我们生命质量和幸福感的核心因素。

安全是社会文明程度的重要标志，也是我们幸福感的坚实基础。然而，物质条件并不是它的核心部分。让我们感到安全的，首先是基本生命要素的质量、人与人的友好信任、公共资源的机会均等、公共权力的独立公正、个人权利的持续保障、日常行为的可预期性、心底一份虔诚的信仰。

面对污染严重的食物、水、空气……一颗心怎么放下？陌生人相遇不见友好的微笑、礼让和尊重，心理怎能放松？贫富差距的固化导致弱势群体无望地极端报复，能不人人自危？没有独立而公正的公权，如何有胆量对抗邪恶？个人的权利经常受到侵犯，怎能感到强大的正义力量？没有高度发达的信息系统筹划未来的活动，怎能使行为胸有成竹？全民的功利、竞争、物化、投机，如何安顿善良而平静的心？

那些巨大的偶发事件，并不会轻易降低人们已经建立的安全感。美国的“9·11”事件如此，挪威的爆炸袭击事件亦如此。在现代国家建设中，筑牢国民的安全感比提升 GDP 更为重要、更为艰难、影响更为长远。

不管对一生还是其中某个阶段，起点都很重要。好的开头等于成功的一半。一个高的起点所提供的，即便不是厚实的物质基础，也会是容易的理解平台。一个阶段的开头出现某种裂缝，很容易在后面变成岔道。一件事情的开端所打上的烙印，也许会伴随这个事件始终。人生的很多分歧，未必来自明确的原因，更可能来自某种归因，某种会一直追溯到开端的印痕。

比如，出身就是一种原罪，在中国尤甚。长期的自然经济、等级制和人情结构，决定了身份的特殊重要性。不管发生什么，总容易拿身份说事。新中国有过地、富、反、坏、右的标签，也有过对知识分子的身份侮辱。现在，歧视的对象又折回到农民，凡是素质差的人都可以骂作“农民”，差劲的事儿都容易认为农民工干的。贫贱的出身成了挥之不去的噩梦，不管如何奋斗，总还会受到歧视。即使他们自己能忘掉，也会不断有人帮他们想起。

面对这种由起点而来的深层偏见，试图去辩解是毫无意义的。不管什么误解，在浅层次可以辨明，到深层次只能随缘。如果是同路人，时间自会证明；如果不是同路人，只好让微风去理解。信任和理解都依赖一定基础，所以不要轻易触痛那些深层，也别把所有的因由都追溯到原罪。人难免归因思维，但多几种理解路径总该更好。

有文字记载以来，人类一直在追求平等。但是，不同时代对平等的理解有别，而且并非所有理解都是确当的。自然条件下人与人便不完全平等，社会条件下人类更不可能完全平等。将能平等的和不能平等的诸方面加以辨析，对于正确地追求平等应有助益。

生命只有一次，没人可以剥夺他人的生命。违反社会规则要受惩处，任何组织和个人都应接受法律的同样约束。作为个人，有基本的自由和权利，应该受到普遍尊重。人生的起点不一，但社会应提供他改变命运的机会，肯定他所付出的努力。凡此基于生命、人性、人权、正义的生命平等、政治平等、人格平等、机会平等，具有普世性，值得现代人追求，亦应得到满足。

但是，企图将所有人拉匀的其他平等往往既不现实，也难免有害。人与人在知识、智谋、审美、境界上存在着难以消除的差距，在出身定位、社会等级、贡献回报上也不可能均一。人与人之间这些内在和外在的不平等，若非源于机会不公、政治控制、种族歧视、文化偏见，不仅难以避免，而且应予认可。

国际共产主义运动史有过对马克思平等观的长期误读，把它降低为现代社会之前的粗糙平等。即使经济上的共同富裕也不该是那种原始意义上的“均贫富”，精神价值的追求又怎能降低为荒唐的“等贵贱”？

一个组织的效益，既来自相对清晰的运行规则，也来自成员较高的归属感。规则是一种理性架构，标明成员与组织间以及成员之间的责权关系。归属感则属于情感范畴，当人们得到普遍尊重，有宽松的自由空间和自我实现的机会时，才能打心底生出这种情感。

只有严格规则的组织，可以短期内效率很高，但难有长久的生命力。而没有一定规则约束情感的人群，又难免流于懒散，终究会因效率的低下而毁掉归属感。金字塔的权力结构有利于命令的通达，但若阻碍下层活力将影响组织变革。扁平结构容易建立平等关系，但若没有清晰的规则又会分散组织的目标。

一个治理良好的组织，必须将规则充分建立起来，并加以严格执行。但是这些规则只有基于长远的组织目标，减少急功近利，才能利于形成高效而宽厚的组织文化。组织的发展目标与成员的实现机会相一致，这种目标才是长远的。组织的权力运行与成员的情感疏解相协调，这种权力才是人道的。

相对于军队和行政机关，学校和研究机构需要规则和归属感更深层的统一。前者通过单纯命令便能实现效益，并可长期维持，而后者只有在宽松的环境、自由的氛围、普遍的尊重、深层的宁静中才能育人求真。我们的教育科研久已忽视这种区别，正是它们效益低下的深层根源。

20 世纪经历最惨烈的世界大战和最无情的意识形态冲突。其中政治宣传的作用发挥得淋漓尽致，不管通过场景还是借助媒体，极大地鼓舞了士气。人们觉得，一旦自己的力量被宣大，对方的势力也就减弱，这种宣大又通过意识形态的包裹，获得迅速增值的合法性。

但是，宣传的明暗双性不过是一枚硬币的两面。当战争的惨烈和意识形态的无情成为批判反省的焦点时，政治宣传的灰暗面便凸显出来。20 世纪中晚期以来，人们对宣传充满不信任甚至厌恶，不只因为政治宣传曾经是战争机器的传声筒和意识形态的扩音器，而且因为宣传本来就很难根除掩盖事实、欺上瞒下、好大喜功、粉饰太平……的劣根性。

商业社会将政治宣传转化为商品广告。当广告的数量还不多，宣传味道还不浓，新奇感还比较强时，广告的积极推销作用尚占主导地位。但是，随着广告铺天盖地，尤其越来越传播不实之效，人们对广告的不信任甚至厌恶随之增加。坦率地说，即使在广告笼罩的商业社会，口碑也要远胜于广告。

只要有群体行为，便难免宣传。所以，问题不在于是否需要宣传，而在于适应时代变化，避免至少减弱宣传的灰暗面。关键是保持宣传与政治、事实、行为、人性、目标、价值的必要张力，避免官僚主义、功利主义和形式主义。

一个组织要有生命力和创造性，必须有它恰当的道德基础——成员之间及成员对组织的信任。再小再民主的组织，都有中心和边缘的差异。但是成员之间离权力中心的差异，并不必然影响组织的凝聚力。不是所有人都愿意在权力中心俯首听命，这对组织来说并非一件坏事。有些人希望被人重视，有些人更愿意自重，就像有些人喜欢热闹，有些人更渴望独处一样。

然而，无论如何，一个组织的信任基础不能被动摇。一个组织产生次一级小团体，导致组织的分裂，这是它的最大不幸。成员之间由此会彼此猜忌，心存芥蒂，反过来强化对小团体而不是对正式组织的归属感。同时，权力次序的差异若是导致资源的剥夺性不公平和生存空间的压缩，便使接近边缘的成员失去公平的机会和自我实现的空间。他们对组织的距离感，由抱怨而演化为游离，甚至成为颠覆性的力量。

对领导来说，维持组织的道德基础，要比制定目标和实施规则更加重要，因为不管目标多宏远，不管原则多严厉，都依赖于拥有道德基础的组织去落实。组织文化的建设和组织环境的营造，始终处于组织最为战略的层面。所以，处于权力中心的组织负责人，一定要更多警惕身边人员，尽量远离谗言和告密者，保持核心成员的积极性，让边缘地带感到温暖并看到希望。

不管众生如何平等，总有一些人更加刻骨。不管时光如何流逝，总有某些时刻更加铭心。文化在继承大自然，也在翻转大自然。那些体现生命金字塔的等级，需要人类加以适当地移平。那些记录均匀流逝的时光，却需要人类赋予错落的价值。

当某些重要时刻成为人群的共识时，就产生了节日。所以设置时间节点是形成文化的一个重要标志。这些节日，源于大自然的时间节奏，日月星辰为之掌序；成于社会的生产生活，农耕牧作由之定规；积于人群的风俗习惯，喜庆团圞与之共趣。作为四季往复的焦点——年，体现尤为重要的自然节律和文化意义。

在大多数人类文明中，月亮都是长段计时的第一诱惑。古巴比伦如此，中华文明亦如此，由此形成太阴历。当今流行的太阳历，其实起源于埃及。不知因为尼罗河的周期泛滥，还是因为太阳在河岸的规律移动，埃及人至少 4500 年前便在确切地计算太阳年的长度。最终在近代早期确定的太阳历（1582 年），成为西方世界宗教和科学携手的重要成果。

不同的时空方位，不同的地形山水，不同的海拔物候……造就了不同的文化。具有特色的节日正是文化的浓缩，生命的律动。只有生于斯长于斯的人，才能感受它的脉动，从每个节物中唤起童年的甜蜜，亲人的问候，故乡的味道，生命的旨趣。

在一个不够真诚的社会中生活，人们会普遍缺乏安全感和幸福感。友好和善意，能降低人本能的警惕心。尊重和信用，会缓解人潜在的竞争意识。但这一切都依赖于人的真诚，一种发自内心的真实、友善、平等、仁慈、宽容，由此建构一个精神上共享而不只是物质上互利的公共社会。

可是在当下的中国，言行、表里、上下、公私的不一已成痼疾。究其病因，非自一时一事。革命运动清除了传统上层的那些清明磊落，却使社会下层的生存机谋得以大事泛滥。政权统治所制造的一些高大上，无法起到矫正市场经济功利之维的道德担当作用。公私界限本来尚未分明的传统理性，被过早到来的网络技术一再地淹没于情绪的海洋。

其结果不是思想的争论，而是社会的虚伪和人格的分裂。当调侃严肃成为一种乐趣，当嘲讽缺陷能带来掌声，当传递黑色幽默已是乐享的习惯，当不守规矩更能受人青睐，当宣扬假大空会带来好处，你就不能指望这个社会真正地文明起来。内外的打通和上下的对接，需要权力和文化的一种再造。

没有真诚的心灵构建，也就没有充足的人身自由。道德泛化是东方社会的特点，但界限不明却不是法治社会的福音。也许可以指望的是，一种温细的道德教化和由衷的人文养成，会成为政治清明和心灵自由的土壤。

不论对劳动本性的赞美还是对被扭曲的劳动的批判，马克思主义的创始人可能都是以往历史中最盛的。他们认为，劳动不仅在从猿到人的转变中具有决定作用，而且本质上是一种自由自觉的活动。但是，他们也对以往社会中劳动的极端严酷、非人性进行了深入批判，并称这种劳动为异化的劳动。

本性只是一种理论规定，而现实往往是残缺不全，甚至残酷无情的。本性需要在漫长的历史过程中展现自己，它的实现或许还要经历伟大的抗争。皮鞭下的工程苦役，日复一日的农业劳作，工厂中严苛的机械重复，这些历史上维持社会整体的劳动都往往以牺牲个体的人性为代价。

跟膨胀的欲望相比，资源总是有限的。有限的供给总也赶不上攀比着的需求，而人口压力和等级社会更是压制了大多数人的自由。在数千年的农业社会中，人类一直在这种扩张量很小的内部争持中恶性循环。所以，我们得承认，商品经济、技术进步、社会政策调整、法治建设、平等和人权……这些使人越来越获得解放的现代因素是历史上的无数牺牲换来的。

劳动是维持人性的必要手段，但必须保持在一定限度内。游手好闲和过度劳作都是摧残人性的途径，前者淹没于荒野，后者耗竭于贫瘠。是否始终维持良好的身心感觉，是检验劳动人性化程度的标尺。

人是文化的动物，这意味着人既要过文化生活，也很难走出文化限制。相对于自然生活来说，文化的确扩大了人的生存空间。但是，文化并不都给人自由，它还给人限制，甚至给人强迫。我们不仅受制于器物的多寡种类，而且处于各种制度的有力束缚之下，甚至流传已久的观念更是缠绕于心底。

如果人类社会曾经有过什么进步，那么把思想自由当作社会理想，把意志自由规定为天赋人权，实在是其中最重要的内容之一。一个人生来脆弱不堪，不得不在群体中受教育、学文化、懂道理，但是这一过程如果干预过分的话，实际上成为严酷的摧残过程，不只在身体上，更在心灵上。

我们不能指望一个已经很少野性的人，还能敢于冒险，发挥个性，勃发创新。放大来看，一个小眼镜挤满校园的民族，又怎么屹立于世界民族之林？过早地规定了过多的限制，无异于使人变成特化的动物，这些特长同时便是短板。我们的教育和文化，所有群体性的装备，应成为个人自由意志的良好辅助，而不是后者的桎梏。

如何突破群体性的压抑和桎梏，多样性是一个基本条件。生活方式的多样化，价值观念的多元化，思想观点的自由发挥，可以给个体生命留出透气孔。如果想让一个社会充满活力，并建立实实在在的和谐，就不应将统一强调过度。

只有谴责之气的环境当然是压抑的，但只有颂扬之声的氛围也是可怕的。一个愿意接受批评的人，才能成为一个内心强大的人。一个宽容甚至鼓励批判的国家，才能走向并长期保持真正的强大。

我们可能为了面子或所谓尊严而辩护自己的错误，其实反而失去了改正自己错误的机会。护短毫无疑问是内心虚弱的明证，急于辩护反而可能把自己推到不义的一列。同样，我们出于虚荣或利益而过度宣传自己的业绩，结果却可能失去进一步增长的空间。自夸并不算真正的自信，尽管复杂的社会越来越鼓励自我推销。

当英国历史学家汤因比说刺激是文明演进的主要动力时，指的不只诸如战争、贸易、移民之类的外部刺激，还包括诸如冲突、争议、批判的内部刺激，就发生的频率、作用的范围、效果的持久性而言，后者恐怕还要远胜于前者。中国的改革开放所取得的成就，其实从根本上说是同时增加了内外两种刺激。所以，只要文明想进一步发展和演进，就不能停止外部的尤其内部的刺激。

一种鼓励自我批判的环境依赖于建立适度的多样性并保障足够的自由。历史证明，宽容异己比接受同党需要更大的勇气和更强的力量，但其结果却更有利于自己的强大。只有各种各样的批判都有表达自己的权利，建设性的批判才能从中涌现出来。

政策的有效执行需要体现公正性、预警性、渐进性、连续性、整体性。要整个网收紧，而不是一股线使劲。要整个拳头攥住，而不是一个指头用力。对学校来说，行政命令和有力执行是必要的，但政策的效用更依赖于行政的有效服务，厚实的校园文化，享受的自由尊重，公平的发展机会。

一个助长人性的优秀面而抑制人性的低劣面的环境，才是一个适宜的环境。人需要努力寻找这样一个环境，如果处于足以影响全局的职位的话，应该努力营造这样一个环境。跟发布和执行命令相比，领导更为重要的职责是建设这样一个环境，避免好人不得不保持沉默，导致劣币驱逐良币。

从花费的时间和精力看，宏观层面也许只需 10%，执行层面却可能要 90%。这便是决定一项政策容易而落实一项政策很难的原因。政策和目标往往半途而废，既可能是确立政策和目标时没有充分调研和思考，不是超前就是滞后，不具可行性，也可能是没有足够的执行力，雷声大而雨点小。前者要求审慎，而后者需要耐力。

好的管理，既要大刀阔斧，又要春风化雨。制定战略，确立目标，机构整治……这些宏观层面，需要深思熟虑，把握本质，大胆尝试。但是，涉及执行层面，遇到具体的人和事，又需要耐心细致，将原则性和灵活性结合起来，保护好积极性。

信用是健康社会的底线之一，一旦被破坏便不易修复。信用之所以处于底线，是因为它构造人与人之间的基本信任，并为进一步合作奠定基础。你无法指望一个连基本信用都欠缺的人，能在未来生活中相互帮扶、彼此支撑。一旦失去信用，你也会让自己的路越走越窄，直至陷入困境。

在传统社会，人们生活在相对固定的乡村社群，主观上看重彼此的信用关系，信用也成为维系社群的基本原则之一。但是，这并不意味着传统社会的信用水平高，人们珍重它只是因为熟人生活的相对固结，而不是因为人们对它进行了深刻的理性反省和有意识的社会建构。

在主要由陌生人构成的现代社会，信用需要通过清晰的规则并在理性层面自觉地建构。由于人际一次性交往增多以及公共空间的弹性加大，信用的惩罚机制落空的几率上升，因而信用的个人珍视和社会维持必须通过惩罚力度的加大加以补救。清晰细密的规则，严格公正的惩处，变得必要而迫切。

社会底线是人们心理安全的阀门。在一个突破底线的社会，人们会普遍缺乏安全感。信用的缺失看上去只损伤人际关系的表层，实际上逐渐侵蚀整个社会的机体。信用低下不仅影响社会的物流畅通，而且危及人们的心灵归属。所以，信用水平既是个人也是社会文明水平的一个重要标尺。

在意义世界中，总有某些时间点更为重要。它们是一些地标，一些亮点，一些阶梯，我们用以界定此前和此后。人生大抵是由这些重要时间点构成的，由此才使我们的回忆不会是看不清楚的一条直线，而是一条有深度和高度的曲线。

从个人生活到公共视野，从当下时刻到历史文脉，生命在有节律地展开。大自然给我们提供节律的模板，打好秩序的基础。在生死之间，我们在继承前人的节律，也越来越多地参与甚至构造自己的节律。这些节律在回想和怀念中保持鲜活，成为塑造历史和升华人性的重要通道。

节律是一种重复，一缕回响，一丝脉动，把偶然的我们与他人、与社群、与社会、与自然勾连起来。节律在生命中具有重要的担当，一如音乐涌回历史的波浪，敲动灵魂的琴弦一样。每有一次时间点的重复，都把必然世界的能量重新挤入偶然生命，使重复变成一种成长，使涌入变成一次奔出。

人类喜欢各种仪式，多多少少跟制造时间点有关系。不管严肃还是浪漫，时间点会给生命抹上意趣。时间点在生命中的强迫重复，当然并不只带来快乐，有时也是苦痛的渊薮。但是，生命本就是一番折腾，所以苦味也要胜于乏味，怎么知道苦味就不会酿成甜味？把均匀流逝的时间折叠起来，生命便在时间点的闪光中绘出绚丽的图案。

任何创造都是一件既自在又自为的工作。自在，因为它必须建立在自然基础上。自为，因为它必须加入人的艰苦劳动。没有前者，就没有源头和根基。没有后者，当然就难以成长、成熟、成果。

创造性的灵感就是自在的一种体现。它需要长期的心智积累，需要自由环境的培育，需要一定的天然材质，甚至需要相当的痛苦等待。很多念头只是一瞬间生发，基于某些情景、场合、事件、时刻。并不是每个灵感的闪现都可以看清它的源流，也许在它呈现为意识之前潜流很久，也许它只是瞬间将看上去无关的东西关联起来。

但是，灵感如果不被及时抓住，它就会重新溜回黑暗中。我们不知道它什么时候再回来，甚至不知道它是否还会回来。那些闪现的念头，必须抓住并用力往外拉，加以人为的加工，才能成为真正的人类造物。加工过程中，我们把自己的理想、理解、情趣、信念都渗透其中，使它们成为真正的艺术品。

所有的创造本质上都既是自然的，又是艺术的。我们不认为懒惰能导致成果，也不认为强逼能引发原创。这个社会能为创造所做的最大工作是营造一种环境，其中人们有最多的机会获得灵感，所获得的灵感能被最大量地抓住，所抓到的灵感能被支持着走向完型。这意味着需要宽松的环境，自由的心灵，恰当的条件。

当你受到惩处时，公权力令你信服的原因是什么？肯定不是由于它的无可辩驳，也不是由于它的威力无边，而主要是因为它的规则清晰和执法公正。任何在规则不清楚、不细腻、漏洞百出情况下的执法，都难免让被惩处者看作耍流氓。

为什么在一项执法面前被惩处者会觉得不是自己做错了，而是因为自己运气不好？如果你做了十次错事，只有一次接受惩罚，那你很难认为自己前面九次是错误。同样，别人犯同样错误的情况下没有受到惩罚，你也很难服气自己所受到的惩罚。所以，法律和规章尽可能做到疏而不漏，尽早在预期中防微杜渐，才能真正形成权威和树立公正。

公开透明显然有助于疏而不漏和防微杜渐。防止公权力的随意性，是维护公民基本权利的必要条件。要防止这种随意性，进行权力的约束是必须的，但同样必须的是权力运行规则的严格、清晰、细腻。法律规章是一种公共契约，约束的不只是被治理者，还包括治理者本身。一旦被制定下来，公共契约就应该高于和超越于任何一方。

执法过程之所以容易被认为随意，是因为法律规章往往在执法者手中，而不是在执法者顶上。防止法律规章沦为如此悲惨地位，除了教育执法者，更重要的是让法律规章本身变得严密、细腻、精确，同时让执法过程变得透明公开。

一个社会角色就是一种生活方式，就是一套行为模式。社会角色一旦形成，就将一套复杂的社会关系汇聚起来，后者反过来影响角色扮演者的行为习惯、身体语言、心理情感、道德处境。一种社会角色如此错综复杂，以致于最娴熟的扮演者也无法完全等同于某一角色本身。社会角色的一半可以有意识察觉，另一半则扎根于无意识。

社会和自然如此紧密地交织在人的生活中，以致于社会关系越来越变得自然化，自然因素也越来越变得社会化。人本身首先是自然的人，所以人的自然需要原本是合情合理的，它们来自一套自然法则。人与人组成的社会并没有也不应该消灭这套自然法则，但又不可能对自然法则毫无触动，而是在修正、限制、约束自然法则的基础上形成社会法则。道德、法律、习俗……就是这类社会法则，但是不同种类和不同阶段的社会修正、限制、约束自然法则的方式、程度不同，也存在着两类法则是否融洽问题。

自然法则和社会法则联合起来铸造人性，所以很难有任何社会、任何时代一成不变的人性。力图用善或恶一极来定义人性的时代早已远去，自然和社会的诸多因素都在历史地形成、演变、转移中。任何一种简单地概括人性的模式都某种程度上在误解人，我们需要一种面对复杂性、细节和变化的眼光。

技术是一把双刃剑，使用得当可以利人，使用不妥则会害人。一项新技术出现之后，人们总是首先倾向于过高估价它的利人之处，只有在一段热望过后，人们才会慢慢感到它同样害人不浅。利人和害人的程度会同步增长，这正是技术的本性所在。

技术为患的一点是它们对于自然界的扰动，最终违反人的意愿而反过来危及人类的生存，这一点在人类历史上尤其是 20 世纪已经得到充分证明。也许还未受到人们充分重视的另一点是它们对于人性的改造，当人类越来越依赖技术时，实际上不是人在掌握技术，而某种程度上成了技术在控制人。

我们必须对技术的异化有足够的重视。如果说某些宏大的技术由于扰动生态环境而使人种在退化，危及某一区域的生命群落乃至地球生态圈的生命运行机制，那么某些微观技术则由于深深影响生活方式而使个体在退化，人们看上去在享受技术所提供的便捷、快乐、舒适，但不经意中已经成为各种技术癖、信息控。

技术只有嫁接在合适的文化大树上，才能结出丰硕的果实。在这棵文化大树上，技术既能得到足够的生长营养，也能受到恰当的使用限制。如果没有准备好一定的文化土壤，如果面对没有经过一定教育的国民，某种超前的技术会被人们错误地或至少错位地使用，难免埋下某些祸患。

常识未必全对，未必合乎时宜，但它们之所以成为常识，自有其道理。常识由最基本的自然法则、社会文化构成，它们经过人们千百年的实践和总结，进入世道人心，具有左右人们思想和行动的巨大力量。所以，不管法律法规，还是政策规章，抑或言行做事，都必须尊重和依循常识。

国家的法律法规来自社会习俗和世道常识，它们即便要移风易俗，也首先必须尊重习俗和常识，并做好长期的、渐进的艰巨准备。一个组织的制度规章若是违反基本常识，肯定在落实上遇到困难，甚或伤害人们的感情和积极性。个人的言行做事更要充分考虑社会的规矩、人性的需求、他人的感受，否则一定会让人难以接受。

比如，连儿童和大妈都知道的四舍五入，组织和个人却在那里投机和狡辩，一定会受到围观者的谴责。比如，在一诺千金不再被珍视的社会，人们会活得很难很累，不再相信很多东西，彼此会筑起厚厚一堵高墙。比如，调解各种人际关系的理据，不可以随意更改，只有做到言之有理、持之有故，才能真正令人信服。

常识当然可能被歪曲利用，或者也许隐藏着潜规则。我们一方面应该更多到制度、体制、机制中探寻常识被污染的原因；另一方面要相信，常识的基本部分之所以能被长期硬化流传，正是因为它们合乎世道人心。

作为单纯的个体，人相当脆弱，而作为一个物种，人又过于强大。

自然个体的人，身上没有任何致命武器，很多动物都可以致他于死地。跟许多物种的个体一样，他的寿命短暂，受着各种各样事件的威胁。个体的人的确只是一种偶然的存在，甚至偶然到他自己有时都受不了的程度。脆弱会在身体和心灵之间回荡，认识到自己是孤独无助的个体，这是一个可怕的幻灭体验。

但是，人这一物种却又无比强大，地球上没有哪个物种能够匹敌，即使所有其他物种联合起来，也未必是对手。看看文明不到万年，人类已把地球修理成什么样子，就可知道人类的能耐。有文化和技术做武器，人可以居住在地球几乎任何地方，并突破生态环境给予他的限制。毫无疑问，通常情况下能够毁灭人类的将只有人类自己。

现代社会大大延长了人的寿命，但也割断了人联系自然、社会的天然脐带。科技让我们消灭了神秘感，但也同时拿掉了文化的保护伞。个体的我深深地觉得，自己对人类这个物种都无关紧要，更不要说对这整个世界。说到底，不是这个世界离不开我，而是我离不开这个世界。

个体的弱感和人类的强大，成为现代社会奇怪的两极。把我们重新同自然、社会、人类关联起来，让个体获得深层的意义感，这是一项前所未有的历史任务。

一个人的信用水平，可以从多方面去检验，而是否守时是其中简单易行的标准。之所以简单易行，是因为时间是人际关系最不可或缺的基本要素，而且也是最容易被人们忽视的要素。由于通常情况下，人们之间较少发生涉及信用的其他事情，因而是否守时就成为检验其他信用水平的一个标尺。人们无法立即看到他人更复杂的心理世界，因而简单事项就成为某些基本路径。

在一个讲求信用的社会中，人们对守时都很看重。在西方发达国家，人们之间很少贸然造访，连大多数公共服务都需要提前预约。每个人都有自己的生活安排和生命节奏，等待别人的方便和信守约会的承诺是对他人的起码尊重。公共服务中的预约可以保障服务质量，增加社会秩序，降低管理成本，减少难以预期的偶发事件。毫无疑问，不管社会还是个人，如果连最基本的守时都不能做到，更进一步的合作便难以展开。

生命是由时间构成的，时间对每一个人来说都很宝贵。鲁迅先生说，浪费别人的时间就等于谋财害命。你若希望获得别人的重视，就先从尊重别人开始，而守时便是尊重别人的一个起点。没有哪个领导对晚到的员工持有好感，没有哪个老师对迟来的学生真正喜欢，没有哪个父母对自己的孩子经常迟到感到高兴。建立信用水平，且从守时开始。

那些具有明显标记的伟大成就，或许远没有人们赋予它们的那么耀眼。我们不排除需要一些标记性的符号，但是社会、组织和个人，取得进步的主要方式是缓慢的累积，而且进步的内容越深入，便越依赖于缓慢的累积。如果把社会、组织和个人当作有机体，我们就必须遵循有机体的天性。一个有机体的养成，短期的用力只能强壮它的筋皮骨，而它的精气神只能依靠长期的温敦养育。

人喜欢在时间上作出一些标记，最初可能基于人增加记忆的努力，但渐渐竟演变为人表功扬业的嗜好。那些被人颂扬的卓越和显著，如果是真实的，的确构成历史的节点和人生的巅峰，但是如果起源于好大喜功的人性弱点，则很可能包含着巨大的风险。历史在人性正道的上下波动，但它不可能偏离得太久。在草根普遍觉醒的现代，人们再也不能长久地无视他们的愿望。

诚实、求真是一个社会、组织和个人兴旺发达的标志，也是它们兴旺发达的动力。把目光投向远处，将力量用于源头，人们之间才能留下足够的自由空间。社会要想繁荣昌盛，一定要确立良好的制度和机制，让人们有机会也有能力分头去做人生中真正重要的事情。如果一个社会促使人们纠缠于人际关系，或虚耗在权力旋涡，或汲汲于眼前诱惑，那它就还不是一个真正的现代社会。

在一个民众普遍觉醒的时代，不能无视群众的改革呼声。草根群众既然离发生的问题距离最近，利益触及最明显，也就对问题有最强烈的反应和最有效的理解。他们尽管不乏某些陋见、偏狭和利益打算，但也往往会提出解决问题的好办法。所以，调查研究、集思广益就成为改进工作的重要途径。

要让群众的积极性得到普遍发挥，并且能够及时查补不必要的漏洞，必须依靠良好的制度设计。制度的作用主要在于进行恰当的权责划分、合理的流程再造和必要的奖惩规训。一个组织的运行不能只依靠德性和良心，否则一旦老实人吃亏和干事者受挫，就有陷入劣币驱逐良币的危险。

一个组织风气好坏，至少有几个判断征象：第一，大家在一起主要议论的是工作、正常生活还是是非；第二，愿意干事的人越来越多还是越来越少；第三，正式权力和非正式权力是良好配合还是形成抵牾；第四，那些不守规则的人感到孤立还是拥者甚众；第五，权力中心所围绕的人是逢迎溜须者还是敬业守诚者。

在一个有长远期望的组织中，真正愿意干成事情的人，并不希望用大张旗鼓来搅乱自己的心境，更不满足于用一些虚浮的程式去扩大自己的名声。无论如何，将自己恪守在那些具有长远意义的实事和大事上，既需要一份本心，也需要一种环境。

生命在数十亿年的历程中所积淀的生存机理，远远超过自大的人类短期就想破解的欲望。即便认识这些机理也需要非凡的智力和足够的时间，而要模仿和再造这些机理则大部分情况下是不可能的。令人感到悲惨的，首先不是人类智力和制造力与自然生存机理之间的宏大距离，而且是人类越来越丧失缩小这一距离的可能性。导致这种悲惨状况的主要不是生命世界变得越来越复杂，而是在人类的强力破坏下，物种正在以超乎正常情况百倍千倍的速度灭绝。

人类因为拥有意识、语言、工具……而自认为万物之灵，夸大自己与其他物种的距离。但是，其实地球上的生命是一个连续体（生命之网），其中有一些可以明显划分的阶梯，却并不存在严格的等级。进行分类、做出划界是人类智力活动的机能和把握世界的便利工具。当我们做完分类和划界以后，应该让概念世界重新回归生命世界，而不拟将人类理智把握的概念世界完全等同于生命世界本身。

生命世界的生存机理是人类取之不尽用之不竭的智慧之源。人类的确可以合成很多自然界所没有的化学物质，再造自然界的某些生存机理，但直到现在为止，人类离完整地理解地球生命运行机制还差得很远。人类的功利之举既是人类走向世界深处的动力，也是人类完整理解世界的障碍。

人类有面对自然、赖以生存的一套手段，意识、语言、工具、制度……就是其中组成部分。如果在一定限度内运用，这些手段有利于人类的生存和延续，同时不对其他物种构成严重威胁。但是，人类的这些手段可能自动运行起来，或者畸形地膨胀、聚累、变异，并且反过来主导人的正常理智，使人的生存、享受和发展不仅对其他物种造成严重威胁，而且最终会危及人类自己的延续。

自然的报复使人类开始意识到自我限制的必要性，但是人类还缺乏让这套工具降低威力的能力和共识，也难以突破这套手段给予人的狭隘眼界。人类怎样既不放弃这套手段，又能理解和会通其他物种的生存手段？人类如果不能某种程度上突破这套手段，又怎么谈到尊重其他物种的生存权利，以及与其他物种共生共存、平等相处？人类有没有超越自己物种限制的能力和智慧？

可贵的是，人类具有这样超越自己物种的能力和智慧。语言和意识提供人类超越时空、物性限制的手段，我们可以通过反思自己的行为及其后果来调控自己，甚至把“我们”扩大到其他物种乃至整个生命。但是，我们在道德情感上做这种扩展时，能否同时进行其他手段的配套扩展，目前看来还相当不成熟。人的眼前需要、生存本能、彼此较量……仍然主导着我们的主要精力。

民族国家也是一种特殊的生命体，她跟个人一样，有一种生命状态和精神气质，是否自信是她是否健康正常的一条重要标准。

一个自信的民族会从文化心理的诸多方面体现和表达自己，对本民族有强烈的认同意识和自豪感，不知不觉抒发自己的热爱、依恋、尊敬，由此形成令一个族群强烈认同和共同遵循的一套生活方式和行为习惯。凡是处于昂扬向上和成就高峰期的民族国家，国民都会显现出强烈的自信心和自豪感。相反，处于下降期甚至低谷时，民族国家的国民就会显得萎靡，对自己的民族产生疏离感。

在人类历史上，凡是留下明显痕迹、产生重要影响的时期基本上是民族国家最为自信的时期。尽管单独从经济总量或学术成就或艺术特色衡量，那些处于自信彰显期的民族国家未必样样最好，但总体上说，我们还是更加艳羡那些自信彰显期，认为它们才是民族国家该有的理想状态。

一颗完整而自信满满的心灵，一段光彩照耀的辉煌历史，一种令其他民族仰视的精神状态，才是民族成就的最高表现。精神上的这种光辉灿烂给一个民族所带来的自豪感，远胜于单独的物质财富或学术创造，尽管后者可以成为通向民族自豪感的阶梯。处于精神高峰的民族就像取得杰出成就的个人那样，它们最伟大的资产就是无与伦比的自信。

看一个民族国家流行什么价值观，主要不是看人们在说什么，而是看人们在做什么和信什么。所弘扬的东西和所相信的东西、上层的期望和下层的作为、表面的应当和深层的实然，两端间发生分裂，历史上不止一个时期曾存在过。两端间恰好几乎同幅度地和谐震荡，在历史上存在的时期可能反倒较少。由此可见，从古至今民族国家达到真正鼎盛的时期并不多，这一点便不难理解。

这样说意味着，真正鼎盛的历史时期的一个重要标志是人民言行一致、国家上下协调、社会表里如一。凡是迈向一致、协调的民族国家就在走上坡路，而凡是偏离一致、协调的民族国家就在走下坡路。当一个民族国家宣传过度、浮夸盛行，上下难免离心、离德，所推广的东西也就很难落地。久而久之，诚信缺失，政令不通，表里不一，国家难免走向衰败。

一致、协调可以从任何一端开始，但是只要它们最终能走向两端的贯通，便是一个民族国家的幸运所在。我们对一个民族国家的走向进行省思，不要只关注人们说什么，上层怎么期望，道理上该当如何，更应该关注人们实际上在怎么做，心理上相信什么，现实状况究竟如何。一个力图走向鼎盛的民族国家，有必要在统一性与多样性之间保持一定的张力，尊重合理的分歧，并释放全部的有效动力。

互联网正在制造另一个大民主时代，但我们希望它最终能在公开基础上建立更多常识和更高互信。当异于官方的各种看法和事实无孔不入地传播开来时，人们首先会无所适从是难以避免的。当深植于心中的看法和信念受到冲击时，人都难免有可怕的信念空白期和理性无力感。

在互联网时代，公共权力还想跟过去一样进行全方位的思想控制，其实并不利于把民众的信念引到合理方向。自我的普遍觉醒加上互联网的无孔不入，只有配之以更加透明公正的公共生活，才能共同建设一个强大的民族国家。否则，无所适从的民众会把觉醒的力量引向毁灭，因为他们在无所适从时更容易听信极左或极右的煽情说教。

健康的信念是宽容的，正常的理性是温和的。但是，信念能够宽容是因为它立足于厚实的常识，理性能够温和是因为它尊重基本的事实。从政治到社会的公共生活，应该把恢复常识和尊重事实当做基本的努力方向。坦诚是互信的前提，不能对社会关注的重大历史事件和当下生活纽结做出开诚布公的交代，可能让社会进程变得更加颠簸。

技术是一把双刃剑，它一旦先于社会的接受基础到来，很可能充分施展其破坏性。互联网将成为民主时代的利器，但使用它的社会只有同时拥有厚实的常识和温和的理性，才能避免它的伤害。

在强大的自然或社会面前，个人相当脆弱无力。个人与自然或社会的连接一旦出现缝隙，生命的幻灭感就难免从中升起。这是因为，个体生存的意义正在于与他以外的人、事、物的连接。失去部分连接，一个人会伤心、苦痛、缺憾；失去大部分连接，一个人就会灰心、幻灭、绝望。

个人与世界的连接既是一种现实，也是一种记忆和希望。但是，现实未必那么美好，需要我们忍耐的往往比我们向往的更多。自然给我们震撼和美景，也给我们暴虐和灾祸。社会给我们护佑和理解，也给我们戕害和畸塑。所以，不难理解，那些宏大的自然或社会事件中潜藏着往往被遗忘的无比多样的个人经验。

在社会动荡期，人的生命显得如此微不足道，就像在自然灾难面前，人的生命变得如此无能为力一样。这里隐藏着很多看待历史的尺度问题，每一宏大事件的背后往往以很多个人的牺牲为代价。如果说自然和社会的历史演变有什么进步，至少一条是关怀生命和尊重个人的人道主义逐渐走向价值的核心。

我们无法完全防备自然灾难，正如我们无法彻底控制社会动荡一样，但如果我们能够通过科学技术增加对自然灾难的预测，通过良好的运行机制约束政治家的野心，同时提高全社会的人道主义基础，或许更多的个人会有力量享受自己的生命。

第六章　结　　局

第一节　命运与觉解

原则上说，修养与修行不在一个层次。修养在我们精神的相对浅层，大抵对应于政治、法律和道德。修养所遵循的一些规则把我们约束为中规中矩的常人，从古至今可以用不同的名字称呼：君子、孝子、忠臣、公民…… 修行却在我们精神的更深层，对应于艺术、宗教和哲学。修行虽也跟各种教派各路哲人有关，但它们只是一些相对的路子，本质上没有高下之分，因为修行的结局都在于获得解脱，从尘世的有限性走向精神的无限性。修养和修行是两个精神层面，但不是两种不同生活。修养是为了顺应尘世，但修行未必一定要出世。怎么生活，往往是某种碰巧选择，所以才有小隐、中隐和大隐之说。

许多最终解脱的人，可能最初也是中规中矩的常人。而一些到达高层次的人，可能一开始就不愿意做中规中矩的事儿。不是所有人都需要和可能走向修行，遵循政治、法律和道德只是做人的起码要求，但接近艺术、宗教和哲学就不是一种要求，而是某种自觉。由于民族文化和个人身世的影响，什么时候、是否可能走向修行并没有定规。如果不是出于民族文化倾向，那往往便是灾难和坎坷才启动一个人的深层精神需求。有修养的人可以是幸福的，也可以是成功的，但一定不在最高境界，因为他（她）

还不是超越的。

生活没有多少大事，日子往往细节接着细节。只有许多相似的细节集合起来，形成滚雪球效应，才会酿成大事。人生总共就那么几件大事，部分出于自由选择，部分归于冥冥力量。只有那些相当敏锐的人，才能及早发现引起改变的细节。只有那些勇于改变或善于坚持的人，才能及时引起或阻止可能发生的变故。

但是，面对生命世界的无知之幕，谁又能有这种全知全能？当那些潜在的病患已经在身体发生时，我们未必能有感觉。当那些巨大的灾难正在降临时，我们也许还在其中乐呵。病痛只有到我们的感觉阈限之上，并且反复发作，或许才能引起我们注意。事情只有近在咫尺，感官能够捕捉，我们可能才会做出反应。然而，各种细节累积到一定阶段，我们的注意和反应或许已经无力回天。

各种文化都提供解释冥冥力量的不同说法，并把它们演变成人们顶礼膜拜的种种神魔。人们在膜拜中似乎通达神魔，由此获得安全感。提供安全感，形成合法性，建立集体认同，的确是文化的重要功能。只要我们的理性还未强大到推翻这些安全罩的程度，它们的存在都正当甚或有益。强迫人们信仰什么往往徒劳，因为它们来自默默却强有力的文化、时代、阶层、环境、出身和阅历。也许将大事交给那些冥冥力量，我们才能更好享受细节。

希望是人生的最大资本。不管你多贫穷低微，只要希望还在，就会拥有一分热情，保持一分理性。如果失去希望，不管你多富华威势，都会丧失生的乐趣，不惧死的暗寂。生命力把一股又一股热情喷向未来，在外界阳光不足的地方，给自己制造太阳。那些有意结束自己生命的人，不管出于哪种理由，都归结于绝望。

当时间在眼前划过时，它并非始终绵延不断。往往在那些断裂处，腾出一股浓烟，汇成幻灭感。理性不可能持续挺进，在它间断的地方需要希望加以弥合。如果没有足够的希望填平空隙，幻灭感就会乘虚而入，从那压抑的深层，从那迷惘的现实，从那荒诞的历史。不是每个生命齿轮都能顺畅地与现实咬合，与书本对接。在艰涩停滞的区间和节点，一股能量会被拦截，被压制，被流放。

生命需要填充，更需要挖掘。当它有足够的空间时，需要用事情和经历去填充。它会在充实中变得活跃，因为没有什么比单调和无聊更折磨一颗跳动的心。当它过分拥挤而喘不过气时，需要表达和释放。它会在发泄中感受快慰，因为希望只有在生机更换中才能被重新唤起。

希望是一座桥，用过往的绳索，连起现在和未来。希望是一条路，为看不清的远处，描画诱人的前景。希望是一座灯塔，在茫茫的夜航中，确认游弋的方向。

人性中从来不乏邪恶。它也许不只来自个人经历和生存环境，而且来自历史和文化的遗传。善良和邪恶都是心中的一股力量，只是走向有所不同。生命欲望也许没有对错，可它们一旦转化为力量，就有善恶的方向。善良的力量走向光明、宽容、丰富、平和、爱和信仰，而邪恶的力量走向阴暗、狭隘、贫乏、好战、恨和迷茫。

人无法选择自己的出身和最初的环境，也无法选择某一群体的历史和文化。它们会给幼小的心灵埋下各种或善或恶的种子，只待以后的生命中生长为真正的善或恶。遭遇个体的某些微环境也许不幸，但是遭遇某些群体的历史和文化更可能不幸。这个世界生长起来的善恶，有着难以历数的种种根源，或久或暂，或大或小，或远或近……

除了那些传说的圣贤高士，又有谁敢说自己只在善良一端？一部人类历史，所积压的恶也许不比流传的善少。第一，善恶标准几乎从来都依赖一定的历史条件，利益和野心会拐弯抹角地遗传痛伤。第二，动机和效果之间往往错位，那些大人物的善良愿望所导致的邪恶还少吗？第三，群体和个体的尺度未必一致，历史车轮碾过时，多少个人成为无故的牺牲品。

黑格尔说，恶是历史的动力。邪恶是个人和历史释放力量的一部分。所以，既要相信根深蒂固的善良，也要记住无处不在的邪恶。

吃苦受难是我们洞穿这个世界的最佳方式。如果你没受过大累，也没遭过大难，你就不能说自己已经理解了这个世界。通常情况下，我们只与世界的表层打交道。我们不知道天有多高，因为我们没有感受它的全部压力。我们也不知道地有多厚，因为我们没有窥见它的绝望深渊。

如果你只看到一个生命的光鲜，你就只看到它的表面。若要理解它的内涵，理解它出生的挣扎、生存的艰辛和死亡的搏击，你就得有穿透它表面的力量。这力量不只来自阅读和思考，更多来自相似的生命经历。一圈又一圈的大树年轮，准确刻画着岁月的痕迹。一块又一块的秦砖汉瓦，默默留存着历史的沧桑。

生命是汇集起来的力量。你不只消耗它，你还要储蓄它。生命不是从无到有的过程，而是从种子到大树的成长。生命的展开是一种抵抗，抵抗来自整个世界的压力，世界不会自动给你最终需要的那么大空间。生命的展开是一种吸收，吸收来自外部的一切营养，最终达到你可以给自己制造营养。

受苦受累中，生命在粘住残缺的现实。大灾大难后，生命会奇迹般回到自己。洞穿这个世界需要灵敏的感觉和综览的理性，它们都只能在吃苦磨难中累积。飞到这个世界之外，你才能看到这个世界的整体。刺入这个世界的心脏，你才能把捉这个世界的脉搏。

越来越觉得，人活着含有一种使命。有时我们知道为了什么，但更多时候，并不完全知道。只是觉得有一种急迫感，有一些神圣的东西在推动着。只是觉得时间不能浪费，应该让有限的生命更有意义。这应该算作一种生命的自觉，一种想要超越的觉悟。总有某些东西，比普普通通地活着更重要，比舒舒服服地活着更踏实。

原初的自我并没有什么意义，因为他可能是一片空白。所以，生命的存在首先来自他的外部——他物、他人、他事。外在世界给了他生存的条件，给了他获取的艰辛，也给他生命的报偿。这时候生命需要占有，需要有能力占有，想要更多地占有，劳顿、烦琐、操持……成为人们抓住这个世界的必要方式。

然而，对于有意义地活着来说，大多数情况下，外在世界给予我们的不是太少，而是太多。某些有限的物件、事项、人缘，的确可以确保我们生命的常规和续存，但超出我们的基本需要，就可能成为一种累赘，除非从中发现超越的意义。有意义的生活不是来自有限的世界本身，而是来自对有限世界的超越。

对有限世界的超越，意味着回到自我，回到一个包容了有限世界的自我。回归的自我是自觉的生命、自由的理性，因为他理解了这个世界，他用生命的历练将遭遇的杂多真正统一为一，因而变得平和、地道。

人所遭受的屈辱，不管来自个人还是社会，如果不能蒸发为美德，就会发酵为罪恶。我们大多数人，心中既驻着天使，也扎着恶魔，它们在不停地对话、争执甚至战斗。如果能通过吸收正能量而强化天使，我们会在关键时候走向光明。如果经常不断地激活负能量，我们很可能在危机关头变成恶魔。

看上去我们在社会上混，其实不过是在与心中的多个我较量。每次社会的际遇，相见的每一个人，所干的每一行当……都在滋养某一个我。经常表露给别人的那个我未必是真正最有力量的，尽管可能是最希望展示的。只有在那些边缘情景中，一个储备最大能量的我才会大显身手。所以，一个人很可能不是表面看去的那样，你也别指望短时间看透一个人。

生存还是毁灭，来自同一种力量，可能直到最后一刻也难断定正负。很多能量在地下缓慢地流动、积蓄，就像藏在暗处的猛兽毒蛇，等待着攻击的时机。也许最终它们放弃了攻击，要么没有最好的时机，要么被一股更大的力量震慑。在每一清醒的时刻，生命既在高地反光，也在暗处发酵。

那些天生“思无邪”的当然是圣人，但能意识到心底恶魔的已近贤者。鬼魂一旦被看到，就会烟消云散。潜藏的毒物若被发觉，便失去攻击的机会。毕竟，看到就是一种力量，说出也算一次修为。

人生并非铁板一块，生活中处处可见矛盾。没有谁能准确地知道，下一步发生什么，未来将是怎样结局。一生中会听到很多矛盾的道理，有时偏左，有时偏右。即便老祖宗流传的法子，抑或科学家提供的结论，也经常让我们无所适从。所以，生命充满不确定性，比我们预想的更加颠簸。建构自我的能力，秉持善良的素养，调整身心的弹性，应对突然的耐压，保持快乐的心境……比专业和技术对我们的人生更加重要。

要相信，经常生发的小感悟，最终能汇成生命的大解脱。上天给我们的最大能力是思考，对我们的最高要求是理解。语言轻而易举就能把我们悬空，穿透语言的框架和随之而来的层层偏见，甚至需要我们花费一生的时光。生命岁月的减少并不是对生命的绝望和俯顺，而是一个逐渐认识到人生归宿和最终价值，并实现生命的真正意义的过程。只要不放弃，生命中的种种小遗憾，都会积累为人生的大报偿。

一方面需要放大格局，另一方面需要抓住细节。世界最精到的地方，恰在于一个个细节。格局做大是为了容纳，为了看到真正重要的事情。但是再大的格局都需要一个个细节来填充。渔网再大，也离不开密集的小网格。要从大处着眼，更要从小处着手。眼前只有细节，编不出大网。手中只有粗线，织不密小格。

对生命来说，上苍所降的每一艰难，同时也是一次机会。奋力克服了，生命便上一个层次。一个更好的自己，都是消化了更多痛苦的结果。生命的进化，较少来自顺畅，更多来自逆境。所谓适者，不过是那些生命力极度顽强的物种和个体。所以，人的生命力必须足够顽强，不能轻易认命，才不枉世上走这一遭。在生命博弈中，我们可以输给别人，但一定不能输给自己。

生命的成长中，适度的吃苦耐劳大有裨益。也许早吃比晚吃，益处更大。人生是一辈子的累积过程，不到生命结束，篇章便没有写就。攀升时候，能吃得了苦，下滑时候，能忍得住落差，才有资格谈生命的圆满。很多时候，我们无法选择环境，但我们可以选择不放弃自己。即使放弃生命有十个理由，也要用一个不放弃的理由支撑。况且，冬天之后，总会有鸟语花香，万木葱茏。

我们的身上都有惰性，而成就的大小跟克服惰性的努力密切相关。当困难来临时，我们不是抱怨困难，而是尽自己的最大努力。从战胜自己的惰性中获得激励，人生的目标就会内移。生命到最后不是一种外在的要求，因为每个人的心中都该有一座需要花费一生去攀登的圣山。人到后半生，面对生命的幻灭感，必须足够强大，强大到不依赖任何人，强大到喜欢孤独，强大到没有自己。

人生很多时候，与其说在度过，倒不如说在熬着。处于那些急于摆脱的困境，人生反倒更需要理性和定力。如果失去理性和定力，我们很可能将困难和挫折，不是当作大景之前的转弯，而是变成放弃来路的理由。一错再错的事情，接二连三的灾难，往往发生在那些惊慌失措的人身上。

一生的跌宕中，不是所有事情都在预料之中、计划之内。不管生活还是事业，都是一个大概方向，具体的步骤需要适时调整。只要埋头积累，最终的收获不在此时，便定在彼时。生活有各种可能性，只不过我们惯常的思维和行动封闭了大部分而已。保持稳定性和灵活性的张力，应对可能发生的各种意外，是生命维持的一项要件。

命运会让我们承受不同的结果，不是每个人的一生都能如愿。有些人可以站在高岗俯视，有些人只能躺在低谷仰望。只希望，我们能放大自己观看的时空尺度，然后发现那些引以为傲的高岗，或者深陷自卑的低谷，不过是一瞬的感觉，分毫的差距。没有这种尺度的放大，人与人之间难以达成根本的平等和彻底的尊重。

一种放大的尺度，不是来自外在、社会、物质，而是来自内在、人性、精神。生活中的磨难和历练，对美好未来的相信，对伟大事物的景仰，促使我们放大自己的格局和尺度，最终获得超强的理性和定力。

要相信，凡事都有原因，也会有结果。如果我们看不道其中因果，要么因为我们的眼光还不够精细，要么因为时光老人已经把它们悄悄隐去。成长是一个结果，但它的原因不是向外发泄，而是内敛磨砺。人应该有一颗善良的心，但绝不可在邪恶面前保持懦弱。成长的最终结果是强大和柔和的巧妙结合。

让一个人贸然冲动的，不只个性，还有修养和处境。一个幸福的人，会宽阔和平静，不会把事情挡在眼前，反倒让自己的前路越来越平坦。一个有修养的人，知道自己言行的后果，会小心翼翼地避免别人不舒服，反倒使越来越多的人愿意帮忙。抑制自己的冲动是提高修养和改善处境的第一步。

千万别把冲动、愤青、粗野当个性，相信我们会喜欢一个有棱角的人，但不会喜欢一个横冲直撞的人。千万别浑身都是伤口，别人不敢靠，也不忍看，仿佛全世界都欠着自己。每个人都认为自己代表真理，但只有掌握足够的证据并经过反复的思考，才能确认自己离真理有多远。

一个人可以没有主见，甚至充满各种偏见，但一定不要成为别人的枪手。不平的事儿哪都有，层次低的人只会打街骂巷，四处攻击，转嫁于人，层次高的人会默默反省，洞明世事，修炼自己。生命的最后走向无非两种，就看我们愿意落到低层，还是努力靠近高层。

人的生命既然不是纯物理存在，生命进程就分为物理时间和非物理时间。在物理时间上，人跟其他生命甚至非生命物没有什么区别，有生便有死，有开始便有结束。但是，人自认为高于非生命物甚至其他生命，正是因为人还在非物理时间中度过。哲学家们由此将前者称为生存，后者称为生活。生存只是活着，而生活却需要一定的品质。

在正常情况下，生存和生活交织在一起。生存是生活的基础，先能生存下来，然后才能谈到生活。即便仅仅维持生存，人也需要作出较大的努力，维持身心健康，拥有基本的生存资料，与自然和（或）社会保持最起码的联系。要取得这些保障条件，我们作为个人就必须付出劳动，并且有机会有能力承担。

然而，除非在极端条件下，不管逼迫还是自愿，我们都不会满足于仅仅维持生存。人活着为了很多，也依赖很多，它们很大程度上超越了物理世界，成为人生存的意义和价值。生命在这些事物上度过才是真正的有效时间。人与人在物理时间上没有区别，但在非物理时间上却差别巨大。

但是，生存和生活应该基本保持在一条线上。就是说，人的意义和价值应该一定程度上建立在自己的意愿、兴趣、能力、期望……的基础上，否则那些意义和价值就会成为生命的沉重负担，最终压崩脆弱的个体。

活在世间，没有哪一种关系百分之百舒服，但总有一些关系是我们愿意承受的。如果身上都是不得不承受的关系，我们的生命未免过于沉重，甚至失去意义。一个人或迟或早会觉醒，这意味着他开始知道自己的需要和愿望，并探寻作为独立个人的意义。他学会承受黑夜，但他更愿意把黑夜当作黎明的一份礼物。

人一旦见过光明，就不会再满足于黑暗。尽管人需要一再地启蒙，但一旦有第一次启蒙，就再也不可能回到蒙昧状态。一个还没有独立起来的人，哪怕身处可怜的状态，也可能理解为很幸福。但是，他一旦真的独立起来，就不会再满足于那种可怜的幸福。尽管独立的探索使未来更加不确定，但自由的价值还是始终高于奴役。

觉醒之前的心灵也许是平静的，但那毕竟是一潭死水般的平静。心灵一旦觉醒，人就会充满活力，逐渐汇出一潭深水。只有充满活力的湖泊，才有真正意义上的清澈。只有生命喧嚣之后的夜晚，才有真正意义上的宁静。从压抑人的环境中抽拔出来，一个人才有成长的可能性和展现自己的机会。

生命的蜕变有迟有早，但不管多晚的新生，都不会太迟。在泥淖中存足越久的人，越知道岸头轻步的价值。命运若是从心考验一个人，会把他深深地摁入泥潭，等待他变成白洁的莲藕，自己开出一朵荷花来。

改善命运可以有很多办法，但是提高自己的实力无疑是最可靠的一种。一个人有没有足够实力的主要标志是，你有没有选择自己人生的自由。我相信在这个世界上，绝大多数人都不具备这种自由。说自由是一种天赋人权，那不过是一个漂亮的论断，没有配得上自由的实力，自由就将一直是别人手上的刀把。

要来的事情总会来临，人没有阻挡命运的无比力量。但是，在命运无情地碾压过来时，我们总得有足够的力量暂时躲开，并寻求新的出路。只要保持自己的身心健康，并走在正途，未来就总会有一条路为你打开。最为悲惨的生活，不只是环境没有提供改善命运的机会，还包括自己的身心已失去抓住机会的能力。

习惯了的生活方式和工作环境会把人的许多潜能埋没下去，熟悉和优越感是以自己的丧失为代价的。挣脱自己的习惯需要付出巨大的勇气，因为一切新颖的收益都有某种不确定性，而一般人都不敢冒这个风险。然而，不跳下悬崖又怎么能像雄鹰一样飞起？不挣脱躯壳又怎么蜕变为美丽的蝴蝶？

选择合适的环境是生命的一种本能，毕竟林里的一棵树还是要比荒原上有可能长得更好。即便对于一生来说，生命中的机会其实都不多。千万不要糟蹋生命中不可多得的机遇和改变命运的可能性，要敢于为此承担风险和损失。

生命真是一场考验耐力的漫长过程，生存、享受、发展无不需要耐力。生命从诞生之日起，就在与死亡进行抗争。死亡会以疾病、残缺、衰弱、事故等各种方式逼压生命，个体生命可以获得暂时的胜利，并尽力实现自己的使命，但终究耐不过死亡的力量。然而，这种抗争正是生命的意义所在，生命的耐力正在于不畏寒燠、贫瘠，也要奋力成长。

生命所需要的物质资料，生命个体之间的交往，个体的延续和种的繁衍，生命与天敌之间的较量……都无不需要坚韧、耐性、等待时机甚至奋力一搏。耐力毫无疑问成为能力的重要组成部分，对许多物种来说，耐力甚至成为需要学习的重要能力。静候还是出击，隐藏还是逃跑，屏息还是威慑……都是生死的一场考验。

耐力是遵守规则的结果。自然有它的运行规律，社会有它的既定法则，你若不能遵守，轻则受到伤害，重则危及生命。你可以反抗或修改这些规律和法则，但失败比成功的概率一定更高。对于大多数生命个体来说，没有反抗或修改的可能性，即便严格谨守，也未必能始终保全自己。

耐力中包含内化的规则，也体现生命的主动性。耐力是生命力的试金石，那些更有耐力的生命总是有更多的生存和繁衍机会。足够的耐力正是生命能够掌握自己、不为环境所左右的一个标志。

有很多线条束缚我们的生活，编织我们的命运。总得解脱一些，或更换一些，我们才能修改人生的结局。每个生命都有一些与生俱来的或后天养成的软肋，成为我们命运的短板，人生的后半程可能要花巨大的力量对此加以修补。每一短板之处都隐藏着我们的遗憾、悲伤、委屈，从而积蓄了拉长的动力。

一个人绝不应该在生命历程中失去主动权，从而逼迫在命运的海洋中随波逐流。即便在获得足够的实力前，我们也不应深陷泥潭。我们无法在所有方面同时做出改变，但主要的生活线条一定要握在自己手中。保持高度的社会化水平，是一个人始终清醒地把握自己的一个重要条件。

某些传统价值观念真是害人不浅，竟能鼓励青春的生命去维护所谓的道统。道统往往只符合一部分人的利益，维护道统便难免以牺牲另一部分人的利益为代价。当社会再也难以完全禁锢起来以后，启蒙的影响力就会越来越大，很少有人再愿意仅仅被当作工具。一旦人们都清醒起来，无端的牺牲就不再具有广受推崇的价值。

在一些重大事情上保持头脑清醒是人生最重要的一项能力。这项能力使一个人能在风浪中保持生命的航向，或者经过较小的弯路和较少的代价而返回正轨。在这个越来越个体化的时代，达致幸福，实现潜能，便是人生的正确方向。

出生是一种喜悦，而且是一种可以缓慢积累的喜悦。可是死亡，不仅是一种悲伤，而且可能毫无征兆地突然降临。世界有太多偶然性，生命有太多不确定性，让我们不得不对命运心存敬畏。一个个体，他就是这个世界的偶然存在，因为每天有那么多人出生，又有那么多人死去。

只在有限的范围内，一个人的生死还是重大事件。可是对于自然或社会，一个人的生死又算得了什么？一个人活着，环绕他还形成一片世界，有温度，有颜色，有质感。可是，一个人一旦死去，这个世界跟他再无瓜葛，他所撕开的裂缝很快会愈合。活着的人还得继续认真地过日子，同时等待、忍耐、探寻属于自己的那片裂缝。

所谓宿命，不过是我们对一种合力的称谓，这种合力由作用于我们的无法计数的各种因素构成。有一些是我们能把握的，有一些是我们不能把握的。如果你对命运有所抗争，首先在于你尽可能做好能把握的那些因素，其次在于你尽可能将原本不可把握的因素转化为可以把握的因素。

人不能轻易认命，那是因为影响一个人的无数因素中，能把握的和不能把握的并没有一个预定的边界。一个积极面对生命的人，不仅努力做好常人看来可以把握的因素，而且扩大可把握因素的边界。所谓改变命运，不过是努力完善自己的另一种说法。

人生的最终结局，无过于各种生命需求的真正和解。我们的生命需求既有层次，也有维度，而且不同层次、不同维度的需求不乏冲突。尽管人生各种层次、各个维度的需求有一个生成显露的过程，但它们一旦展露出来就难以消除，并要求予以适当应对。如何在有限的人生中分配自己的资源和精力，去平衡这些需求，成为考验人生的重大事项。

人们常说，简单的生活容易幸福，仿佛舍弃一些需求就可以缓解人生冲突似的。但是，怎样才是简单的生活？简单的生活并不是需求没有得到展开的生活，贫困、欠缺、压制……导致生活简单、层次降低、维度减少，但这样的生活并不能导致我们常说的简单幸福的生活，反而倒使某些需求更加强烈。其实，只有掌握了生命主动性的人，才有自觉起来的能力，才有真正简单下来的可能性。

简单的生活来自于曾经复杂，来自于需求得到展开、满足、升华，因而看上去简单的生活可能仍是需求丛生、愿望盘结。只有人生的不同需求得到和解的人生才可能简单，而被压抑的、未成长的人生不会自动达到简单和解。人生的和解基本上不是来自欲望的完全满足，因为欲望永远不可能完全满足，而是来自一个人灵魂的觉悟。灵魂的觉悟需要生命意义的启迪、生死的醒悟、使命的召唤、信仰的勃发。

第二节　喧嚣与沉静

每个人都占据很小的物理空间，生存的实际需要并不多，寿命也十分有限，但是却有不受限制的欲求，有喧嚣起来的愿望。

如果不能调适这种距离，微观上会形成个人的紧张和困境，宏观上会引发全社会的浮躁和争斗。

相对于慢节奏、低需要、固定不变、安静保守的农业经济来说，市场经济的确开发更多需要，增大交换程度，加快生活节奏，趋于不断变革。但是，市场经济所带来的好处，决不亚于它所制造的麻烦。如果没有信仰在精神上拯救，没有法律在行为上监控，没有政府在机会上调节，没有慈善在底层上温暖，市场经济会演变成疯狂的物质主义，泛滥的投机行为，动荡的权势不公，残酷的全面竞争。

发达的市场经济之所以成功，正在于一定程度上驯化了市场这匹烈马。市场可以在经济中起决定性作用，但不应成为建构一个社会的基本原则。一个健康的社会正是合理地约束和恰当地利用市场的社会，而这恰好不是一种手段所能做到。供良马奔腾的原野，需要适度的围栏，需要肥美的草地，还需要一片晴空。

不管个人还是社会，释放欲望只是本能，限制欲望才走向自觉。没有欲望，生命没有活力；不加限制的欲望，加速生命的毁灭。紧张困顿的个人，享受不到生命的乐趣；浮嚣争斗的社会，难以酿成宁静的深韵。

人原本真实，但渐渐说谎、伪装、吹嘘、炫耀、掩饰……。人们可能因此得名获利，但是其实已经是半个人，另一半成了鬼。于是，从某一刻开始，我们应该踏上寻找真实的路。如果能在余生中将另一半从鬼变成神，我们重新做一个真实的人，在这个越来越喧嚣的社会应该算是成功的。

一如朴素。处于社会底层，欲望简单、直接，需要很少、很实。但是，这时的朴素还未经受考验，简单但不纯净，直接但不厚重。于是，我们会受到诱惑，会产生攀比，会浮嚣起来，会发生膨胀。只有在机缘中刺破自我，甚至在撕裂中抚摸伤口，我们才能望穿滚滚的雾障。在重建的朴素中，人能见出自信和真实。

做一个真实的人，不是不犯错误，而是不违良知。不是没有欲望，而是不会滥情。不是不通世故，而是保有底线。不是看不到黑暗，而是留有一线光明。一个真实的人，懂得善良，知道美好，活得踏实。他对权势会产生抵抗，却会向弱者献出爱心。他看到的不是已经拥有的名利，而是着眼于自己的不足。

如果一个社会是健全的，它应该鼓励人们说真话、做实事，应该给真实的人、真实的事更多成功的机会。不管怎样的社会，总会有人舒服，有人不舒服。但是，一个社会中若是不真实的人不舒服，那就算是一个比较完美的社会。

喜欢一种平淡无虑的状态，却不知它是来自开悟，还是由于劳累。心理突然奇迹般的宁静，没有忧伤，没有担心，没有嫉恨。并不觉得世间一切如意，但也不感到眼前多么糟糕。只是没有特别的关切和比较，像是真正回到了自己和当下。

回想起来，不是不前望将来，只是不再焦灼地筹划。不是不回望过去，只是不再空落地后悔。心中只有一个淡淡的念头：做好当下的每一件事，不管生活还是学业，这样可期的未来就在踏踏实实的缩短中。心沉静下来，呼吸变得均匀，身体感到清爽，做事效率也得以提高。多么希望一直延续这样一种状态，没有身体的病痛，也没有心理的焦灼。

沉静是力量的标志，也是优雅的前提。一个易躁易怒的人，往往是一个缺乏教养、外强中干的人。真正的力量不应浮在表面，而应沉到心底，蓄势而待发，厚积而薄发。当你焦虑和纠结时，你对自己、对别人、对事情还没有建立起真正的相信。一个将心装进肚里的人，有力量控制自己，才有胸怀容纳世界。

一个宁静下来的心灵，与时间同步，不用在波澜中追问生命的意义，也不受生死问题的无端惊扰。死亡是生命的自然结果，而不是生命的真正结局。将生命的价值实现出来，并以宁静的心灵面对死亡，实际上已经超越了生死，与天地融为一体。

如果平心静气地回望，曲折盘旋的过往也是一片不错的风景。渴望自己的人生像错落有致的层峦叠嶂，有鳞次栉比的远近高山，作为人生曾经奋斗的各个节点，而支撑它们的深浅不一的沟壑，也是生命必须承受的低谷。每次从沟壑中费力攀登的过程，都一再地彰显不屈不挠的生命意义。

没有哪一大景不经过煎熬、挣扎，它们在岁月中成长，把自己历练为蔚为大观。座座高山都是大地艰难抬升的结果，但它们有珠穆朗玛峰的榜样，也就不觉得自己艰难困苦。大江大河在群山环绕中为自己开路，常常不得不准备改道，但是有奔向大海的目标，也不因自己的弯曲而停步。

人的生命虽然短暂，但它们因袭大自然的基本道理，需要在曲折磨砺中去丰富。只有将那些不平之鸣先行压抑，然后加以升华，才能提高生命的质量。生命中的那些宽衢大街，也许都曾经充满了荆棘、沙石、歧路、迷途，不过最终将它们容纳收服，并在一炉纯火中熔炼，在半山危道上默默铺就而已。

如果心中常有不平之意，首先需要检查的不是世道人心，而是自己的心胸是否足够宽阔，自己的前景是否足够明朗。眼前所经过的一切都在快速流逝，我们能挽留时间的唯一方式是紧紧地与它粘在一起，抓住它提供给我们的重要东西，并将其折叠为曲折丰富的大景。

在合适的环境中，人会有一种被承认被尊重的舒服感，而当人感到压抑屈辱的时候，可能正处于与自己心性不相投的环境。有能耐的人，应该选择自己感觉舒服的环境，并释放生命的内在潜力。但是，也许更有能耐的人，可以在不相宜的环境中更大限度地激发自己的内在潜力。

指望别人来肯定自己，其实还是虚弱的一种表现。跑龙套的人，的确会时时站在前台，而那些真正的名角，却需要不时地到后台储蓄。甘于寂寞是一种很高的能耐，乐于平淡是一种超凡的修为。那些容易形成簇拥和热闹的地方，反而会远离真相和底蕴，因为真切的东西最见不得喧嚣。深湖微澜，才彻映一番大景。

红尘中浮起的很多，看上去耀眼，其实往往过眼烟云。如果一个社会不够健全，那么围绕在权势和财豪周围的，多是人云亦云、浮泛庸碌之辈。远离红尘，做个闲云野鹤，固然是一种境界。但是，若能置身庙堂，仍具一副火眼金睛，则是更高的一种境界。然而，这两类人，恰好是一个浮嚣的社会所最为缺少的。

一个社会，乃至一个组织，都会有自己的风尚和宿命。不同层次的文化、历史和环境，也会造就不同种类吃得香的人。一块贫瘠的土地，只有小草去消化那些腐质。若是养育一大片森林，就必须有肥沃的土壤和清澈的天空。

如果不从心中消灭自卑，一个人是没有指望走向幸福和成功的。轻微的自卑不失为一种动力，但如果长成顽固的自卑情结，一个人便内定几分自败。自卑情结是巨大的染缸、有力的漩涡，会将来自外部世界的一切涂上暗色，甚至扭曲到变形。

人都来自弱小的个体，需要成长强大。按照心理学家阿德勒的说法，人都天生具有自卑心理，因此超越弱小自卑成为人的重要动力。但是，按照马斯洛的观点，超越自卑是一种消极动力，只具有补偿性质，人必须最终依赖自我实现甚至自我超越，才能成为卓越的人。

我们只看着自己所缺少的地方，便永远没有满足感和宁静心。当你与别人比较时，更多看到的是别人表面的幸福和夸大的成就，更多回照到自己的寒酸不堪和缺憾不足，心中的愤愤不平和怨天尤人便油然而生。可是，我们在自己身上活着，在自己心中过着，又为何要去比较呢?

血缘人情是根深蒂固的原因，我们总是参照别人来定义自己的幸福和成功。浮嚣转型是另一原因，我们都在无尽的竞争中疯狂地占有和攀比。内心虚弱也是无法推卸的原因，主导我们的更多是情绪、感性、消极面，而不是理性、自知和积极因素。作为个体，我们无法立即改变文化和社会，但回到自己积极地活好当下，自足感恩地保持宁静却必须努力。

浮嚣的确是当今中国的普遍心态，但对于人文知识分子来说，也许最好用“纠结”描述。个人与社会、本能与性灵、物质与精神、功利与使命感……都从两个方向撕扯，知识分子不得不走在浮嚣与宁静的中途。

让人们陷入浮嚣的，当然主要是中国的时代转型。转型的动力首先来自人们的表层需要，并且短期内被过分地发掘和刺激，它们强调个人、本能、物质、功利……后发国家的追赶战略往往人为地制造转型过程的不平衡。然而，快速发展某些方面难免以牺牲另些方面为代价，所以任何时候不要陶醉超常规发展所取得的成就，其中一部分必须成为未来矫正的成本。

现在到了需要另一种力量来矫正的时候，只有凭借社会、性灵、精神、使命感……人们才能重新恢复宁静。那些在转型中获得巨大利益的人，尤其社会精英，应该成为承继和发扬这种力量的中坚。他们负有将这个社会带向柔和、慈善、宽容、理性的神圣职责。而他们自己只有达到相当的深度、容量，面对时代的大问题、大格局，才能肩负这份担当。

从传统到现代的转型是一种秩序的重建，本身就需要相当长的时间。在我看来，人文知识分子的纠结还没有达到足以爆发的程度，因为他们还没有储蓄足以规范社会的群体力量，也没有完成足以引领时代的精神成就。

生命过程本来就充满不稳定性，而随着社会走向现代化，人生越来越被卷入高风险。我们愿意把自己的生命触角伸得尽可能远，但我们又对陌生、风险、颠簸充满恐惧。是什么让我们在生命历险中依然能保持自己的平衡、宁静，我觉得主要是爱、责任、希望、使命感、信仰。

它们都是生命所打开的牵绳，把四处飘荡的我们牢牢系住。既然是牵绳，就不可能完全轻松，既是释放也是束缚。释放我们的生存压力，释放我们对灾难的恐惧，释放阅历带给我们的包袱，释放我们面对未来的种种忧虑。同时，束缚我们对外界的贪婪，束缚我们心中升起的傲慢，束缚我们不切实际的幻想，束缚我们绝望时的种种愚蠢。

为了避免人生的游走不定，我们多想让自己变成一株树苗。在一个固定的地方，往深处扎根，朝天空抽枝，慢慢地等待自己的强大。但是，其实我更愿意将人生比喻为漂动的小船，有时可以抛锚在温暖的港湾，但更多时候需要在激流中奋进，为了到达开阔的下游，为了最终体验大海的雄浑博大。

若想使生命之舟载得厚重，行得宽远，我们就必须有足够的容量、压仓物、动力和速度，而那些让生命保持平衡、宁静的牵绳就更是不可或缺，就更需要壮实坚韧。毕竟，高风险的时代也是检验一个人定力的时代。

人必须有沉下去的功夫，别想着始终站在前台。名气有它的负面作用，会让顶着它的人不甘寂寞，终于不断地浮在水面。出人头地，站上头条，几乎是遏制不住的人性弱点。年轻时候，不少人更是急于出名，甚至到了不择手段的地步。最后发现，没有力量戴那么多高帽子，人会被压垮；即使不被压垮，却可能一直飘在半空。

名是实的一个副产品，实到一定程度，名自然会来。有些人甚至生前都没有获得应有的名气，死后很久才被重新发现。然而，他们之所以能够最后被发现，还是因为他们的确达到了足够的实。有些人生前得到巨大的名气，但是死后却很快沉寂。这当然是因为他们的名气只是自吹或被吹出来的，人死气泡也就自然破灭。

人在早年难免追逐一些浮名，因为他还没有战胜孤寂的实力。但是，若是以浮名为目的，实事到底会半途而废。所以到了一定年龄，人就该转向与永恒事物为伍。作为普通人，该向着真、善、美、自由、平和、信仰靠近。若是处于科学文化事业，人就该更加自觉地发现、鉴赏和创造那些永恒的作品。

说到底，人们焦虑自己名气的时代，必然是一个浮嚣的时代。不排除名气有便于做事的一面，因为毕竟不在其位便难谋其事，但人们汲汲于追求名气却可能更多是出于它带来附加利益的另一面。

人生需要在两个方向同时修炼，一个方向是越来越精细灵敏，另一方向是越来越大器超脱。没有两个方向的彼此互补，单独哪一方向都无法使一个人取得卓越的成绩，搞不好也许自毁其身。

随着经验的积累，我们会越来越看透别人的心思，善于察言观色。随着学识的增加，我们能从字里行间发现意思，琢磨出言外之意。随着社会地位的提高，我们会尊严感更强，对善意的付出抱有更多期待。但是，精细方向潜藏着危险，目光敏锐但可能盯着别人的缺点，在意周围的评价却难免传播一种紧张，对回报的期待容易放大别人的伤害。

这就必须有放大格局的修炼作为补充。心思细密，眼光敏锐，但同时保持宽容，减少抱怨，把注意重心放在别人的优点上。知道别人的假意，但不戳穿，一笑了之。面对那些不友好，侧身而过，别浪费自己做正事的时间。对别人的评价迟钝一些，无关的点赞并不放在心上。不再期待别人的善意回报，因为付出只为完满自己的心性，与别人的回报无关。

说到底，我们既要无所不晓，心思缜密，又要无动于衷，宽大为怀。没有细密的内容，格局会流于志大才疏。没有旷远的旨趣，细密可能成为斤斤计较。精严用于做事和成己，而待人则尽可能宽容、和善、客礼。用一句老话就是：严于律己，宽以待人。

人生是个相对漫长的过程，既不要急着一下爬到峰顶，也不要慌着走错下山的路。不管上山还是下山，都一步步稳着走，慢慢地欣赏风景。每一步都不用那么焦虑，该走的路都走了，风景自然会出现。

没有沿途风景的铺垫，一个人即便到了最佳的景区，也未必能够深切地欣赏。说实话，人生的风景不只显于外在世界，更藏于内在世界。没有足够的储蓄，即便拥有很多物质，即便到达社会上层，即便相遇有档次的异性，你也未必能够理解、鉴赏、珍惜和保持。我们容易抱怨怀才不遇，却很少反思自己的力所不及。

对于没有经过充分蓄积的成就和名气，一定要保持某种谨慎。在他人面前的光环有多大，自己内心潜藏阴影的可能性就有多大。如果这两个对立面不能在人生的磨难中彼此消解、融合、共生、谐存，也许一件并不太大的事情就会使它们分裂。我们无法保证在生活的每一刻，人的心中都由天使主宰，魔鬼随时都在窥伺着统治的宝座。青春是浪漫的，也是危险的，因为理性可能还没有足够的力量自由地驾驭已过分强大的两个对立面。

一种后发的焦虑在中国人心中变得越来越强劲，人们急于少年成名，迫于生存压力，不得不把目光更多放在外在世界和人际比较。在一个焦虑的时代，真正胜出的是那些还能安静下来的人。

在这个看上去什么都不缺的时代，我们却失去静心品味的能力。我们都患上了时代焦虑症，匆匆地裹挟在别人的推搡和自己的追逐中。琐碎的忙碌和功利的知行，不仅让我们失去把握大局的能力，而且使我们失去鉴赏美妙的心境。

时间被挤压为一秒一秒的碎片，每件事都像等待红绿灯一样。急着赶在别人前面其实也未必真有什么大事，而且大片大片的时间在独处时都被浪费，却容不得一分钟落在别人的后面。我们专注的反倒不是事情，而是他人的反应，以及许多无谓的比较。我们的注意力很快地从一个比较目标转到另一个比较目标，寻找激活自己的落脚点。

不得不去完成功利环境所要求的各种任务，其中很多又是人们彼此制造的麻烦，还有不知所终的各种扯皮。当我们不得不从一件事快速地跳到没有逻辑关系的另一件事时，我们并没有从中获得成就感，因为我们可能既没有向世界深处前进一寸，也没有把周遭世界整合为一个整体。

不能享受美妙的生活，其实就是在浪费生命。处于时代的焦虑症中，我们的内心没有镜子一般的宁静，我们的周遭没有连成园林一般的整体。没有这样一种相映成趣的内外关联，我们就没有美妙的生命体验。不管杂凑的信息怎么更新，都不如我们在一个整全的感知中更接近世界，更靠近自己。

在和平年代，人们更多关注自己的命运和归宿，这本身并没错。尤其是世俗的中国人，很容易把个人当世的幸福和成功看得很重。但是，如果作为社会脊梁的知识分子也只关注自己的得失，缺少了关注群体命运的担当和责任，这则毫无疑问不只是知识分子的悲哀，而且是一个民族和国家乃至一个时代的悲哀。个人的磨难和命运的不济，往往是通向真正的知识分子的有利因素。

当然，这种关注若是变成狂热的民族主义和狭隘的国家主义，由此带来更大的灾难，那还不如沉留于个人主义的好。知识分子可以为民族的振兴和国家的繁荣贡献力量，但他们始终应该站在人类理性和普世价值的高度，为民族国家出谋划策，指出正确的道路，防止未来的灾难。知识分子若只是权力的注释者，那他们岂止是失去自己的职责，而且某种情况下可能变成邪恶的帮凶。

真正的知识分子应该跳出一己的得失和荣辱，与人类理性同路，始终充满批判精神，以探求真理为己任，为文化的演进和文明的提升作出贡献。他们可以有学科的差异，方法的分别，路径的选择，但精神和使命应该始终相通相投。即便这个时代中宏大叙事越来越失去自己的吸引力，意识形态的偏好越来越受到人们的怀疑，但保持宽阔、宁静、理性、平和却仍是人性的永恒追求。

想做自己生命的主人，需要比现在更静的灵魂。心静了，人就不会沉溺于各种刺激，去发泄多余的精力。心静了，人方能约束自己，过更利于身心健康的生活。心静了，人会更加目标专一，将一切精力用于实现人生规划。心静了，人便看淡物质需要和他人评价，向着灵魂的深处潜游。

所谓代沟，除了时代造成的差异，无非不同年龄阶段的任务有别。在一个血气方刚、内心空荡的年龄，人就是要四处闯荡、广闻博记，增加自己的人生阅历，探究生命的各种可能性。到了阅历增多、选择渐少的时候，人就应该静心返己、脱俗就道，走向超拔的境界，在精神世界发挥自己的潜能。

在各种世俗诱惑中，感情大概是最深最接近灵魂的。有人钟情于名气，但名气除了本身的浮华，更多是利益的手段。有人更渴望权力，但除了特殊的国度和文化，它并不是一个人成功的标志，它引起的钩心斗角更是让人齿寒。有人汲汲于物质利益，但物质利益不仅资源有限，而且一定限度之外会成为灵魂的负担。

在这个全民精神下沉的转型期，单独要求知识分子保持清高，看来有些不切实际。从整体上看，毫不客气地说，当下的知识分子在精神高度上处于历朝历代的最低档。这种状况与其苛责某些个人，倒不如去追问权贵、当局、历史、文化、体制。

让自己低下头静心做事，既不抬头仰望别人的成就，也别门缝盯着别人的瑕疵。你只有专心自己的跑道，才有可能在终点超过别人。当你在燃烧中难以忍受的时候，别人就会看到腾起的一片光焰。别人的影响就像一股风，你只有足够稳定，才能既接受风带给你的氧气，又不致于被它吹倒。

不管多么富有吸引力的事情，一个人都别轻易开始，因为你未必有坚持下去的勇气。我们总是急于开始，却没有坚持下去的耐心，一生便留下无数的浅坑，却没有掘出一眼深井。一个人得不断压制心中想不断开始的欲望，然后把心思集中到已经开始的事情。对大多数人来说，一生的成就无论多少，都有一个精到的中心。

从事一项事业时，注意力的分散是最大的障碍之一。只有将注意力全部集中到攻击目标，你的拳头才有惊人的力量。你若同时还在考虑自己的步法、套路和身段，那你到达目标的力量就连一半也不剩。畏畏缩缩地上阵，关切的不是事情本身，而是别人对自己的看法，或者甚至是自己对自己的感觉，没有不失败的。

人需要收敛和调整自己，那是因为人都希望自己成为一个被人接受的人。但是，这种收敛和调整绝不能以伤及自己的自信和尊严为代价。年轻的时候难免鲁莽，甚至犯错误，但不应将自我规劝变成伤及根本的惩罚。

干成事业需要一定的环境，如果没有能力制造这样的环境，一个人至少应该去寻找这样的环境。干事的环境，既包括领导的支持，也包括同事的共识；既包括硬件的支撑，也包括氛围的营造。对于学术研究和文艺创作来说，即便一个人可以独自干成一番事业，也仍然需要基本的物质条件、时间的一定保障、维护心情的自由空间、促进创造的基本气候。

思想既是强大的，也是娇嫩的。不管是压抑的自然环境，还是糟糕的人际关系，都会阻碍一个人静心地阅读、艰苦地思考、深度地理解和缜密地写作。

你无法想象，优秀的作品能从肮脏的空气、憋屈的空间中创作出来。在许多国家，教堂、图书馆等公共思想场所往往相当高阔，因为精神的共鸣需要足够的物理空间。没有大自然的蓝天白云、青山绿水，哪来清澈的灵魂、细密的感受。我们的精神建构，尤其是带有人文性质的生命觉解，都会涂上大自然的某种底色。

跟这种物理空间相似，一个组织能否容纳和创造某种思想，也依赖于是否有足够的精神空间。这种精神空间体现于上下级关系、同事合作、正常工作、业余生活，表明是否鼓励多样性，宽容不同意见，给每一种价值相应的地位。这是一种难以言表的文化土壤，工作和生活于其中的人会以是否舒畅、是否活跃做出反应。

闲下来思考，觉得时光的流逝是我们所有痛苦中最大的痛苦。一方面，它让人与人拉开距离，给人们的奋斗赋予意义。抓紧还是耽误，会给人带来相当不同的成效，人与人的差异由此逐渐拉大。另一方面，不经意间，它又把人与人的距离消掉。我们都会从生命世界中消失，生命世界也只是世界演化的一个有限环节。

但是，如果在享受幸福或紧张做事，我们是感受不到时光流逝的痛苦的。与时间合为一体，正是我们的生命该有的状态。时间并非世界之外的某种东西，亦非与生命并行的某件事情，它就是世界本身，就是生命本身。时间应该以这样的方式发挥它的威力，即世界在正常运行，生命在确当度过。

梁漱溟说，立功立言立德，是人过完一生之后由别人确认的，而不是由自己虚妄立誓或功利欲求的，因为人生靠的是趣味（《生命的歧途》）。此言着实让人警醒。名声、奖掖、高评、定论乃由他人做出，是一项事业的结果，而不应作为它的动机、目标、理由、起因。一旦有这些不纯的动因，我们就难以真正静下心来。

一定要把干事业、利他人、尽趣味，作为自己行动的动力。让自己的心思和精力，让流逝的时光，与自己所做的事情完全一致。没有目标不行，目标虚妄或功利照样不行，一切都在于顺应世界和生命的大道。

宗教的确超越了迷信，但它又吸收迷信的某些因素。宗教用稳定的神灵等级或一神代替迷信的万物有灵，用宽远的惩戒方式代替迷信当下兑现的利己考虑，用稳定的教义体系代替迷信变异不停的取巧说法，但宗教保留迷信所包含的不加怀疑地相信的因素。由于这种变动和代替，宗教对人的影响当然要比迷信更深远、更幽重、更有力。但相同的在于，它们的影响都来自虔敬的相信。

受过现代科学教育的人很大程度上已经破除这种虔敬的相信，因为他们无法理解也难以相信那些神迹。用理性代替信仰，的确在很多方面使人们变得聪明和专业，但理性固有的怀疑因素又会破坏人们与世界其余部分的天然联系，反过来减少人们自己的力量。科学和理性让人们变成有条件的、可控的相信，因而在力量和虔敬方面抵不上宗教所表现的无条件的相信。

只要是一个智力正常的人，都会相信某些东西。但所相信的东西能给他多大的力量，依赖于这些东西能多大程度上把他跟整个世界连接起来。宗教承诺一个实质上无限的世界，并让一个人无条件地跟它关联起来，这无形中放大他的心灵，拉远他的心灵与身体、他自己和他人之间的距离。信仰的力量来自于对一个人心灵的壮大作用，使这颗心灵借助偶像、符咒、法器变得恒定、沉稳、超脱。

作为一个俗人，保持内心少被扰动的宁静状态，是一件极其困难的事情。然而，对于我们保持身心健康、获得安全幸福、达到自我实现、获致天人境界来说，保持内心宁静却又至关重要。

第一，人的生命历程中心理对健康起着越来越重要的作用，偏离身体的基础、要求、期待的心理，偏失乃至畸形的嗜好，是一个人身体最终罹病的重要原因。练心守静，魂舍一体，才能内外和谐、颐养天年。

第二，感受和建设美好生活，更要依赖内心较高精神的规制、牵引、统揽、导向。没有良好的世界图景、人生设想、价值导引、超越追求，丰越的外在条件反而会膨胀性地用于满足低层次的消费。

第三，在世俗生活中获得成功，需要利用良好的心态去调适，需要恪守共生的精神导向。自我潜能的释放过程，也是自我调控、自我超越的漫长过程，要求个人在知识、能力、素质方面长期的蓄积、协调与合力。

第四，将个人与更高的世界尤其超验的世界合为一体，乃是人生终极的超越境界。真正的超越之路乃是内心的彻底回归，从完整宁静的内在精神中找到与整个外在世界的无缝契合。

说到底，一个人最终活的是自己，一个容纳波折的经历、统摄复杂的世界、完成精神的超越的自己。心的宁静祥和是我们一切修为历练所能达到的终极成果。

活在这个世上，总是难免发生受制于他人的憋屈事儿。人的生活维度太多，关联太远，又怎么可能一帆风顺？升起的希望、愿望、渴望……把我们抛向高处、远处，然而我们能否安全地落地，却无法完全指望任何他人。我们的各种“望心”能否对象化，很大程度上并不由我们自己决定，因为对象化的资源永远都是稀缺的。

因而，对于保持一颗相对平和宁静的心灵来说，求外是无望的。仔细想想，没有什么外在的东西是我们自己真正应得的，我们该有的只是一颗随时准备良好调适的心理。一个人要能对过程坚持积极，对结果保持平淡，的确需要相当的超越灵魂。但是，用结果去评价过程，却常常是我们难以逃脱的逻辑。

生命如此无常，以致于当我们专注眼前的某些功名利禄时，一些更深层的威胁却可能在逼近。无常是生命的真正处境，我们随时都面临着各种深浅不等的威胁，而且最终的死亡不可避免。一个人越早体会到这种无常，越快从眼前的挂碍中解脱，反倒能够越长地延续生命，越好地提高生命质量。

让自己真正解脱的路是漫长的，因为我们都生存在密集的人群中，关注人际彼此和自己立足点占去绝大部分时间。用于仰望星空的时间太少，用于安顿灵魂的空间太小，我们以致于忘了这个世界的真正主宰和永恒法则。

第三节　圆满与缺憾

不能不相信，不管什么相遇，都有一定缘分。时机未到，那种相遇便隐在黑暗中，像还没有上台的演员。缘分，会把重要性赋予人、事、物，使他（它）们获得意义，有时甚至是非同寻常的意义。他（它）们围在身边，等待你的召见，因为你就是自己世界的国王。

有些人，可能经常擦面，却未必真正注意。那时，他们只是熟悉的外壳，只是一张人皮。但是，如果哪次上苍安排了深度相遇，从此你们可能成为某种相互特别的人。

有些事，看着世间发生，大多只是耳边新闻。它们那么遥远，从未想到有何干系。但是，当它们突然降临在自己或近人的身上时，才真切触摸到它们不可抗拒的存在。

有些物，可能经常晃悠眼前，却只是功能联系。它们无非常物，至多也只用来贴上标签。但是，就有某些瞬间，它们会活脱脱地被勾起，从此占据了挥之不去的位置。

当你寻觅的时候，他（它）们逃得无影无踪。当你放松的时候，他（它）们突然袭击你的意识。缘分，不是找来，而是遇见。你抓住的只是他（它）们的偶在，他（它）们的根节消失于无边无际的远幕。于是，我们只能相信，我们跟世界大多以缘分的方式关联。也许没有前生后世，却难免此生的缘起缘灭。

精彩的人生不是没有遗憾，而是后悔少些。对生活的要求总比最后的满足多，对未来的期待总比最终的兑现高，落差中便流出些许遗憾。但是，只要我们对生活用心，对生命尽力，没有让时间溜过，没有让日子苍白，就不至于后悔。

苍天不会等待任何人，它只把机会给予那些强者。但是，强者恰好需要忍耐和等待。忍耐可能是艰难的步伐，但每一步都拉近了与目标的距离。等待也许是慢慢的长夜，但每一刻都更加接近黎明。很多事情，不用提前捅破，也无须事后焦虑。需要的是默默地把握它的节奏，耐心地收服自己的狂躁。

不能用负面情绪占据本该进步的时间。怎么叫浪费年华？一年过去，不知收获多少；半生下来，不知心在何方。生命需要中心线，然后其他事项就会排出秩序来。许多时候，哀怨的心潮，负面的波澜，像暗夜的雾障，等待的不过是一束理解的晨光。世间的不少结果难以化解，都是因为自己的很多地方还没有打通。

当自己的前方越来越暗淡时，不是没有未来，而是需要回头。开阔的地方，永远有阳光照耀。在自己内看天地，天地为之暗淡；在天地中看自己，自己一片光明。所有过不去的事情，都是跟自己过不去。所有遗憾的结局，都是思想在作梗。

在特殊的日子，最需要谈谈日子。时光都是一样的流逝，而能把日子过出滋味才是真功夫。不管什么时候，都不能失去感受幸福的能力，所以一颗童心要远远超过万贯家产。要让日子有滋味，诗和远方之外，还需要一份事业。

日子总在强迫重复，把本来陌生的人绑在一起，直到梦里细数落花。为了获取日子的一两成甜蜜，人们得付出八九成艰辛，并最终熬出忘不掉的滋味。日子中能记住的主要不是快乐，而是那些刻骨铭心的痛。祝福没有不美好的，可日子还得一天天熬；梦里多是舍不得的过去，醒来的现实还是一样的凋零。

人生总有一段留下深刻记忆的日子，这样的日子叫青春，深刻的记忆也许是不灭的财富，也许是永恒的代价。青春的日子会变成一种印痕，为一生留下底色，白天会忘得一干二净，梦里又会栩栩如生。我们终也逃不出岁月的馈赠，每一句发泄的怨言，都留下不舍的旁白，直到变成梦里的惊醒。

有人说，忙就是心灵的死亡，其实忙也是心灵的拯救。死亡还是拯救，看的不是忙，而是心灵和处境，关键在于有没有目标和希望。忙的确会挡住上限，限制心灵升腾的自由空间，但忙往往也会堵住下限，使心灵不至于堕落乃至死亡。这就是日子的重要性所在，它使我们难以成为神灵，却也免于成为动物或鬼魂。

有些付出可能没有相应的收获，但几乎所有的收获都需要一定的付出。凡是世间有价值的东西，不管地位、权力、荣誉、金钱、感情，还是知识、能力、素质、寿命、境界，都不可能轻易得来，你要得到它们就得支付相应的成本，或迟或早。

那些幸运的人，看上去没有付出或付出很少，其实很可能要么别人已为他们付出，要么他们的付出已被掩盖。前者比如父母对子女的付出，除非少数天才或幸运儿，子女的成就或幸福无不包含着父母的相当付出。后者比如那些出身权贵豪门之人，在别人看来躺在福窝坐享其成，其实他们可能经受过常人难以承受的压力。

在功利的日常生活中，我们总想立即获得，而最后又总会发现，没有哪种获得不以随后的付出作为代价。付出和获得终究会达到一种平衡，在自己的心中，在人际之间。这种平衡一旦被打破，人心人际就会失衡，就会发生导向新平衡的一系列行动。付出和获得之间的平衡是一种自然法则，也是一条重要的社会法则。

一个社会如果不能以健康的方式促使人们实现付出和获得之间的平衡，人们或许就会自觉不自觉地选择破坏的方式，因而酿成一个个人间悲剧和罪恶。很显然，一方面个人需要认真付出，并耐心等待；另一方面社会需要促进正确理解，并创造更为公平的机会。

跟飞逝的宇宙时间相比，一生简直不过不堪把玩的一瞬。能够相聚的时间实在太少，哪怕留给自己的孤独也未得到好好享受，便立即被摁进滚滚逝水。每一个跳动的音符都在把生命带走，让晨光晚照、流云雾霭成为一分别意，半刻离愁。似曾相识的音像，忽远忽近，却始终隔了一层梦境，留给记忆，献给青春。

把破旧的过去装进箩筐，扔到很少再看的角落。毕竟窗前还有迷人的晨曦月光，可以在一个人的日子里尽情享受。心可以越来越静，但不要让脚下的路过于笔直。喜欢那些具有挑战性的事情，生命就是为它们而来。不要指望永远在一个舞台扮演主角，曾经的辉煌就是改换舞台的充足理由。

活着不需要理由，好好活着却不能没有理由。我们被赋予生命，便有不可替代的长处，在把它发挥到极致之前，就不要想着离开。没有哪一种生活是完美的，凡是现实不能给予的，思想应该给予。生命中有弯路，是为了走完命运之币的两面。让每一个日出都成为生命的复旦，让衰退付出代价。

世界无法轻易带走一个顽强的灵魂。但是，我们毕竟没有那么大的能量，最后能挽救的大多情况下只有自己。和时间一样珍贵的，是世间的机遇，它会报答人们在时间河岸的苦苦等待。在枝繁叶茂的每一轮回中，我们都静享这无边无际的馈赠。

尽管要忍受酷暑严冬，尽管会经历伤心痛楚，还是要感谢上苍使我们幸而为人。

幸而为人，因为人是上帝的特别造物，不仅形体智慧接近上帝，而且地上所有鸟兽虫鱼都供他们享用。讲求分离的基督教这样自豪地认为。

幸而为人，因为在无边苦海中，人已经历若干盘旋上升的轮回，离成佛最近，回头便是极乐之岸。相信因果报应的佛教这样虔敬地认为。

幸而为人，因为天地万物生生不已的仁心，在人这里得到汇聚收蓄，人有通过修养而达天地境界的灵根慧源。讲求自我超越的儒家这样自信地认为。

其实，每一种文化源头都提供了对幸而为人的不同理解，并将其演化为一套信念体系和社会机构，支撑着古代和现代的民族走向繁荣兴旺。

人世间的艰难困苦或许使我们羡慕其他动物，不用记住那么多，不用忧心那么久，不用筹划那么长远。但是，更多时候我们仍庆幸自己生而为人，通过学习、阅读、思考、写作，通过旅行、观赏、静听、品尝，通过对话、交流、游戏、竞争，我们知道古今中外，鉴赏种种美丽，修炼内心善良。

慧通古今，知晓天地，实现能力，享受自由……我们没有浪费时光、辜负人生的任何理由。即便看去最难过去的坎儿，也只是因为我们还站得太低。心若不死，就总还有路，这正是幸而为人的最大好处。

一生就是一次倒计时，只是我们不知道上苍给设置的终点，尽管这终点十分肯定地存在着。这一大倒计时，由各种不同的小倒计时构成。我们用事情、目标、节日……设立小倒计时，填满大倒计时的框子。小倒计时总是让我们忙着、烦着，也奔着、乐着。

即使我们偶尔瞥见自己的大限，由此而来的彷徨也只一会儿，很快又被卷入如此这般的小倒计时。平凡的我们，因为瞥见大限而嘲笑日常的琐碎，也因为日常的琐碎而忘掉自己的大限。不会因为我们有那个深渊，而使平时的赶路失去意义。也不会因为我们平时的脚步扎实，就不会最终跌下深渊。

有开始，便有结束。任何过程在物理时间上都没什么不同，但人类附加了意义，同样的过程就大有分殊。设置形形色色的小倒计时，便是人类安排自己有意义生活的机巧。它们使人有紧迫感，使人紧紧缚在事项上，使人活得充实而有节奏。

如果这些机巧能沿着一条相对稳定的线累积起来，被整合成一个有机整体，我们的生命就会达到相当的高度。这就是事中修炼。有价值地积累，才是修炼。无论生命怎样的路径和苦痛，都坚守着人类基本的东西，才是修炼。人生不过是一场修炼。所得到的外在东西，最终带不走。但是，所得到的内在东西会超越限制而流传下来，成为汗青中的丹心。

每一种收获的背后，都有不为人知的辛苦。除了运气和天赋，只要方向正确和方法得当，辛苦是走向收获的必须条件。无视别人收获背后的辛苦，不是幼稚可笑，便是铁石心肠。人之所以愿意忍受不堪，无非是想挣得一种最终能左右自己的资本，在此之前，他很大程度上身不由己。

人类的辛苦最终会凝结为追求完美的工匠精神。追求完美被认为是一种病，但当下缺少的恰好是这种精益求精的工匠精神。工业社会和批量生产并不意味着可以没有这种工匠精神，真正发达的工业社会正是将现代技术手段与传统工匠精神结合的产物。正是这种看上去自虐的、强迫症的工匠精神，才将人的灵性真正圆满起来。

一个人在成长中没有身心吃苦，对人难知责任，对己难加约束，对物不知来之不易。现代社会芜杂的诱惑太多，一个人若父母在童年给予的教化不足，社会提供的环境不适，个人又未得贵人相助，也没长期自修，要不往下滑是比较难的。但是，其实我们根本不知道一个人心灵中哪些因素会被激活，哪些又会被约束。

如果一个人已经有能力做出选择，应争取生活在有利于自己积极因素生长的环境，交往能让自己光明面逐渐扩充的师友。但是，人往往难以摆脱自己秉性和材质的限制，也走不出欲望、习惯和追求所划定的地平线。

到了一定年龄，也许不用拼命地奔跑，但前进的脚步不能停止。令人生遗憾的，不仅是该享受的生命没来得及享受，而且是该释放的潜能还未完全释放。人生的机会看上去很多，但真正的机遇其实并不多，所以奋力抓住为数不多的机遇是释放生命潜能的重要瓶颈。需要牢记一点，只有过早的结束，没有太晚的开始。

人生是一次探险，一番体验，一场演出。尽管我们根本无法预知自己行为的后果，更不知道人生的最终归宿，但是否有勇气开始和是否有毅力坚持才最为重要。固然不能用结局去衡量开始的价值，因为价值多一半就在过程之中。然而在大的布局上加以选择和修炼更应优先，因为同样的细节在不同的布局中有不同的价值。

没有规划的时间不会带来最大的效益，不去拼一把的人生难有真正的辉煌。生命注定要跟死神赛跑，但输赢并不在于是否结束，而在于是否高效地活过。追求舒服是生命的本能，而迎接挑战却是进化的前提。人人都渴望早日拥有优越的地位，然而已有的优势像煮青蛙的温水，人最好不时地远离。

放弃笔直的路子，才能流到梦中的远方。蓄得足够的落差，才能冲决阻碍的力量。只有到相对宽阔的中下游，人生才能记取源头的清纯和可爱，才能容纳上游的落差和力量，向生命的大海献出厚度和境界。

人是否脆弱有一系列标准，他是否在意他人的评价，他是否善于遮掩自己的不足，他是否屈从于他人的意志，他是否经常暴露自己的缺陷，他是否时不时地陷入迷茫……你如果有其中之一，你便是脆弱的。一定要记住，这是一个强人通吃的时代，一定要把自己扮演、强装、宣传、打造成一个强者。

当然，你还必须有一些标志性的东西，好给自己贴标签。实力怎么样，别人怎么知道，别人所能看到的，只是牌子、地位、宣传、名声。当历史的尘埃终于落定的时候，我们都成了古人，任由别人评说，但是这些跟我们又有什么关系？我们早已不在乎人后的评论和死后的界说，这是一个功利主义者和唯物主义者的最好回答。

历史，淹没着个人的一切，无论多么伟大的人，也不过历史一瞬间，何况我们这些渺小的尘埃。任何一个群体都可以正常运转，不管少了什么人，所以决不要夸大个人的作用。群体具有很强的可塑性，不要为任何个人担忧。黄河都可以改道，泰山都可以增高，还有什么人间奇迹不可以创造？

想在世俗世界中做个上帝，这是一切狂妄的俗人的徒劳！我们终究逃不过生死的大限，又何必跟命运过不去，做个枉死的冤魂？百年之后都是一堆骨灰，为什么解脱不了过往的悔意，眼前的苟且，今世的得失，最后的结局？

人生是一段又一段的弯路，我们根本不知道前面会遇上什么人，会碰到什么机会。但是，我们只有十分努力，才能遇上更合乎心愿的人，才能碰到更有利于自己的机会。那些把我们往后拖的人，那些把我们往下拉的事情，随时随地都可能找上门来。努力让自己更完善，让自己更有力量，我们才配得上更美好的世界。

人跟所有的商品一样，你的价格不只决定于你的材质，还决定于你所摆放的位置。材质怎么样，未必有彻底检验的机会，但你所摆放的位置则显而易见。在一个快速流通的劳动力市场，初次使用的人们看的往往是摆放的位置，而不是真正的材质。所以，每个人都在竭力攀到最显眼的位置，以便于自己能在适当时候卖个好价钱。

人只有在贬值的时候，才真正知道自己浪费了本该增值的时间。如果这种自识能促使自己抓住迎面而来的时光，就总还有卖出好价钱的机会。在劳动力市场上，实力只是一个方面，宣传、装饰、位置、标识也相当重要。尽管实力才是长远站住脚的所在，但你总得先争取到展露实力的机会。

一辈子不长，但我们几乎总是在错过很多以后才真正涌起危机感。那些很早就懂得抓住机会的人，总是可能占据更好地展示自己的位置。但是，要相信人们比的不是一时，而是一生，雄起来总还不会太迟。

美好的事物总离我们保持着一定的距离，不是我们想拥有就能拥有。美好的事物总是稀有资源，出现在我们面前的几率本来就很低，所以我们如果没有足够的等待、忍耐、坚持和奋力，就不可能相遇和激赏美好的事物。

比如美景，到处都有的肯定不是美景，因为美景往往在遥远的地方、曲折的路途、野旷的深处。即便我们能费力地到达，也未必有能欣赏它们的绝佳机会。如果你以为自己很快会再来，那基本上不过是夸的海口。

很多地方，我们一生只能去一次。尽管你会想起，也很难真的成为出走的行动。就像一些人，我们握别了或许就是永远。你就是再后悔地回忆，也于事无补。因此，想去的地方就尽早去，想见的人就抓紧见。

到了一定年龄，我们不再有那么多从容的时间，社会会把我们紧紧地绑在若干事务中。人生的很多遗憾会起于某一年龄段，因为社会的尘埃会阻挡我们看到人生某些最重要的东西。当我们终于有从容的时间时，很多事情我们已没有能力甚至没有机会去做了。

人生短暂，你不可能拥有所有美好的事物。不过，追求美好的事物却是人生永不停歇的梦想。追寻和欣赏美好的事物，是检验一个人生命力的标志。为美好事物而感动，是人生意义之所在。没有一定的人生积蓄，你甚至都没有欣赏它们的能力。

不能对这个世界要求太高，因为我们都是俗人，都有自己的欲望和无奈。我们都被裹挟在责任、习惯、欲望的情境中，既有身不由己，也有俗不可耐！很多事情，不是想放弃就能放弃，想回绝就能回绝。割断一切固然痛快，无奈地坚持着，却或许是一种更大的牺牲。

人世间美好的事物，一半出于热爱，一半基于想象。在这个已经消解了传统的社会，高贵很多时候只是一种自以为是。要想寻找百分之百纯净的东西，也许只有到书本里。年轻时候会接受那些无限美好的描述，真正走过来才发现，美好的描述只是挑拣了生活中人们的美好愿望。

年少时候把道德原则太当一回事，结果阻挡了自己那么多机会。追求道德的单纯是一种病，最后受折磨的只有自己。更为不堪的是，最终发现谁也没有权利用道德评判别人。一生所念念不忘的，自以为高人一筹的，离自然的野性也就那么一点距离。所谓纯洁，往往只是这个世界的一个标签，用来阻挡别人的眼光而已。

一个孤独的个体，无法真正惩罚任何别人，能惩罚的只有自己。这是一个反复无常的世界，很多时候利益关系高于原则。要不是不想让那些瞧不起自己的人一直得意，活着其实趣味不多。如果有一天自己的身心不足以支撑自己，真的不知道还有什么理由贪念这个不堪的世界。

人生大体上有三个重要维度，至少在其中一个维度达到极致，便可以某种程度上使用“圆满”一词。

首先，作为一个自然生命，健康长寿是世所公认的一个维度。没有尽享自然和时代所能允许的健康寿数，肯定是人生的一大遗憾。其次，作为一个社会生命，享受该社会所能提供的各种福报也是一个重要维度。这其中包括富裕的物质生活、合适的社会工作、充实的亲友关系、愉悦的个人心情等等。一个人即便不能拥有其中全部，也应拥有其中大部分。最后，作为一个精神生命，充分发挥自己的生命潜能同样是一个重要维度。人生的最大意义正在于将生命最大限度地贡献给社会和人类，同时在精神上达到与自然和社会很高的统一境界。

健康长寿在所有三个维度上被看作是最为普适的圆满标准，因而也最为人们所看重。这当然是正确的，因为人生需要一定的长度来储蓄、蕴含和展示丰富的内容。在健康长寿的基础上，若还能拥有其他一个甚或两个维度，则人生便相当圆满。然而，人生的时间和能量毕竟有限，而且三个维度既可能相互支撑，也可能彼此为害。因而情况往往是，想将一个维度发挥到极致，便很难不影响其他维度的发挥。人们有时甚至面临艰难的抉择，为了其中一个或两个维度而不得不损害其他两个或一个维度。

滚滚红尘之中，每种生活都只有相对的圆满，没有谁的人生不存缺憾。人生本无标准，圆满还是缺憾，在于我们关注什么。人生河流中，我们被填塞了不尽的成见和意向，影响着自我识别、生活定向、未来走势、人生忧乐。文化和圈层常常给我们压入厚滞的依据，评判我们的人生成效，通过一些人的指指点点，通过一些人的好心劝慰。

没有几个人能收住自己，不捅破别人身上的那层纸。那些自认为的幸福和成功便向我们涌来，而没有几个人真的能挡住这种浸染和图谋。在常人看来，所谓圆满不过是和他人一致，一致的下面可能藏着长久的历史积淀，历史积淀的下面或许又是被认定的自然法则。在他人之中活得久了，我们竟也回不到自己，当然也可能从来就没有过自己。

谁的生活是真正圆满的？变成一堆灰烬之后，每个人都只剩几声哭泣和一段回忆。于是，在某些时刻我们感到，每个能够看到晨曦的日子都是美好的。一边是恐惧，一边是希望，共同促使我们忍饥流汗、奋力撑持、勤勉储备。没有谁能真正放下，即便画出一堆曲线，也要尽力盘绕到终点。

生活本就是沉重的，在人群里挤蹭，在眼光下琢磨，在步履中匆促。我们只是偶尔有些清醒，大部分时间是迷茫的。我们被裹挟在人群中，去追寻也许本就不存在的圆满。

第四节　幸福与成功

你若幸福，恭喜你，你在享受生命。你若不幸，恭喜你，你有理解世界的可能。只要不放弃生命，上苍总会给你这样那样的报偿。我们不知道哪条路才是捷径，也不知道哪个路口没有陷阱。但是，需要记住两条：第一不要丧失生命的乐趣和信心，第二不要远离常识的对错标准。看上去幸福就在正前方，其实到达的路往往是弯曲的。

追求幸福不适为人生的目标，但怎样才是幸福却各不相同。当外在的需要牵制着我们，大众的标准指引着方向时，我们的内心还是柔弱的。在这个阶段，我们所追求的幸福还不一定是内心的真正需要。当我们自以为幸福时，我们不过是因为过着跟别人一样的生活而已。我们还没有做到真正的心安理得、自在自然。

一种文化是否成熟，一个社会是否健康，从它们给予的幸福标准便一目了然。

幸福需要在与世界的磨合中寻找。这意味着，轻易得来的未必幸福。某种不幸，一些坎坷，往往是走向幸福的必要阶梯。一个人连不幸都无法承受，又怎么能承受得起幸福。一个人对世界没有起码的理解，又怎么能懂得珍惜幸福。人的幸福，需要一个离开自己，又回到自己的循环。磨难使我们离开自己，而醒悟让我们回到自己。离开自己，你才有能力理解这个世界。回到自己，你才能找到幸福的基点。

生命历程中，人需要来自各个维度的很多要素的支持。但是，这些要素相互依存，形成一定的平衡结构，因而很难说哪种更为重要。因为通常情况下，我们无法只依靠其中一种要素活着，不管它有多重要。不管哪种要素，有它可能增色，无它未必过不去，尽管我们尊重甚至敬羡那些例外情况的价值，那些为了一种要素而愿意牺牲所有其他要素的生命追求。

人生结构中的各种要素会有自己的相应权重，有些更接近中心，有些更处于边缘。但是，这种结构是一种动态平衡，不仅它们各自的权重会经常变化，而且即使失去其中一种，其余要素也会调整，使整个结构重新获得平衡。健康、安全、尊重、自由、事业、亲情、爱情、友情、信仰……这些要素构成人生的各种维度。

人的成长过程正是各种生命维度的逐渐丰满，以及它们之间平衡的不断达成。获得生命的各种要素或许出于本能和人性，但掌握它们之间的平衡却需要能力和素养。人生成熟的一个标志是，认识到各种要素都有自己的价值，但没有哪个要素非有不可。只要我们不认为它不可或缺，它就不会是我们生命的一种遗憾。

幸福和成功是人生的两大目标，但它们在人生的要素结构中有所偏重。幸福更强调各种维度的均匀和圆满，而成功更看重某些维度的高度和深度。

每逢敏感的时间节点，趋于自觉的灵魂都难免升起一个问题：“你的生命是否幸福?”诚望回答是肯定的，因为生命正是为幸福而生。但事实上我们很多人并不幸福，不是因为物质不充裕，不是因为事业未成功，甚至不是因为不健康。那么，是谁偷走了我们的幸福?

只有一颗完整统一、保持宁静的心灵，才能制造和感受幸福。没有什么比心灵的完整统一更给一个人自由、力量和趣味。没有什么比心灵的宁静淡然更能容纳世界的变化、多样和滋味。但是，这个时代却让我们撕裂着、浮嚣着。晚上决定坚守的理想、原则、童心，白天可能全部推翻。书本唤起的感动、友善、理解，也许在生活中立马撞得粉碎。我们都被塑造成多重人格，角色的相互碰撞耗尽我们的热情、勇敢、真心、善意、美感、相信。

心只有走向完整和宁静，人只有踏上灵魂的归程，才算没有辜负了岁月。我们的心累，很多时候不是因为辛苦，而是因为虚耗，因为心灵的本性和现实的结构并不相称。必须找到某种超越现实的力量，去平衡生命另一端的下沉。当我们把自己太当回事时，实际上在收紧自己，坍缩为一粒自以为是的尘埃，在命运的旋涡中浮嚣。所以幸福生活最需要的是展开自己，拥抱世界的水汽，将自己扩充为有分量的雨滴，去拥抱滋润大地。

处在简单的社会中，人就容易简单，因而容易感到幸福。身处复杂的社会中，人既看不清外部世界，也难以回到自己，幸福往往被遮盖起来。人都是透过世界看自己，世界复杂了，人也不易简单。对人来说，大自然本来是简单的，造成世界复杂的主要是社会关系和历史文化。

一个讲究身份的社会，基本上是一个传统社会，充满等级、攀比、附势，人情无处不在而使社会变得复杂。环境的不确定性由此大增，人必须花巨大精力学习彼此相处，并具备时过境迁的应变能力。在这样的社会中，公共生活会因人而异，人们彼此共享的社会是一个信任相对较低的平台。低水平的信任危及人们的安全感，既威胁经济增长，又阻碍精神归属。

从复杂的传统社会向现代社会过渡，将是一个漫长的过程。既需要个人的重新调适，也需要公共生活的积极建构。每个人都缩回自己投向他人的好奇心，父母学会平等地看待自己的孩子，减少彼此的攀比而回到自己的内心。全社会逐步减少集权等级和宗法渗入，建立人人平等的公共社会，让复杂的公共生活得到规则化、秩序化重建。

当社会公共生活变得平等、秩序和透明的时候，人的内心才有更多的空间生长爱、储藏美、传递善。自然的阳光才以最短的距离重新照亮人心，幸福才直接根植于生命。

不放弃常人的思维方式和生活愿景，就不能获得超乎常人的幸福和成功。总在仰望别人那些巨大的幸福和成功，却不愿意放弃自己卑小的生命追求，这是人生中再悖谬不过的事情。常人的生命标准，祖祖辈辈的习见，会深深地根植心中，成为我们大步前行的绊脚石。什么才是幸福和成功，其实我们很多时候并未倾听内心的声音，听从的不过是他人的看法和过往的习惯。

生命中的遗憾看上去是一些缺口，其实常常是唤起我们生机的通道。经由那些遗憾，我们会看到自己的真正潜力所在，并收缩自己的用力点，往深处钻探。通过这些缺口，我们看到人性的深度和缺陷，并迫使生命向更高处反弹。我相信，世俗生活中比较圆满的人，很难有灵魂往更高处行走的足够动力。灾祸和磨难是人类精神进化的必要动力，绝不要低估恶在人类历史上所起的推动作用。

生命有很多可能的维度，要做出傲人的成绩，人只能在有限的维度上用力。不同年龄阶段、不同社会层面的人，会对不同的生命维度有所侧重。越是在自己优势的生命维度上持续用力，才越有可能发掘自己的生命潜能。你能超出常人多少，你达到的卓越程度才有多高。当一个人真正进入某个优势的生命维度后，他便不再听命于他人和习见，才能最终达到生命该有的超拔境界。

越是伟大人物，他们的悲苦衰痛越显得凄怆。通常情况下，人们只注意他们的光环，很难看到或有意忽略他们光环背后的阴影。但是，他们的光环和阴影之间的对比如此强烈，以致于一旦暴露出来，就无不令人唏嘘。不知道是阴影部分影响他们的光环，还是这种强烈对比强化我们对人生悲惨的感受。

不管你曾经多么伟大荣光，生命进入衰竭时的悲哀似乎都是一样的阴沉。但是，至少在一点上可以区分出面向死亡时的伟大或渺小，那就是是否坦然。那些真正经受过考验的灵魂，始终会尽心尽力地发光，他们更多考虑的不是生命本身，而是生命的意义。未必一定要有哪些宏大的字眼或使命，但一种一如既往的坦然却可以显现领悟生命的境界。

如果大人物的光环是他们生命实实在在的最大展示，那的确是任何其他生命都应该称道的。人活着，感受生命的幸福自在也许是一个重要使命，但更为重要的使命是展现生命的潜能，并最终达到超越和融合的境界。对人生来说，幸福的感受也许近乎相同，但幸福的内涵却可以大相径庭。

真心羡慕那些可以思考到老的人生，从容而甘醇。一边是明察秋毫的细腻，另一边是包天容地的气量。真正的伟大其实不是那些轻易赢得的单纯名气，而是能够把光环和阴影的距离最终消融掉的一种坦荡。

差不多每个人都会产生点点滴滴的人生感悟，因为我们的生命过程和人生际遇大体相同。但是，这些感悟对我们人生结局的作用却有较大的出入，有些人因它们而最终更加幸福更为成功，有些人并没有因它们而做出多大改变，有些人甚至因它们而变得更为不幸更多挫折。除了命运中某些客观因素的差异，主要基于我们主观因素的区别。

首先是产生多少的区别。比较灵敏的人会对人生经常不断地加以体悟，慢慢累积起来，会对环境和自己有更敏锐的感受。有些人相对迟钝，感悟产生的频率和峰值会少一些，相比之下对环境和自己的灵敏度增长得并不明显。材质之间的这种差异一半来自先天，一半来自后天的教育和自身努力。如果起点和方向不变，灵敏比迟笨还是有更多的改变机会。

然而其次，人们会在感悟的运用方向上发生分野。人生观和价值观开始在这里起作用。面对挫折，有些人会增加奋起的勇气，而有些人会气馁而渐走下坡路。这时候，灵敏不但不起良好的促进作用，反而助长自己身上原有的萎靡懈怠。耐挫能力、内在力量、战略定力、自身信心，是我们走向成功和幸福的必要因素。

只要结束的哨声没有吹响，我们就不应有放弃的念头。也许我们无法改变最终的结局，但只要我们尽力，我们的生命其实已经赢了。

没有哪个达到精彩的人生一帆风顺。任何事情都要乐观对待，保持一颗平常心。今天不放弃，改天也许就有奇迹，人生难免跌倒和等候，要勇敢地抬起头来。不是每个人都能成功，只要努力对待每件事，认真对待每一天，不管人生结局如何，相信都有自己的精彩。

明天的成功要靠今天的努力，明天的幸福要靠今天的奋斗，一生的幸福要靠永无止境的追求。走好今天的路，把昨天的回忆，明天的憧憬融于今天的脚步，欢送每个今天的星移斗转，笑看人间的月圆花瘦，把持心灵的阴晴曲直，掂量生命的跌宕沉浮。今天的路上，哪怕剩下一行苦雨一缕寒风，也要踏出属于自己的一路风光。

想走好人生之路就一定要走好今天的路。走好今天的路，就要把力量、热情、勇气装满你的行囊，不再枉撕一页日历，轻抛一寸光阴。以智慧为风，汗水为雨，为今天留下一份美好、一刻永恒，为明天书写一份惊喜、一缕收获！不管昨天的路如何血泪交加，只要你走好今天脚下的每一步，相信路的尽头会有灿烂的光芒。

如果你是一粒种子，就要长成参天大树。如果你是一条溪流，就要奔向汹涌大海。如果你是一朵雪梅，就要不惧临寒独开。要用最踏实的脚步，最勤劳的汗水，最虔诚的态度，去浇灌自己的梦想之花。

人心都是换来的，想得到心就得先付出心。一颗真心，即便别人没有立马感觉到，苍天也会替你记着。真心就像春天温暖的阳光，即便它还不能马上挤掉寒意，但它会逐渐汇聚能量，催动人间的万紫千红。想要活着得到大家的尊重，死后给大家留下怀念，那就真心为大家做些事情。

真心程度也是文明程度的标志。一个充满假情假意、假牌假货的社会不可能是真正文明的社会。各种各样、不同层面的假会相互激荡，形成恶性循环，治理起来非常困难。在一个到处充斥着假的社会，人是不会有多高的安全幸福感的。外在的假被铲除以后很久，我们的心中才会建立真观念，这个社会才是文明的，人们才是安全幸福的。

当然，有一些作假具有很强的隐蔽性。花架子、无用功、瞎指挥、形式主义、讲排场、面子工程……就是这种隐蔽的作假。看上去它们在大张旗鼓地反假，其实暗地里在鼓励作假，至少为各种假东西的存活留下空间。只有越来越多的人富有真心，越来越多的事做到实处，社会越来越流行真货，这个不幸的世界才是有救的。

一个人越公正，越真实，越充满爱心，越能令人信服。不管你有多大成绩，你都没有自视过高的理由。要是还没有达到足够的成熟，你也许就会把你在自己世界的陶醉变成你在公共世界的优越感。

处理好人际关系，既无比重要，又相当艰难。说它无比重要，是因为越来越多的研究者认为，不管对成功还是对幸福，人际关系都是最重的影响因素。美国学者认为，人的成功大约百分之七八十受制于人际关系。哈佛大学持续 70 年的研究表明，让一个人幸福和健康的最重要因素是人际关系，尤其持续、亲密、有深度的人际关系。而且，各种古老的经验似乎也都在支持这样的研究结论。

但是，建立、维持良好的人际关系又相当艰难，因为它很大程度上依赖于我们自己的素质和教养。你是怎样的人，你的周围就可能围绕怎样的人。你只有成为优秀的人，你才能加入优秀人的行列。你具备获得幸福的素质，给你幸福的人才会到来。有些福气和际遇是上苍给予我们的，而更多的福气和际遇则是我们自己造就的。毕竟，只有一块好的磁铁才能建立一个大的磁场。

在正常的社会环境中，成功和幸福要避免两个极端：或者完全无视人际关系，或者过分依赖人际关系。除非你是天才，而且处于容忍和支持天才的环境，否则一个人就不能无视人际关系。但是，不以实力和素养为基础的人际关系，包含过多的投机成分，最终可能毁掉一个人。人际关系是社会关系的一种，社会风气和文明水平以繁简程度和价值指向给人际关系有力的制约。

人的一生，一不小心便错过了建功立业的最好时间。对于多数人来说，理性和激情都处于高端平台的时段相当短暂。没有足够的高端时间，往往是人生很多遗憾的根源。所以，延长这一平台期是成就人生的重要事务。延长这一平台期，只有两种可能，要么理性更早成熟，要么激情更晚衰退。

每一叹息背后，都有不曾奋力的时段，或未能紧抓的机会。当你坐下歇息的时候，别人已经赶到了景点。当你终于赶到景点，准备好好欣赏的时候，太阳已经快要落山。一次机会就是人生的一个拐点，抓住了，后面就是不一样的人生。没有什么好机会命定属于自己，机会不会等待任何人。

事情的成效不在绝对时间，而在有效时间。那些注意力集中、能迅速动员脑体力的人，总是要更胜一筹。在规定的时间有效完成任务，总是更能打开局面、迎接机会。所以，拖延症是人生的大敌。如果没有及时转换脑筋的能力，还是避免同时展开多项工作。一段时间在一件事情上用力，是人们获得成就感的一个重要因素。

有些人一生只做一件事，但能够把它做到极致。有些人一生做了多件情，却没有一件达到极致。这两种情况中，我们更应选择前者，因为人生的标尺在于所达到的极致程度。别人已经占据世界的一个位置，我们就无须模仿成一个样子。

只要人生还有一口气，都可以再努力一把，向着幸福和成功更靠近一步。然而，不管幸福还是成功，都没有绝对确定的外在标准和必须达到的客观标杆。它们不过是生命要付出努力的两个维度，用以检验的与其说是遥遥相望的目标，倒不如说是每一踏实的脚步，与其说是盖棺定论的终点，倒不如说是每个平凡的日子。

幸福和成功看上去有外在的标尺，其实却依赖于生命的自我定位。社会从宏观上用于抓住的永远只是丰富生命的一些片段，那些大部分没有抓住的才是个体生命值得珍惜的本来面目。我们若是只用社会的这些外在标尺衡量，就将永远处于不得安宁的追赶超越状态，因为公共生活总是本能地选择急功近利的目标。

若是从自己的内在生命去衡量，努力过的日子都不算浪费，憋屈了的时光也都有其亮色。真正的幸福不在别人投来的眼光，而在自己内心的识认。真正的成功不在社会赠赋的名利，而在自己皈依的灵魂。那些被他人所关注和品评的外在兑现，不过是一个人内心丰富生成的部分溢出。

悔恨和怨怼减少的每一个日子，都该是幸福和成功的。抱着感恩的心态去化解所经历的一切，让生命的火焰在内心不断得到助燃。修炼一颗持守自己的宁静灵魂，是我们最终能够面对命运和因果、回应幸福和成功的唯一标杆。